大学物理基础教程

主　编　马　贺　王　威
副主编　应彩虹

科 学 出 版 社
北　京

内 容 简 介

本书共分 11 章，内容包括质点运动学、质点动力学、刚体的转动、真空中的静电场、静电场中的导体和电介质、稳恒电流的磁场、电磁感应、机械振动、机械波、波动光学、近代物理概论.

本书可作为软件、管理类等(少学时)专业大学物理教材，也可作为大学物理教学方面的参考书.

图书在版编目（CIP）数据

大学物理基础教程/马贺，王威主编. —北京：科学出版社，2021.1

ISBN 978-7-03-066674-1

Ⅰ. ①大… Ⅱ. ①马… ②王… Ⅲ. ①物理学-高等学校-教材 Ⅳ. ①O4

中国版本图书馆 CIP 数据核字(2020)第 215820 号

责任编辑：龙嫚嫚 / 责任校对：杨聪敏

责任印制：赵 博 / 封面设计：蓝正设计

科学出版社 出版

北京东黄城根北街 16 号

邮政编码：100717

http://www.sciencep.com

北京天宇星印刷厂印刷

科学出版社发行 各地新华书店经销

*

2021 年 1 月第 一 版 开本：720 × 1000 1/16

2025 年 1 月第四次印刷 印张：16

字数：323 000

定价：49.00 元

（如有印装质量问题，我社负责调换）

前　言

大学物理是高等学校理工科类各专业的一门重要基础理论课程，学生通过学习该课程能够对物理学的基本概念、基本理论和基本方法有比较系统的认识和正确的理解，并为进一步学习打下必要而坚实的基础. 大学物理课程在培养学生树立科学世界观、探索精神和创新意识方面具有不可替代的作用，同时可以增强学生分析问题和解决问题的能力，实现知识、能力和素质的协调发展.

为了满足软件、管理类等(少学时)专业大学物理课程的教学需要，针对大学物理课程的教学基本要求，结合不同专业对大学物理教学学时的需求，作者在吸收同类教材优点和总结多年教学改革实践经验的基础上，在章节的编排上对物理学基础知识作了适当的优化与调整，力求编写出一套可读性强、易学、易教、好用的大学物理教材，使更适合教学学时数为 48～96 的各专业学生使用. 大学物理课程的目的是使学生能够理解基本的物理概念，激发好奇心，提高学习大学物理的兴趣. 作者根据多年来的理工科大学物理的教学经验，在编写时尽量避免复杂、深奥的数学公式，力求使用通俗易懂的科普语言和一些简单必要的物理定义式解释物理原理，并且注意处理好大学物理与中学物理的衔接，注重内容的系统性、逻辑性、深入性和可接受性的有机结合. 同时每章后配备了相关的演示实验和一定数量的习题，这对学生消化所学习的内容、抓住重点、理解内涵、掌握理论框架是有益的.

本书的第 1～7 章由马贺编写，第 8～11 章由王威编写，演示实验以及习题部分由应彩虹编写，郭连权教授对本书进行了主审，李志杰教授、姜伟教授对本书提出了很多宝贵建议. 同时也感谢沈阳工业大学理学院领导的关心和支持，感谢吉林大学物华公司提供相关实验说明，本书汇集了沈阳工业大学物理系全体教师的智慧和辛劳，在此表示衷心的感谢!

由于编者水平有限，不妥之处在所难免，敬请读者批评指正.

马贺

2019 年 11 月

目　录

第 1 章　质点运动学

物理学是研究物质的基本结构、相互作用和运动规律及其相互转化的科学. 物理学所研究的运动，普遍地存在于其他复杂的物质运动形式之中，因此物理学所研究的规律具有极大的普遍性，它的基本理论渗透在自然科学的众多领域，应用于生产技术的各个部门. 可以说物理学是除数学以外一切自然科学的理论基础，也是当代工程技术的重大支柱.

自然界的一切物质都处在永不停息的运动之中，例如机械运动、分子热运动、电磁运动、原子和原子核运动等，机械运动是这些运动中最简单、最基本，也是最常见的运动形式，经典力学就是研究物质机械运动规律及其应用的学科. 如果只从几何观点研究物质的运动而不涉及物质间的相互作用时称为运动学，而研究物质间相互作用规律的学科称为动力学，静力学主要研究力矩的平衡问题.

1.1　质点运动的描述

1.1.1　参考系　坐标系　质点

运动是物质存在的形式，也是物质的固有属性. 然而，要描述物体的运动状态，首先要选择一个或几个彼此之间相对静止的物体作为参考物体，然后研究这个物体相对参考物体是如何运动的，这个被选作参考的物体或物体系叫做参考系. 参考物体视方便可以任意选择，但是当选择的参考物体不同时，对运动物体的描述也可能不同，这就是运动描述的相对性.

为了定量地研究物体的运动，要选择一个与参考系相对静止的坐标系，如图 1.1 所示. 坐标系有直角坐标系、极坐标系、自然坐标系等.

如果研究物体运动时，物体上的每一点的运动情况都相同，那么我们可以忽略物体的大小和形状，而把它看作一个具有质量、占据空间位置的点，这样的物体称为质点. 质点是一种理想模型，并不真实存在，物理学中有很多这样的理想模型. 物体能否视为质点是有条件的、相对的.

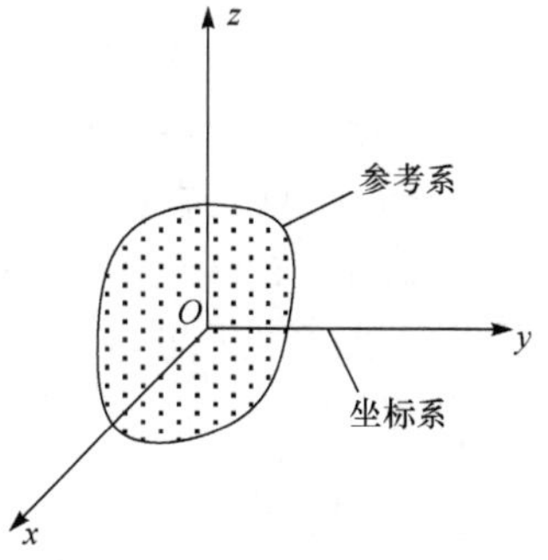

图 1.1

1.1.2　位置矢量　运动方程　轨迹方程　位移

由坐标原点到质点所在位置的矢量称为位置矢量(简称位矢或径矢). 如图 1.2 所示，选取的是直角坐标系，$\boldsymbol{r}$ 为质点 P 的位置矢量

$$\boldsymbol{r}=x\boldsymbol{i}+y\boldsymbol{j}+z\boldsymbol{k} \tag{1-1}$$

大小为

$$r=|\boldsymbol{r}|=\sqrt{x^2+y^2+z^2} \tag{1-2}$$

方向可由方向余弦确定

$$\cos\alpha=\frac{x}{r},\quad \cos\beta=\frac{y}{r},\quad \cos\gamma=\frac{z}{r}$$

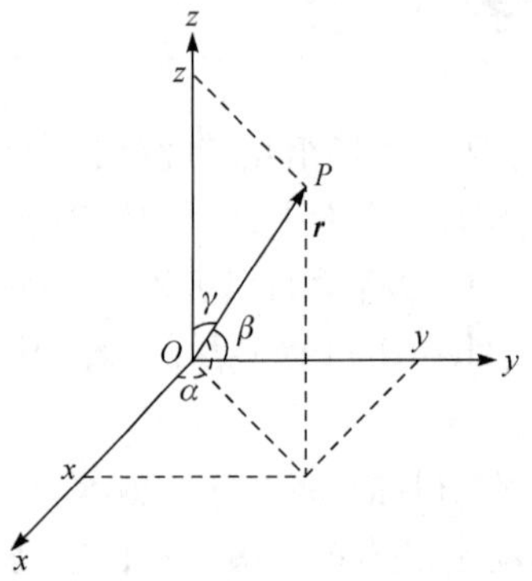

图 1.2

质点的位置坐标与时间的函数关系，称为运动方程.

运动方程的矢量式：

$$\boldsymbol{r}(t)=x(t)\boldsymbol{i}+y(t)\boldsymbol{j}+z(t)\boldsymbol{k} \tag{1-3}$$

标量式：

$$x=x(t),\quad y=y(t),\quad z=z(t) \tag{1-4}$$

运动学的重要任务之一就是找出各种具体运动所遵循的运动方程.

从式(1-4)中消掉 t，得到 x、y、z 之间的函数关系式即为轨迹方程. 如平面上运动的质点，运动方程为 $x=t$，$y=t^2$，轨迹方程为 $y=x^2$(抛物线).

如图 1.3 所示，以质点平面运动为例，取直角坐标系. 设 t、$t+\Delta t$ 时刻质点位矢分别为 $\boldsymbol{r}_1$、$\boldsymbol{r}_2$，则 Δt 时间间隔内位矢的变化为

$$\Delta\boldsymbol{r}=\boldsymbol{r}_2-\boldsymbol{r}_1 \tag{1-5}$$

称 $\Delta\boldsymbol{r}$ 为该时间间隔内质点的位移，且

$$\Delta\boldsymbol{r}=\boldsymbol{r}_2-\boldsymbol{r}_1=(x_2-x_1)\boldsymbol{i}+(y_2-y_1)\boldsymbol{j} \tag{1-6}$$

$\Delta\boldsymbol{r}$ 的大小为

$$|\Delta\boldsymbol{r}|=\sqrt{(x_2-x_1)^2+(y_2-y_1)^2}$$

讨论　(1) 比较 $\Delta\boldsymbol{r}$ 与 $\boldsymbol{r}$：二者均为矢量；前者是过程量，后者为瞬时量.

(2) 比较 $\Delta\boldsymbol{r}$ 与 Δs ($A\to B$ 路程)：二者均为过程量；前者是矢量，后者是标量. 一般情况下 $|\Delta\boldsymbol{r}|\neq\Delta s$.

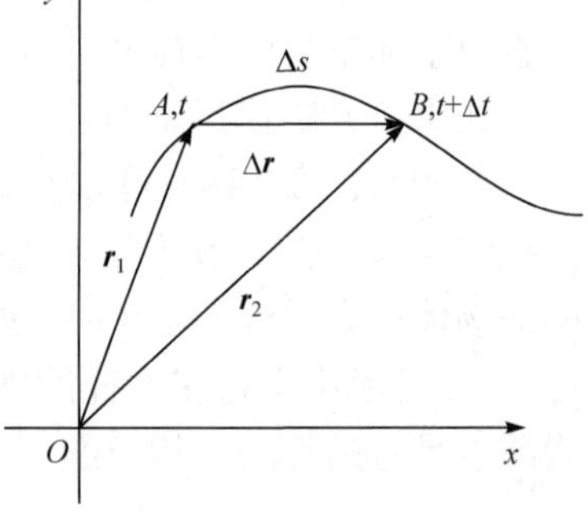

图 1.3

1.1.3　速度

为了描述质点运动的快慢及方向，从而引进速度的概念.

1. 平均速度

如图 1.3 所示，定义

$$\bar{\boldsymbol{v}}=\frac{\Delta \boldsymbol{r}}{\Delta t} \tag{1-7}$$

称 $\bar{\boldsymbol{v}}$ 为 $t\sim t+\Delta t$ 时间间隔内质点的平均速度. 以二维运动为例，

$$\bar{\boldsymbol{v}}=\frac{\Delta \boldsymbol{r}}{\Delta t}=\frac{\Delta x}{\Delta t}\boldsymbol{i}+\frac{\Delta y}{\Delta t}\boldsymbol{j}=\bar{v}_x\boldsymbol{i}+\bar{v}_y\boldsymbol{j} \tag{1-8}$$

$\bar{\boldsymbol{v}}$ 的方向与 $\Delta \boldsymbol{r}$ 方向相同.

2. 瞬时速度

$\bar{\boldsymbol{v}}$ 只是粗略地描述了质点的运动情况. 为了描述质点运动的细节，引进瞬时速度.

$$\boldsymbol{v}=\lim_{\Delta t\to 0}\bar{\boldsymbol{v}}=\lim_{\Delta t\to 0}\frac{\Delta \boldsymbol{r}}{\Delta t}=\frac{\mathrm{d}\boldsymbol{r}}{\mathrm{d}t}$$

称 $\boldsymbol{v}$ 为质点在 t 时刻的瞬时速度，简称速度.

$$\boldsymbol{v}=\frac{\mathrm{d}\boldsymbol{r}}{\mathrm{d}t} \tag{1-9}$$

结论　质点的速度等于位矢对时间的一阶导数. 对于二维运动，

$$\boldsymbol{v}=\frac{\mathrm{d}\boldsymbol{r}}{\mathrm{d}t}=\frac{\mathrm{d}x}{\mathrm{d}t}\boldsymbol{i}+\frac{\mathrm{d}y}{\mathrm{d}t}\boldsymbol{j}=v_x\boldsymbol{i}+v_y\boldsymbol{j} \tag{1-10}$$

式中 $v_x=\frac{\mathrm{d}x}{\mathrm{d}t}$， $v_y=\frac{\mathrm{d}y}{\mathrm{d}t}$. v_x 、 v_y 分别为 $\boldsymbol{v}$ 在 x、y 轴方向的速度分量.

$\boldsymbol{v}$ 的大小：

$$|\boldsymbol{v}|=\left|\frac{\mathrm{d}\boldsymbol{r}}{\mathrm{d}t}\right|=\sqrt{\left(\frac{\mathrm{d}x}{\mathrm{d}t}\right)^2+\left(\frac{\mathrm{d}y}{\mathrm{d}t}\right)^2}=\sqrt{v_x^2+v_y^2}$$

$\boldsymbol{v}$ 的方向：所在位置的切线向前方向. $\boldsymbol{v}$ 与 x 轴正向夹角满足 $\tan\theta=\frac{v_y}{v_x}$.

3. 平均速率与瞬时速率

如图 1.3 所示，定义

$$\bar{v}=\frac{\Delta s}{\Delta t}$$

称 $\bar{v}$ 为质点在 $t\sim t+\Delta t$ 时间间隔内的平均速率.

为了描述运动细节，引进瞬时速率. 定义

$$v=\lim_{\Delta t\to 0}\bar{v}=\lim_{\Delta t\to 0}\frac{\Delta s}{\Delta t}=\frac{\mathrm{d}s}{\mathrm{d}t}$$

称 v 为 t 时刻质点的瞬时速率，简称速率.

当 $\Delta t \to 0$ 时(见图 1.3)，$\Delta \boldsymbol{r} = \mathrm{d}\boldsymbol{r}$，$\Delta s = \mathrm{d}s$，有 $|\mathrm{d}\boldsymbol{r}| = \mathrm{d}s$. 可知

$$v = \frac{\mathrm{d}s}{\mathrm{d}t} = \frac{|\mathrm{d}\boldsymbol{r}|}{\mathrm{d}t} = \left|\frac{\mathrm{d}\boldsymbol{r}}{\mathrm{d}t}\right| = |\boldsymbol{v}|$$

即

$$v = |\boldsymbol{v}| = \frac{\mathrm{d}s}{\mathrm{d}t} \tag{1-11}$$

结论　质点速率等于其速度大小或等于路程对时间的一阶导数.

讨论　(1) 比较 $\bar{v}$ 与 $\bar{\boldsymbol{v}}$：二者均为过程量；前者为标量，后者为矢量.

(2) 比较 v 与 $\boldsymbol{v}$：二者均为瞬时量；前者为标量，后者为矢量.

1.1.4　加速度

为了描述质点速度变化的快慢，从而引进加速度的概念.

1. 平均加速度

如图 1.4 所示，定义

$$\bar{\boldsymbol{a}} = \frac{\Delta \boldsymbol{v}}{\Delta t} = \frac{\boldsymbol{v}_2 - \boldsymbol{v}_1}{\Delta t}$$

称 $\bar{\boldsymbol{a}}$ 为 $t \sim t+\Delta t$ 时间间隔内质点的平均加速度.

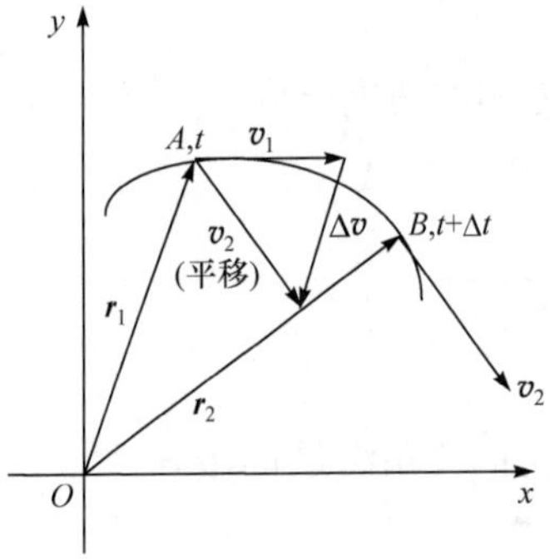

图 1.4

2. 瞬时加速度

为了描述质点运动速度变化的细节，引进瞬时加速度.

$$\boldsymbol{a} = \lim_{\Delta t \to 0} \bar{\boldsymbol{a}} = \lim_{\Delta t \to 0} \frac{\Delta \boldsymbol{v}}{\Delta t} = \frac{\mathrm{d}\boldsymbol{v}}{\mathrm{d}t}$$

称 $\boldsymbol{a}$ 为质点在 t 时刻的瞬时加速度，简称加速度，即

$$\boldsymbol{a} = \frac{\mathrm{d}\boldsymbol{v}}{\mathrm{d}t} = \frac{\mathrm{d}^2 \boldsymbol{r}}{\mathrm{d}t^2} \tag{1-12}$$

结论　加速度等于速度对时间的一阶导数或位矢对时间的二阶导数.

对于二维运动，有

$$\boldsymbol{a} = \frac{\mathrm{d}\boldsymbol{v}}{\mathrm{d}t} = \frac{\mathrm{d}v_x}{\mathrm{d}t}\boldsymbol{i} + \frac{\mathrm{d}v_y}{\mathrm{d}t}\boldsymbol{j} = \frac{\mathrm{d}^2 x}{\mathrm{d}t^2}\boldsymbol{i} + \frac{\mathrm{d}^2 y}{\mathrm{d}t^2}\boldsymbol{j}$$

式中：$a_x = \frac{\mathrm{d}v_x}{\mathrm{d}t} = \frac{\mathrm{d}^2 x}{\mathrm{d}t^2}$，$a_y = \frac{\mathrm{d}v_y}{\mathrm{d}t} = \frac{\mathrm{d}^2 y}{\mathrm{d}t^2}$. a_x、a_y 分别称为 $\boldsymbol{a}$ 在 x、y 轴上的分量.

$\boldsymbol{a}$ 的大小：

$$|\boldsymbol{a}|=\sqrt{a_x^2+a_y^2}=\sqrt{\left(\frac{\mathrm{d}v_x}{\mathrm{d}t}\right)^2+\left(\frac{\mathrm{d}v_y}{\mathrm{d}t}\right)^2}=\sqrt{\left(\frac{\mathrm{d}^2x}{\mathrm{d}t^2}\right)^2+\left(\frac{\mathrm{d}^2y}{\mathrm{d}t^2}\right)^2}$$

$\boldsymbol{a}$ 的方向：$\boldsymbol{a}$ 与 x 轴正向夹角满足 $\tan\theta=\dfrac{a_y}{a_x}$.

说明　$\boldsymbol{a}$ 沿 $\overline{\boldsymbol{v}}$ 的极限方向，一般情况下 $\boldsymbol{a}$ 与 $\boldsymbol{v}$ 方向不同(如不计空气阻力的斜上抛运动).

1.1.5　直线运动

如图 1.5 所示，假设一个质点做直线运动，t 时刻质点在 A 处，$t+\Delta t$ 时刻质点在 B 处，则该质点的位移为

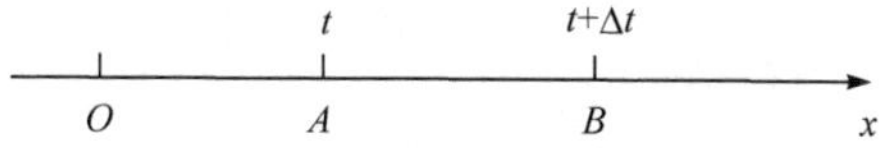

图 1.5

$$\Delta\boldsymbol{r}=\boldsymbol{r}_2-\boldsymbol{r}_1=x_2\boldsymbol{i}-x_1\boldsymbol{i}=\Delta x\boldsymbol{i}$$

$\Delta x>0$，$\Delta\boldsymbol{r}$ 沿$+x$ 轴方向；$\Delta x<0$，$\Delta\boldsymbol{r}$ 沿$-x$ 轴方向. 质点的速度为

$$\boldsymbol{v}=\frac{\mathrm{d}\boldsymbol{r}}{\mathrm{d}t}=\frac{\mathrm{d}x}{\mathrm{d}t}\boldsymbol{i}=v_x\boldsymbol{i}$$

$v_x>0$，$\boldsymbol{v}$ 沿$+x$ 轴方向；$v_x<0$，$\boldsymbol{v}$ 沿$-x$ 轴方向. 质点的加速度为

$$\boldsymbol{a}=\frac{\mathrm{d}\boldsymbol{v}}{\mathrm{d}t}=\frac{\mathrm{d}v_x}{\mathrm{d}t}\boldsymbol{i}=a_x\boldsymbol{i}$$

$a_x>0$，$\boldsymbol{a}$ 沿$+x$ 轴方向；$a_x<0$，$\boldsymbol{a}$ 沿$-x$ 轴方向.

由上可见，一维运动情况下，由 Δx 、v_x 、a_x 的正负就能判断位移、速度和加速度的方向，故一维运动可用标量式代替矢量式，用正负号来判断方向.

1.1.6　运动学中的两类问题

$$\text{运动方程}\ \underset{\text{第二类问题：积分}}{\overset{\text{第一类问题：微分}}{\rightleftarrows}}\ \boldsymbol{v},\ \boldsymbol{a}\ \text{等}$$

例 1.1.1　已知一质点的运动方程为 $\boldsymbol{r}=2t\boldsymbol{i}+(2-t^2)\boldsymbol{j}$ (SI)，求：

(1) t=1s 和 t=2s 时位矢；

(2) t=1s 到 t=2s 内位移；

(3) t=1s 到 t=2s 内质点的平均速度；

(4) t=1s 和 t=2s 时质点的速度；

(5) t=1s 到 t=2s 内的平均加速度；

(6) $t=1\text{s}$ 和 $t=2\text{s}$ 时质点的加速度.

解　(1) $\boldsymbol{r}_1=2\boldsymbol{i}+\boldsymbol{j}\ \text{m}$

$\boldsymbol{r}_2=4\boldsymbol{i}-2\boldsymbol{j}\ \text{m}$

(2) $\Delta\boldsymbol{r}=\boldsymbol{r}_2-\boldsymbol{r}_1=2\boldsymbol{i}-3\boldsymbol{j}\ \text{m}$

(3) $\bar{\boldsymbol{v}}=\dfrac{\Delta\boldsymbol{r}}{\Delta t}=\dfrac{2\boldsymbol{i}-3\boldsymbol{j}}{2-1}\text{m/s}=2\boldsymbol{i}-3\boldsymbol{j}\ \text{m/s}$

(4) $\boldsymbol{v}=\dfrac{\text{d}\boldsymbol{r}}{\text{d}t}=2\boldsymbol{i}-2t\boldsymbol{j}\quad\text{m/s}$

$\boldsymbol{v}_1=2\boldsymbol{i}-2\boldsymbol{j}\ \text{m/s}$

$\boldsymbol{v}_2=2\boldsymbol{i}-4\boldsymbol{j}\ \text{m/s}$

(5) $\bar{\boldsymbol{a}}=\dfrac{\Delta\boldsymbol{v}}{\Delta t}=\dfrac{\boldsymbol{v}_2-\boldsymbol{v}_1}{\Delta t}=\dfrac{-2\boldsymbol{j}}{2-1}\text{m/s}=-2\boldsymbol{j}\ \text{m/s}^2$

(6) $\boldsymbol{a}=\dfrac{\text{d}^2\boldsymbol{r}}{\text{d}t^2}=\dfrac{\text{d}\boldsymbol{v}}{\text{d}t}=-2\boldsymbol{j}\ \text{m/s}^2$

$\boldsymbol{a}_1=\boldsymbol{a}_2=2\boldsymbol{j}\text{m/s}^2$

例 1.1.2　一质点沿 x 轴运动，已知加速度为 $a=4t$ (SI)，初始条件为：$t=0$ 时，$v_0=0$，$x_0=10\ \text{m}$. 求质点的运动方程.

解　取质点为研究对象，由加速度的定义有

$$a=\frac{\text{d}v}{\text{d}t}=4t\ (\text{一维运动可用标量式代替矢量式})$$

得

$$\text{d}v=4t\text{d}t$$

由初始条件有

$$\int_0^v \text{d}v=\int_0^t 4t\text{d}t$$

得

$$v=2t^2$$

由速度定义有

$$v=\frac{\text{d}x}{\text{d}t}=2t^2$$

得

$$\text{d}x=2t^2\text{d}t$$

由初始条件有

$$\int_{10}^x \text{d}x=\int_0^t 2t^2\text{d}t$$

即

$$x=\frac{2}{3}t^3+10\,\mathrm{m}$$

由上可见，例 1.1.1 和例 1.1.2 分别属于质点运动学中的第一类和第二类问题.

1.2　圆 周 运 动

本节先讨论圆周运动，之后再推广到一般曲线运动.

1.2.1　自然坐标系

如图 1.6 所示，BAC 为质点运动轨迹，t 时刻质点 P 位于 A 点，$\boldsymbol{e}_\mathrm{t}$、$\boldsymbol{e}_\mathrm{n}$ 分别为 A 点切向及法向的单位矢量，以 A 为原点，$\boldsymbol{e}_\mathrm{t}$ 切向和 $\boldsymbol{e}_\mathrm{n}$ 法向为坐标轴，由此构成的坐标系为自然坐标系(可推广到三维). 自然坐标系不同于其他坐标系的地方在于它在随质点移动.

1.2.2　圆周运动的切向加速度及法向加速度

1. 切向加速度

如图 1.7 所示，质点做半径为 r 的圆周运动，t 时刻，质点的速度为

$$\boldsymbol{v}=v\boldsymbol{e}_\mathrm{t} \tag{1-13}$$

式(1-13)中，$v=|\boldsymbol{v}|$ 为速率. 加速度为

$$\boldsymbol{a}=\frac{\mathrm{d}\boldsymbol{v}}{\mathrm{d}t}=\frac{\mathrm{d}v}{\mathrm{d}t}\boldsymbol{e}_\mathrm{t}+v\frac{\mathrm{d}\boldsymbol{e}_\mathrm{t}}{\mathrm{d}t} \tag{1-14}$$

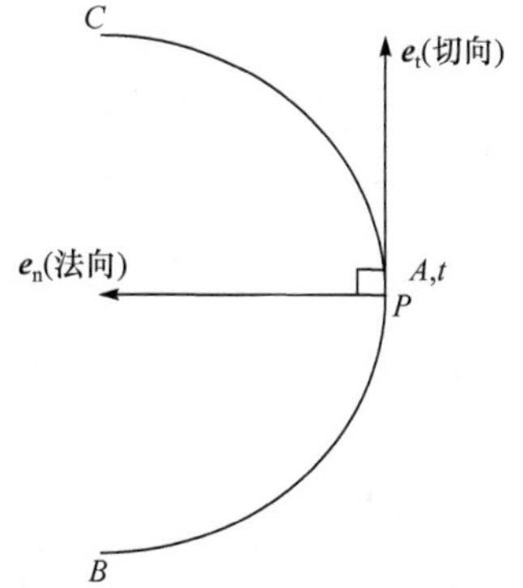

图 1.6

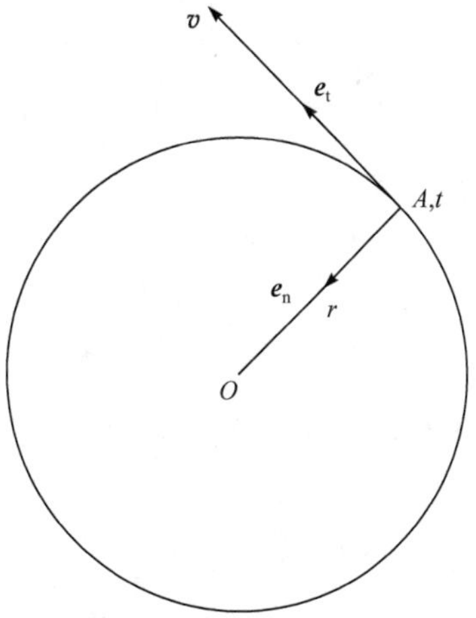

图 1.7

式(1-14)中，第一项是由质点运动速率变化引起的，方向与 $\boldsymbol{e}_t$ 共线，称该项为切向加速度，记为

$$\boldsymbol{a}_t = \frac{dv}{dt}\boldsymbol{e}_t = a_t\boldsymbol{e}_t \tag{1-15}$$

式中：

$$a_t = \frac{dv}{dt} \tag{1-16}$$

a_t 为加速度 $\boldsymbol{a}$ 的切向分量.

结论　切向加速度分量等于速率对时间的一阶导数.

2. 法向加速度

式(1-14)中，第二项是由质点运动方向改变引起的. 如图 1.8 所示，质点由 A 点运动到 B 点，有

$$\begin{cases} v \to v' \\ \boldsymbol{e}_t \to \boldsymbol{e}_t' \\ ds = \overset{\frown}{AB} \end{cases}$$

因为 $\boldsymbol{e}_t \perp OA$，$\boldsymbol{e}_t' \perp OB$，所以 $\boldsymbol{e}_t$、$\boldsymbol{e}_t'$ 夹角为 $d\theta$，如图 1.9 所示，有

$$d\boldsymbol{e}_t = \boldsymbol{e}_t' - \boldsymbol{e}_t$$

当 $d\theta \to 0$ 时，有 $|d\boldsymbol{e}_t| = |\boldsymbol{e}_t| d\theta = d\theta$.

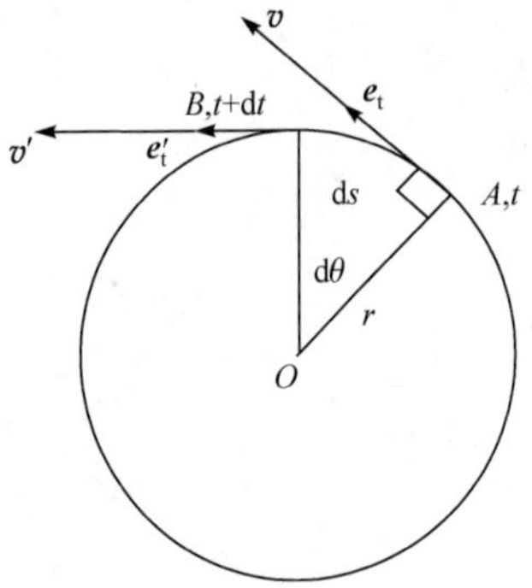

图 1.8

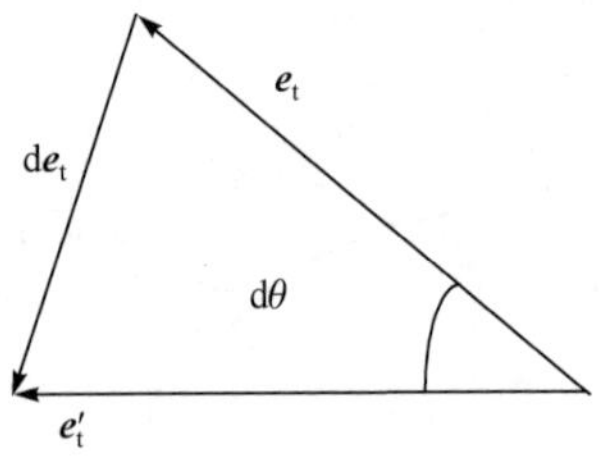

图 1.9

因为 $d\boldsymbol{e}_t \perp \boldsymbol{e}_t$，所以 $d\boldsymbol{e}_t$ 由 A 点指向圆心 O，可有

$$d\boldsymbol{e}_t = d\theta\boldsymbol{e}_n$$

式(1-14)中第二项为

$$v\frac{d\boldsymbol{e}_t}{dt} = v\frac{d\theta}{dt}\boldsymbol{e}_n = \frac{v}{r}\frac{ds}{dt}\boldsymbol{e}_n = \frac{v^2}{r}\boldsymbol{e}_n$$

该项为矢量，其方向沿半径指向圆心. 称此项为法向加速度，记为

$$\boldsymbol{a}_\mathrm{n}=\frac{v^2}{r}\boldsymbol{e}_\mathrm{n} \tag{1-17}$$

大小为

$$a_\mathrm{n}=\frac{v^2}{r} \tag{1-18}$$

式(1-18)中，a_n 是加速度的法向分量.

结论　法向加速度分量等于速率平方除以曲率半径.

3. 总加速度

$$\boldsymbol{a}=\boldsymbol{a}_\mathrm{t}+\boldsymbol{a}_\mathrm{n}=a_\mathrm{t}\boldsymbol{e}_\mathrm{t}+a_\mathrm{n}\boldsymbol{e}_\mathrm{n}=\frac{\mathrm{d}v}{\mathrm{d}t}\boldsymbol{e}_\mathrm{t}+\frac{v^2}{r}\boldsymbol{e}_\mathrm{n} \tag{1-19}$$

大小：

$$a=\sqrt{a_\mathrm{t}^2+a_\mathrm{n}^2}=\sqrt{\left(\frac{\mathrm{d}v}{\mathrm{d}t}\right)^2+\left(\frac{v^2}{r}\right)^2} \tag{1-20}$$

方向：$\boldsymbol{a}$ 与 $\boldsymbol{e}_\mathrm{t}$ 夹角(见图 1.10)满足

$$\tan\theta=\frac{a_\mathrm{n}}{a_\mathrm{t}}$$

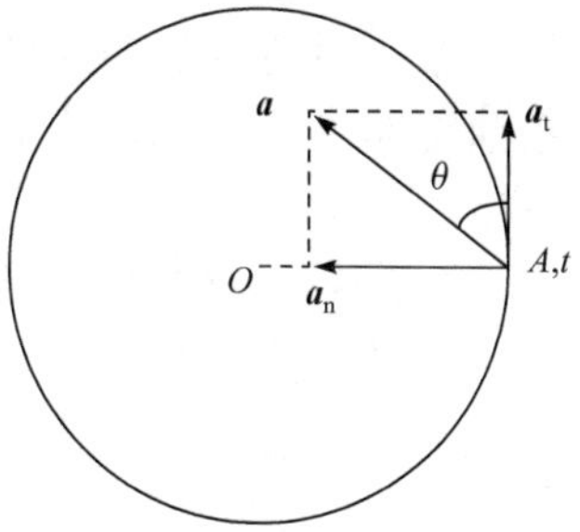

图 1.10

4. 一般曲线运动

圆周运动的切向加速度和法向加速度表达式也适用于一般曲线运动，只要把曲率半径 r 看作变量即可.

讨论　(1) 如图 1.10 所示，$\boldsymbol{a}$ 总是指向曲线的凹侧.

(2) $a_\mathrm{n}\equiv 0$ 时，$r\to\infty$，质点做直线运动. 此时

$$a_\mathrm{t}=\frac{\mathrm{d}v}{\mathrm{d}t}\begin{cases}>0 & (\mathrm{d}v>0) & \text{加速直线运动}\\ <0 & (\mathrm{d}v<0) & \text{减速直线运动}\\ =0 & (\mathrm{d}v=0) & \text{匀速直线运动}\end{cases}$$

(3) $a_\mathrm{n}\neq 0$ 时，r 有限，质点做曲线运动. 此时

$$a_\mathrm{t}=\frac{\mathrm{d}v}{\mathrm{d}t}\begin{cases}>0 & (\mathrm{d}v>0) & \text{加速曲线运动}\\ <0 & (\mathrm{d}v<0) & \text{减速曲线运动}\\ =0 & (\mathrm{d}v=0) & \text{匀速曲线运动}\end{cases}$$

1.2.3 圆周运动的角量描述

如图 1.11 所示，t 时刻质点在 A 处，$t+\Delta t$ 时刻质点在 B 处，θ 是 OA 与 x 轴正向夹角，$\theta+\Delta\theta$ 是 OB 与 x 轴正向夹角，称 θ 为 t 时刻质点角坐标，$\Delta\theta$ 为 $t\sim t+\Delta t$ 时间间隔内角坐标增量，称为在该时间间隔内的角位移. 角位移与时间间隔的比值为

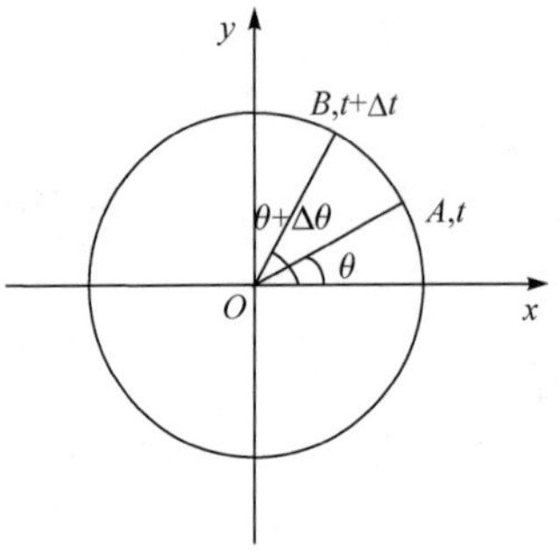

图 1.11

$$\bar{\omega}=\frac{\Delta\theta}{\Delta t} \tag{1-21}$$

称 $\bar{\omega}$ 为平均角速度. 平均角速度粗略地描述了物体的运动. 为了描述运动细节，需要引进瞬时角速度. 定义

$$\omega=\lim_{\Delta t\to 0}\bar{\omega}=\lim_{\Delta t\to 0}\frac{\Delta\theta}{\Delta t}=\frac{\mathrm{d}\theta}{\mathrm{d}t} \tag{1-22}$$

称 ω 为瞬时角速度，即

$$\omega=\frac{\mathrm{d}\theta}{\mathrm{d}t} \tag{1-23}$$

结论 角速度等于角坐标对时间的一阶导数.

需要说明的是角速度是矢量，ω 的方向与角位移 $\mathrm{d}\boldsymbol{\theta}$ 方向一致. 但是对于定轴转动可以用标量式来代替矢量式，用正负号判断其转动方向(同一维运动一样).

为了描述角速度变化的快慢，引进角加速度概念.

平均角加速度：设在 $t\sim t+\Delta t$ 内，质点角速度增量为 $\Delta\omega$，则

$$\bar{\alpha}=\frac{\Delta\omega}{\Delta t} \tag{1-24}$$

称 $\bar{\alpha}$ 为 $t\sim t+\Delta t$ 时间间隔内质点的平均角加速度.

瞬时角加速度：

$$\alpha=\lim_{\Delta t\to 0}\bar{\alpha}=\lim_{\Delta t\to 0}\frac{\Delta\omega}{\Delta t}=\frac{\mathrm{d}\omega}{\mathrm{d}t}=\frac{\mathrm{d}^2\theta}{\mathrm{d}t^2} \tag{1-25}$$

称 α 为 t 时刻质点的瞬时角加速度，简称角加速度，即

$$\alpha=\frac{\mathrm{d}\omega}{\mathrm{d}t}=\frac{\mathrm{d}^2\theta}{\mathrm{d}t^2} \tag{1-26}$$

结论 角加速度等于角速度对时间的一阶导数或等于角坐标对时间的二阶导数.

角加速度也是矢量，方向沿 $\mathrm{d}\boldsymbol{\omega}$ 方向.

通常我们把物理量 $\boldsymbol{v}$、v、$\boldsymbol{a}$、$\boldsymbol{a}_{\mathrm{t}}$、$\boldsymbol{a}_{\mathrm{n}}$ 等称为线量，ω、α 等称为角量. 其中 v 与 ω 的关系：

如图 1.12 所示，$\mathrm{d}t \to 0$ 时，$|\mathrm{d}\boldsymbol{r}| = \mathrm{d}s = r\mathrm{d}\theta$，有

$$\frac{|\mathrm{d}\boldsymbol{r}|}{\mathrm{d}t} = r\frac{\mathrm{d}\theta}{\mathrm{d}t}$$

即

$$v = r\omega \tag{1-27}$$

a_t 与 α 的关系：

式(1-27)两边对 t 求一阶导数，有

$$\frac{\mathrm{d}v}{\mathrm{d}t} = r\frac{\mathrm{d}\omega}{\mathrm{d}t}$$

即

$$a_t = r\alpha \tag{1-28}$$

a_n 与 ω 的关系：

$$a_n = \frac{v^2}{r} = \frac{(r\omega)^2}{r} = r\omega^2$$

即

$$a_n = r\omega^2 \tag{1-29}$$

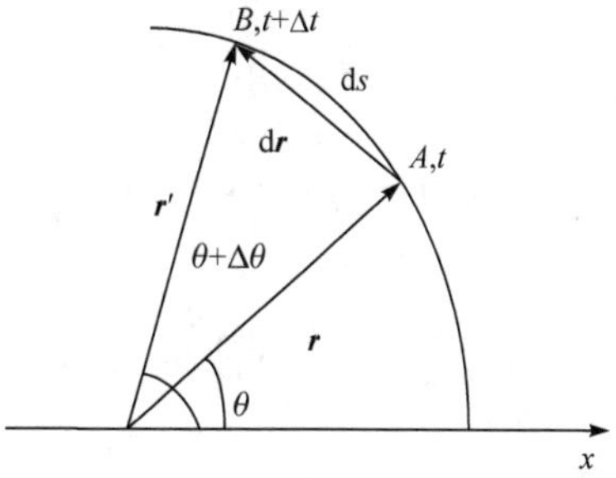

图 1.12

例 1.2.1　质点做平面曲线运动，其位矢、加速度和法向加速度大小分别为 r、a 和 a_n，速度为 $\boldsymbol{v}$，试说明下式正确的有哪些.

(1)　$a = \frac{\mathrm{d}v}{\mathrm{d}t}$；(2) $a = \frac{\mathrm{d}^2 r}{\mathrm{d}t^2}$；(3) $\sqrt{a^2 - a_n^2} = \left|\frac{\mathrm{d}|\boldsymbol{v}|}{\mathrm{d}t}\right|$；(4) $a = \frac{\boldsymbol{v}\cdot\boldsymbol{v}}{r}$.

解　因为标量 ≠ 矢量，所以(1)不对.

又 $a = \left|\frac{\mathrm{d}^2\boldsymbol{r}}{\mathrm{d}t^2}\right|$，而 $\left|\frac{\mathrm{d}^2\boldsymbol{r}}{\mathrm{d}t^2}\right| \neq \left|\frac{\mathrm{d}^2 r}{\mathrm{d}t^2}\right|$，故(2)不对.

而 $\sqrt{a^2 - a_n^2} = |a_t| = \left|\frac{\mathrm{d}v}{\mathrm{d}t}\right| = \left|\frac{\mathrm{d}|\boldsymbol{v}|}{\mathrm{d}t}\right|$，因此(3)正确.

由于 $a = \frac{\boldsymbol{v}\cdot\boldsymbol{v}}{r}$ 中 r 为曲率半径，而这里 r 为位矢的大小，不一定是曲率半径，所以(4)不对.

例 1.2.2　在一个转动的齿轮上，一个齿尖 P 沿半径为 R 的圆周运动，其路程 S 随时间的变化规律为 $S = v_0 t + \frac{1}{2}bt^2$，其中，$v_0$、$b$ 都是正的常数，则 t 时刻齿尖 P 的速度和加速度大小为多少？

解　$v = \frac{\mathrm{d}S}{\mathrm{d}t} = v_0 + bt$

$$a=\sqrt{a_t^2+a_n^2}=\sqrt{\left(\frac{dv}{dt}\right)^2+\left(\frac{v^2}{R}\right)^2}=\sqrt{b^2+\frac{(v_0+bt)^4}{R^2}}$$

例 1.2.3　一个质点的运动方程为 $\boldsymbol{r}=10\cos 5t\boldsymbol{i}+10\sin 5t\boldsymbol{j}$ (SI)，求：(1) a_t；(2) a_n.

解　(1) $\boldsymbol{v}=\frac{d\boldsymbol{r}}{dt}=-50\sin 5t\boldsymbol{i}+50\cos 5t\boldsymbol{j}$

$$v=|\boldsymbol{v}|=\sqrt{(-50\sin 5t)^2+(50\cos 5t)^2}=50\ (\text{m/s})$$

$$a_t=\frac{dv}{dt}=0$$

(2) $a_n=\sqrt{a^2-a_t^2}=a=\left|\frac{d\boldsymbol{v}}{dt}\right|=\left|-250\cos 5t\boldsymbol{i}-250\sin 5t\boldsymbol{j}\right|=250\ (\text{m/s}^2)$

附录 1　角速度矢量合成演示实验

【实验装置】

角速度矢量合成演示装置如图 1.13 所示.

【实验原理】

若球体参与两个不同方向的转动，一个方向转动的角速度矢量是 $\boldsymbol{\omega}_1$，另一个方向转动的角速度矢量是 $\boldsymbol{\omega}_2$，则刚体的合成转动的角速度矢量 $\boldsymbol{\omega}$ 等于两个角速度矢量 $\boldsymbol{\omega}_1$ 和 $\boldsymbol{\omega}_2$ 的矢量和，它遵守平行四边形法则，如图 1.14 所示.

图 1.13

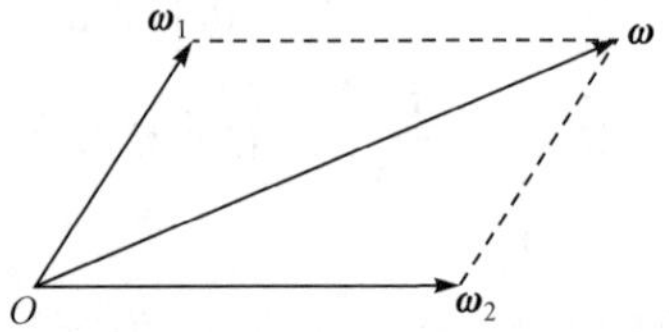

图 1.14

【实验内容】

(1) 转动左手轮，使球体沿一确定的转轴匀速转动，观察者可以看到球上的黑点描绘出一簇圆弧线，这些圆弧线位于与确定方向相垂直的平面上. 这些圆弧线转动方向按右手法则旋进的方向就是分角速度矢量 $\boldsymbol{\omega}_1$ 的方向. 转动半圆弧标尺并沿弧移动箭头，使其箭头指示 $\boldsymbol{\omega}_1$ 的方向.

(2) 按(1)中所述的操作步骤，摇动右手轮，移动箭头示出角速度矢量 $\boldsymbol{\omega}_2$ 的方向.

(3) 用左右两手分别同时摇动两个手轮，使球体同时参与两个确定的转动方向转动，使分角速度矢量沿 $\boldsymbol{\omega}_1$ 和 $\boldsymbol{\omega}_2$ 两个方向. 当摇动两个手轮转速相同时，即二分角速度矢量的大小相等，则圆点所描绘出的一簇圆点位于与两箭头所指的方向的分角线方向相垂直的平面上. 且此圆点转动方向按右手法则旋进的方向(分角线的方向)就是合角速度矢量 $\boldsymbol{\omega}$ 的方向，它满足平行四边形运算法则：$\boldsymbol{\omega}=\boldsymbol{\omega}_1+\boldsymbol{\omega}_2$.

习　题　1

1.1　一质点沿 x 轴运动，其加速度 a 与位置坐标 x 的关系为：$a=2x+6x^2$，如果质点在原点处的速度为零，求该质点在任意位置时的速度. [参考答案：$x\sqrt{2(1+2x)}$]

1.2　一质点沿 x 轴运动，其加速度随时间变化关系为：$a=3+2t$ (SI)，如果 t=0 时质点的速度 $v_0=5\text{m/s}$，求 t=3s 时，质点的速度. [参考答案：23m/s]

1.3　一个质点在 xOy 平面内运动，其运动方程为 $x=4t$，$y=10-2t^2$，求质点的位置矢量与速度矢量恰好垂直的时刻. [参考答案：$\sqrt{3}\text{s}$]

1.4　质点沿半径为 0.02m 的曲线作圆周运动，它所走的路程与时间的关系为 $s=0.1t^3$，当质点的线速度为 $v=0.3\text{m/s}$ 时，它的法向加速度和切向加速度各为多少？[参考答案：4.5m/s^2，0.6m/s^2]

1.5　质点做半径为 $R=0.5\text{m}$ 的圆周运动，其角坐标与时间的关系为 $\theta=t^3+3t$ (SI)，当 t=2s 时，求质点的角坐标、角速度和角加速度. [参考答案：14rad，15rad/s，12rad²/s]

1.6　在有阻尼的介质中，从静止开始下落的物体，其运动方程为 $\dfrac{\mathrm{d}v}{\mathrm{d}t}=A-Bv$，其中 A、B 均为正的常数. 求：(1)下落物体的初始加速度；(2)下落物体加速度为零时的速度；(3)试证明下落物体任一时刻的速度为 $v=\dfrac{A}{B}\left(1-\mathrm{e}^{-Bt}\right)$. [参考答案：(1) $a_0=A$；(2) $v=\dfrac{A}{B}$]

第 2 章　质点动力学

上一章我们讨论了质点运动学，而本章我们转入质点动力学的研究. 质点动力学主要研究作用于质点上的力和物体机械运动状态变化之间的关系. 主要包括牛顿运动三定律、动量、功、能量等内容. 另外，如果某个物理量始终保持不变，我们就称其为守恒量.

2.1　牛顿运动定律　力

2.1.1　牛顿运动定律

1. 牛顿第一定律

任何物体都要保持静止或匀速直线运动状态，直到有作用在它上面的力迫使它改变这种状态为止，这就是牛顿第一定律的内容. 它表明，如果没有力作用在物体上或作用在物体上的合外力为零，那么任何物体都具有保持其运动状态不变的性质，这个性质称为惯性，所以牛顿第一定律也称为惯性定律. 其数学表述为

$$\boldsymbol{F}=0\text{ 时}，\ \boldsymbol{v}=\text{恒矢量} \tag{2-1}$$

正是由于物体具有惯性，所以要使其运动状态发生改变，必然要有其他物体对其作用，这种作用就称为力. 力是改变物体运动状态的原因.

2. 牛顿第二定律

物体受外力作用时，物体的动量随时间的变化率大小与合外力的大小成正比，动量变化率的方向与合外力的方向相同. 其数学表达式为

$$\boldsymbol{F}=\mathrm{d}\boldsymbol{p}/\mathrm{d}t=m\boldsymbol{a} \tag{2-2}$$

上式只适用于质点、惯性系. 解题时常写成分量式，如

$$\boldsymbol{F}=m\boldsymbol{a}\Rightarrow\begin{cases}F_x=ma_x\\F_y=ma_y\quad(\text{直角坐标系})\\F_z=ma_z\end{cases} \tag{2-3}$$

$$\boldsymbol{F}=m\boldsymbol{a}\Rightarrow\begin{cases}F_{\mathrm{n}}=ma_{\mathrm{n}}=m\dfrac{v^{2}}{r}\\F_{\mathrm{t}}=ma_{\mathrm{t}}=m\dfrac{\mathrm{d}v}{\mathrm{d}t}\end{cases}\text{(自然坐标系)}\tag{2-4}$$

由式(2-2)可知，当外力一定时，对于质量大的物体所获得的加速度小，要使它改变运动状态就较难，它的惯性较大；对于质量小的物体所获得的加速度大，要使它改变运动状态就较容易，它的惯性较小. 所以，质量是物体惯性的量度.

3. 牛顿第三定律

两个物体之间的作用力和反作用力，沿同一直线，大小相等，方向相反，分别作用在两个不同物体上. 其数学表达式为

$$\boldsymbol{F}_1=-\boldsymbol{F}_1' \tag{2-5}$$

作用力 $\boldsymbol{F}_1$ 和反作用力 $\boldsymbol{F}_1'$ 同时产生、同时改变、同时消失，由于它们作用在同一直线上，但作用在不同物体上，因此不能抵消.

2.1.2 几种常见的力

1. 万有引力

任何两个质点都要相互吸引，引力的大小和两个质点的质量 m_1 、m_2 的乘积成正比，和它们距离 r 的平方成反比；引力的方向在它们连线方向上.

$$\boldsymbol{F}=-G_0\frac{m_1m_2}{r^3}\boldsymbol{r} \tag{2-6}$$

其中，“–”表示方向，通常所说的重力就是地面附近物体受地球的万有引力.

2. 弹性力

当弹簧被拉伸或压缩时，其内部就产生反抗力，并企图恢复原来的形状，这种力称为弹簧的弹性力. 弹簧的弹性力在弹性限度内，其大小和弹簧的形变成正比，即

$$F=-kx$$

其中，k 为弹簧的劲度系数，“–”表示弹性力的方向总是和弹簧的位移方向相反，即弹性力总是指向弹簧要恢复它原长的方向，上式常称为胡克定律.

3. 摩擦力

当一物体在另一物体表面上滑动或有滑动的趋势时，在接触面上有一种阻碍它们相对滑动的力，这种力称为摩擦力. 当有滑动趋势，但并不产生相对滑动时

的摩擦力称为静摩擦力，它介于 0 和某个最大值之间，这个最大值称为最大静摩擦力. 当物体间产生相对滑动时的摩擦力称为滑动摩擦力. 最大静摩擦力和滑动摩擦力均与正压力成正比，即

$$f = \mu N$$

其中，μ 为摩擦系数，N 为正压力.

2.2　惯性系　力学相对性原理

2.2.1　惯性参考系

在运动学中，参考系可任选，在应用牛顿定律时，参考系不能任选，因为牛顿运动定律不是对所有的参考系都适用的. 如图 2.1 所示，假设火车车厢的桌面是水平光滑的，在桌面上放一小球，显然小球受合外力为零，当火车以加速度 $\boldsymbol{a}$ 向前开时，车上的人看见小球以加速度 $-\boldsymbol{a}$ 向后运动. 而对地面上的人来说，小球的加速度为零. 如果取地参考系，小球的合外力等于零，故此时牛顿运动定律(第一、二定律)成立. 如果取车厢为参考系，小球的加速度不为零，而作用在小球上的合外力等于零，故此时牛顿运动定律(第一、第二定律)不成立. 凡是牛顿运动定律成立的参考系，称为惯性系. 牛顿定律不成立的参考系称为非惯性系.

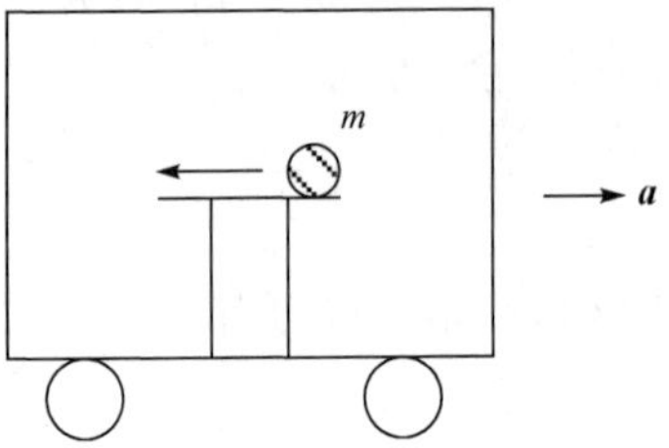

图 2.1

讨论　(1) 一个参考系是否为惯性系，要由观察和实验来判断. 天文学方面的观察证明，以太阳中心为原点，坐标轴的方向指向恒星的坐标系是惯性系. 理论证明，凡是对惯性系做匀速直线运动的参考系都是惯性系.

(2) 地球是否为惯性系？因为它有自转和公转，所以地球对太阳这个惯性系不是作匀速直线运动的，严格讲地球不是惯性系. 但是，地球自转和公转的角速度都很小，故可以近似看成是惯性系.

2.2.2　力学相对性原理

对于不同的惯性系，牛顿第二定律有相同的形式. 在一惯性系内部所做的任何力学实验，都不能确定该惯性系相对其他惯性系是否在运动，这个原理称为力学相对性原理或伽利略相对性原理.

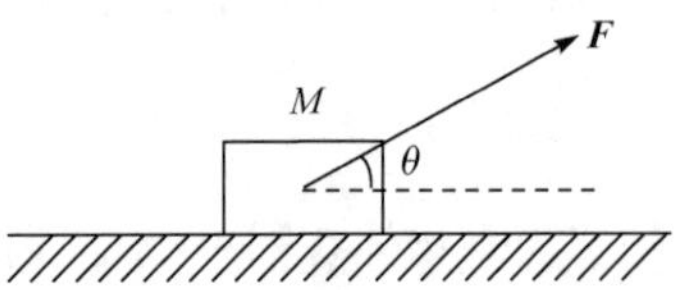

图 2.2

例 2.2.1　如图 2.2 所示，水平地面上有一质量为 M 的物体，静止于地面上. 物体与地面间的

静摩擦系数为 μ_s，若要拉动物体，问最小的拉力是多少？沿什么方向？

解　(1) 研究对象：M.

(2) 受力分析：M 受四个力，重力 $\boldsymbol{P}$，拉力 $\boldsymbol{F}$，地面的正压力 $\boldsymbol{N}$，地面对它的摩擦力 $\boldsymbol{f}$，受力方向如图 2.3 所示.

(3) 由牛顿第二定律得

合力：$\boldsymbol{T}=\boldsymbol{P}+\boldsymbol{F}+\boldsymbol{N}+\boldsymbol{f} \Rightarrow \boldsymbol{P}+\boldsymbol{F}+\boldsymbol{N}+\boldsymbol{f}=M\boldsymbol{a}$

分量式：取直角坐标系

$$x\text{分量}\quad F\cos\theta - f = Ma \qquad ①$$

$$y\text{分量}\quad F\sin\theta + N - P = 0 \qquad ②$$

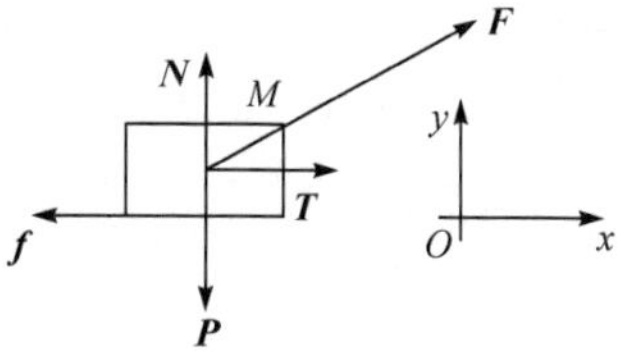

图 2.3

物体启动时，有

$$F\cos\theta - f \geqslant 0 \qquad ③$$

物体刚启动时，摩擦力为最大静摩擦力，即 $f=\mu_s N$.

由②式解出 N，求得 f 为

$$f=\mu_s(P-F\sin\theta) \qquad ④$$

④式代③式中，有

$$F \geqslant \mu_s Mg/(\cos\theta+\mu_s\sin\theta) \qquad ⑤$$

可见，$F=F(\theta)$．$T=T_{\min}$ 时，要求分母 $(\cos\theta+\mu_s\sin\theta)$ 最大.

设 $A(\theta)=\mu_s\sin\theta+\cos\theta$，则

$$\frac{\mathrm{d}A}{\mathrm{d}\theta}=\mu_s\cos\theta-\sin\theta=0$$

得

$$\tan\theta=\mu_s$$

因为 $\dfrac{\mathrm{d}^2A}{\mathrm{d}\theta^2}=-\mu_s\sin\theta-\cos\theta<0$，所以 $\tan\theta=\mu_s$ 时，$A=A_{\max}$，得 $F=F_{\min}$. 将 $\theta=\arctan\mu_s$ 代入⑤中，可得

$$F \geqslant \mu_s Mg\Bigg/\left[\mu_s^2\frac{1}{\sqrt{1+\mu_s^2}}+\frac{1}{\sqrt{1+\mu_s^2}}\right]=\frac{\mu_s Mg}{\sqrt{1+\mu_s^2}}$$

F 方向与水平方向夹角为 $\theta=\arctan\mu_s$ 时，即为所求结果.

强调　注意对物体的受力分析要全面，注意区分力学方程的矢量式与标量式.

例 2.2.2　质量为 m 的物体被竖直上抛，初速度为 v_0，物体受到的空气阻力数值为 $f=Kv$，K 为常数. 求物体升高到最高点时所用的时间.

解　(1) 研究对象：m.

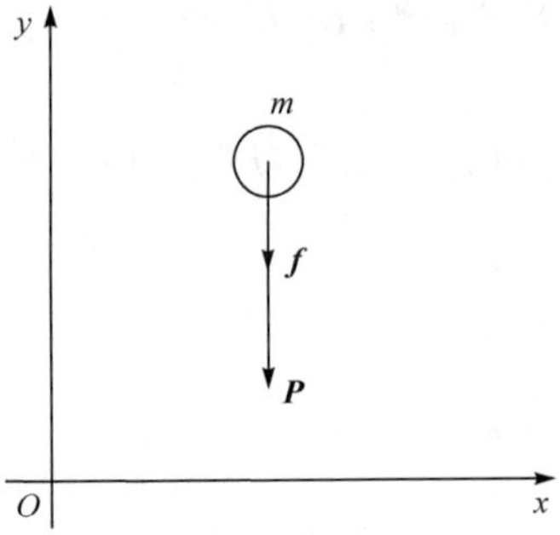

图 2.4

(2) 受力分析：m 受两个力，重力 $\boldsymbol{P}$ 及空气阻力 $\boldsymbol{f}$，如图 2.4 所示建立直角坐标系.

(3) 由牛顿第二定律得

合力：

$$\boldsymbol{F}=\boldsymbol{P}+\boldsymbol{f}$$

$$\boldsymbol{P}+\boldsymbol{f}=m\boldsymbol{a}$$

y 轴分量：

$$-mg-Kv=m\frac{\mathrm{d}v}{\mathrm{d}t} \Rightarrow \frac{m\mathrm{d}v}{mg+Kv}=-\mathrm{d}t$$

即

$$\frac{\mathrm{d}v}{mg+Kv}=-\frac{1}{m}\mathrm{d}t$$

$$\int_{v_0}^{v}\frac{\mathrm{d}v}{mg+Kv}=\int_0^t-\frac{1}{m}\mathrm{d}t$$

$$\frac{1}{K}\ln\frac{mg+Kv}{mg+Kv_0}=-\frac{1}{m}t$$

$$mg+Kv=\mathrm{e}^{-\frac{K}{m}t}\cdot(mg+Kv_0)$$

$$v=\frac{1}{K}(mg+Kv_0)\mathrm{e}^{-\frac{K}{m}t}-\frac{1}{K}mg$$

$v=0$ 时，物体达到了最高点，可有 t_0 为

$$t_0=\frac{m}{K}\ln\frac{mg+Kv_0}{mg}=\frac{m}{K}\ln\left(1+\frac{Kv_0}{mg}\right)$$

例 2.2.3　如图 2.5 所示，长为 l 的轻绳，一端系质量为 m 的小球，另一端系于原点 O，开始时小球处于最低位置，若小球获得如图所示的初速度 $\boldsymbol{v}_0$，小球将在竖直面内做圆周运动，求小球在任意位置的速率及绳的张力.

解　(1) 研究对象：m.

(2) 受力分析：小球受两个力，即重力 $m\boldsymbol{g}$，拉力 $\boldsymbol{F}_\mathrm{n}$.

(3) 牛顿定律：$\boldsymbol{F}_\mathrm{n}+m\boldsymbol{g}=m\boldsymbol{a}$. 应用自然坐标系，运动到 A 处时，分量方程有

$\boldsymbol{e}_\mathrm{n}$ 方向　$F_\mathrm{n}-mg\cos\theta=ma_\mathrm{n}=m\dfrac{v^2}{l}$　①

$\boldsymbol{e}_\mathrm{t}$ 方向　$-mg\sin\theta=ma_\mathrm{t}=m\dfrac{\mathrm{d}v}{\mathrm{d}t}$　②

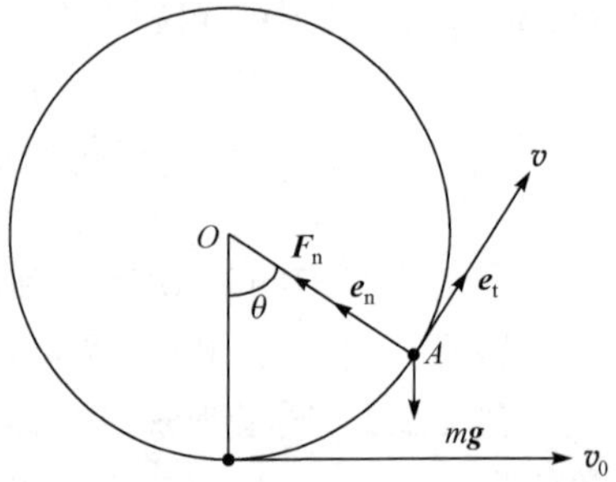

图 2.5

由②式得

$$-g\sin\theta = \frac{dv}{dt} = \frac{dv}{d\theta}\cdot\frac{d\theta}{dt} = \frac{dv}{d\theta}\omega = \frac{v}{l}\frac{dv}{d\theta}$$

即

$$v dv = -lg\sin\theta d\theta$$

作如下积分：

$$\int_{v_0}^{v} v dv = \int_0^{\theta} -lg\sin\theta d\theta$$

有

$$\frac{1}{2}(v^2 - v_0^2) = lg(\cos\theta - 1)$$

得

$$v = \sqrt{v_0^2 + 2lg(\cos\theta - 1)}$$

将 v 代①式中，得

$$F_n = m\left(\frac{v_0^2}{l} + 3g\cos\theta - 2g\right)$$

物理学的发展表明，牛顿建立的经典力学只适用于解决宏观物体的低速运动问题，物体高速运动遵循相对论力学规律，微观粒子运动遵循量子力学规律. 不过目前我们遇到的工程实际问题，绝大多数都属于宏观低速范围，因此牛顿力学依然很重要.

2.3　质点和质点系的动量定理

在前两节中，我们主要考虑的是力的瞬时效果，物体在外力作用下立即产生一个瞬时加速度. 但是，我们今后非常广泛地分析讨论的主题是：当力作用于质点或质点系维持一段时间或持续一段距离时，其效果是什么？这就是力对时间和空间的积累作用.

2.3.1　质点的动量定理

1. 动量

质点的质量 m 与其速度 $\boldsymbol{v}$ 的乘积称为质点的动量，记为 $\boldsymbol{p}$ ，即

$$\boldsymbol{p} = m\boldsymbol{v} \tag{2-7}$$

动量是矢量，方向与 $\boldsymbol{v}$ 相同. 坐标和动量是描述物体运动状态的两个参量.

2. 冲量

牛顿第二定律的原始形式如下：

$$\boldsymbol{F}=\frac{\mathrm{d}\boldsymbol{p}}{\mathrm{d}t}=\frac{\mathrm{d}}{\mathrm{d}t}(m\boldsymbol{v})$$

由此有 $\boldsymbol{F}\mathrm{d}t=\mathrm{d}(m\boldsymbol{v})$，则

$$\int_{t_1}^{t_2}\boldsymbol{F}\mathrm{d}t=\int_{\boldsymbol{p}_1}^{\boldsymbol{p}_2}\mathrm{d}\boldsymbol{p}=\boldsymbol{p}_2-\boldsymbol{p}_1 \tag{2-8}$$

定义：$\int_{t_1}^{t_2}\boldsymbol{F}\mathrm{d}t$ 为在 $t_1\sim t_2$ 时间内力 $\boldsymbol{F}$ 对质点的冲量，记为

$$\boldsymbol{I}=\int_{t_1}^{t_2}\boldsymbol{F}\mathrm{d}t \tag{2-9}$$

$\boldsymbol{I}$ 是力对时间的积累效应，其分量式为

$$\begin{cases}I_x=\int_{t_1}^{t_2}F_x\mathrm{d}t\\ I_y=\int_{t_1}^{t_2}F_y\mathrm{d}t\\ I_z=\int_{t_1}^{t_2}F_z\mathrm{d}t\end{cases}$$

因为

$$\begin{cases}\overline{F}_x(t_2-t_1)=\int_{t_1}^{t_2}F_x\mathrm{d}t\\ \overline{F}_y(t_2-t_1)=\int_{t_1}^{t_2}F_y\mathrm{d}t\\ \overline{F}_z(t_2-t_1)=\int_{t_1}^{t_2}F_z\mathrm{d}t\end{cases} \tag{2-10}$$

所以分量式(2-10)可写成

$$\begin{cases}I_x=\overline{F}_x(t_2-t_1)\\ I_y=\overline{F}_y(t_2-t_1)\\ I_z=\overline{F}_z(t_2-t_1)\end{cases} \tag{2-11}$$

$\overline{F}_x$、$\overline{F}_y$、$\overline{F}_z$ 是在 $t_1\sim t_2$ 时间内 F_x、F_y、F_z 的平均值.

3. 质点的动量定理

由式(2-8)可知

$$\boldsymbol{I}=\boldsymbol{p}_2-\boldsymbol{p}_1 \tag{2-12}$$

即质点所受合力的冲量等于质点动量的增量，称此为质点的动量定理.

根据质点的动量定理可知冲量的方向与 $\boldsymbol{p}_2-\boldsymbol{p}_1$ 方向相同. 由于冲量是过程

量，它可以用瞬时量之差来表示，可以简化计算. 在碰撞问题中，两物体相互作用的时间极短，在这样的短时间内作用力迅速达到很大的量值然后又急剧地降为零，这种力称为冲力. 因为冲力是变力，随时间而变化的关系又比较难确定，所以牛顿定律无法应用. 但是根据质点的动量定理，可以测出物体在碰撞前后的动量，由此确定冲量以及平均作用力. 因此利用质点的动量定理来解决碰撞问题是非常有效的. 但需要注意的是它的适用范围为质点和惯性系，其分量式为

$$\begin{cases} I_x = p_{2x} - p_{1x} \\ I_y = p_{2y} - p_{1y} \\ I_z = p_{2z} - p_{1z} \end{cases} \quad (\text{直角坐标系})$$

2.3.2　质点系的动量定理

首先给出几个相关概念，“系统”是指两个或两个以上质点的组合. “内力”是指系统内质点之间的作用力. “外力”是指系统外物体对系统内质点的作用力.

设系统含 n 个质点，第 i 个质点的质量和速度分别为 m_i 、 $\boldsymbol{v}_i$ ，对于第 i 个质点受合内力为 $\boldsymbol{F}_{i内}$ ，受合外力为 $\boldsymbol{F}_{i外}$ ，由牛顿第二定律有

$$\boldsymbol{F}_{i外} + \boldsymbol{F}_{i内} = \frac{\mathrm{d}(m_i \boldsymbol{v}_i)}{\mathrm{d}t}$$

对上式求和，有

$$\sum_{i=1}^{n} \boldsymbol{F}_{i外} + \sum_{i=1}^{n} \boldsymbol{F}_{i内} = \sum_{i=1}^{n} \frac{\mathrm{d}(m_i \boldsymbol{v}_i)}{\mathrm{d}t} = \frac{\mathrm{d}}{\mathrm{d}t} \sum_{i=1}^{n} (m_i \boldsymbol{v}_i)$$

因为内力是由一对一对的作用力与反作用力组成的，故 $\boldsymbol{F}_{合内力} = 0$ ，有

$$\boldsymbol{F}_{合外力} = \frac{\mathrm{d}}{\mathrm{d}t} \boldsymbol{p} \tag{2-13}$$

结论　系统受的合外力等于系统动量随时间的变化率，这就是质点系的动量定理.

式(2-13)可表示如下:

$$\int_{t_1}^{t_2} \boldsymbol{F}_{合外力} \mathrm{d}t = \int_{\boldsymbol{p}_1}^{\boldsymbol{p}_2} \mathrm{d}\boldsymbol{p} = \boldsymbol{p}_2 - \boldsymbol{p}_1 \tag{2-14}$$

即

$$\boldsymbol{I}_{合外力冲量} = \boldsymbol{p}_2 - \boldsymbol{p}_1 \tag{2-15}$$

结论　系统受合外力冲量等于系统动量的增量，这也是质点系动量定理的又一表述.

例 2.3.1　质量为 m 的铁锤竖直落下，打在木桩上并停下. 设打击时间为 Δt ，打击前铁锤速率为 v ,则在打击木桩的时间内,铁锤受平均合外力的大小为多少?

解　设竖直向下为正，由动量定理知

$$\bar{F}\Delta t = 0 - mv \quad \Rightarrow \quad \left|\bar{F}\right| = \frac{mv}{\Delta t}$$

例 2.3.2　一物体受合力为 $F = 2t$ (SI)，做直线运动，试问在第二个 5 秒内和第一个 5 秒内物体受冲量之比及动量增量之比各为多少？

解　设物体沿+x 方向运动，则

$$I_1 = \int_0^5 F\mathrm{d}t = \int_0^5 2t\mathrm{d}t = 25\,\mathrm{N\cdot S} \quad (\boldsymbol{I}_1 \text{沿} \boldsymbol{i} \text{方向})$$

$$I_2 = \int_5^{10} F\mathrm{d}t = \int_5^{10} 2t\mathrm{d}t = 75\,\mathrm{N\cdot S} \quad (\boldsymbol{I}_2 \text{沿} \boldsymbol{i} \text{方向})$$

则

$$I_2 / I_1 = 3$$

因为

$$\begin{cases} I_2 = (\Delta p)_2 \\ I_1 = (\Delta p)_1 \end{cases}$$

所以

$$\frac{(\Delta p)_2}{(\Delta p)_1} = 3$$

例 2.3.3　如图 2.6 所示，一弹性球，质量为 $m = 0.020\,\mathrm{kg}$，速率 $v = 5\,\mathrm{m/s}$，与墙壁碰撞后跳回. 设跳回时速率不变，碰撞前后的速度方向和墙的法线夹角都为 $\alpha = 60°$，求：

(1) 碰撞过程中小球受到的冲量 $\boldsymbol{I}$;

(2) 设碰撞时间为 $\Delta t = 0.05\,\mathrm{s}$，求碰撞过程中小球受到的平均冲力 $\bar{\boldsymbol{F}}$.

解　(1) 如图 2.6 所取坐标，动量定理为 $\boldsymbol{I} = m\boldsymbol{v}_2 - m\boldsymbol{v}_1$.

(方法一)用分量方程解.

$$\begin{cases} I_x = mv_{2x} - mv_{1x} = mv\cos\alpha - (-mv\cos\alpha) = 2mv\cos\alpha \\ I_y = mv_{2y} - mv_{1y} = -mv\sin\alpha - (-mv\sin\alpha) = 0 \end{cases}$$

$$\Rightarrow \boldsymbol{I} = I_x\boldsymbol{i} = 2mv\cos\alpha\boldsymbol{i} = 2\times 0.020\times 5\times\cos 60^\circ\boldsymbol{i} = 0.10\boldsymbol{i}\ (\mathrm{N\cdot S})$$

(方法二)用矢量图解.

$$\boldsymbol{I} = m\boldsymbol{v}_2 - m\boldsymbol{v}_1 = m(\boldsymbol{v}_2 - \boldsymbol{v}_1)$$

$(\boldsymbol{v}_2 - \boldsymbol{v}_1)$ 如图 2.6 所示. 因为 $\angle OBA = \alpha = 60°$，所以 $\angle A = 60°$，故 $\triangle OAB$ 为等边三角形，则

$$\left|\boldsymbol{v}_2 - \boldsymbol{v}_1\right| = v = 5\,\mathrm{m/s}, \quad (\boldsymbol{v}_2 - \boldsymbol{v}_1) \text{沿} \boldsymbol{i} \text{方向}$$

因此 $I = m\left|\boldsymbol{v}_2 - \boldsymbol{v}_1\right| = 0.020\times 5 = 0.10\,(\mathrm{N\cdot S})$，沿 $\boldsymbol{i}$ 方向.

(2)
$$\boldsymbol{I} = \bar{\boldsymbol{F}}\Delta t$$

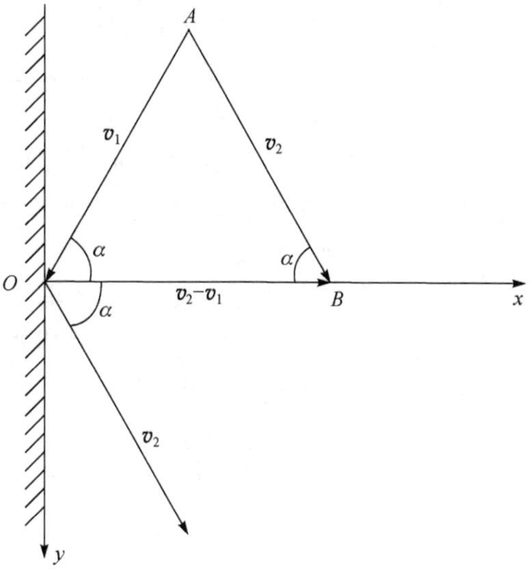

图 2.6

$$\Rightarrow \bar{\boldsymbol{F}} = \boldsymbol{I} / \Delta t = 0.10\boldsymbol{i} / 0.05 = 2\boldsymbol{i}\ (\mathrm{N})$$

注意　此题按 $\boldsymbol{I} = \int_{t_1}^{t_2} \boldsymbol{F} \mathrm{d}t$ 求 $\boldsymbol{I}$ 有困难或者根本求不出来时，用公式 $\boldsymbol{I} = \Delta \boldsymbol{p}$ 求解更方便.

2.4　动量守恒定律

由式(2-13)可知，当系统所受合外力为零时

$$\frac{\mathrm{d}\boldsymbol{p}}{\mathrm{d}t} = 0 \tag{2-16}$$

即系统动量不随时间变化，称此为动量守恒定律.

说明　(1) 动量守恒条件：$\boldsymbol{F}_{合外力} = 0$，惯性系.

(2) 动量守恒是指系统的总动量守恒，而不是指个别物体的动量守恒.

(3) 内力能改变系统动能而不能改变系统动量.

(4) $\boldsymbol{F}_{合外力} \neq 0$ 时，若 $\boldsymbol{F}_{合外力}$ 在某一方向上的分量为零，则在该方向上系统的动量分量守恒.

(5) 动量守恒是指 $\boldsymbol{p}$ = 常矢量 (不随时间变化)，故此时要求 $\bar{F}_{合外力} \equiv 0$.

(6) 动量守恒是自然界的普遍规律之一.

例 2.4.1　如图 2.7 所示，质量为 m 的水银球，竖直地落到光滑的水平桌面上，分成质量相等的三等份，沿桌面运动. 其中两等分的速度分别为 $\boldsymbol{v}_1$ 、$\boldsymbol{v}_2$，大小都

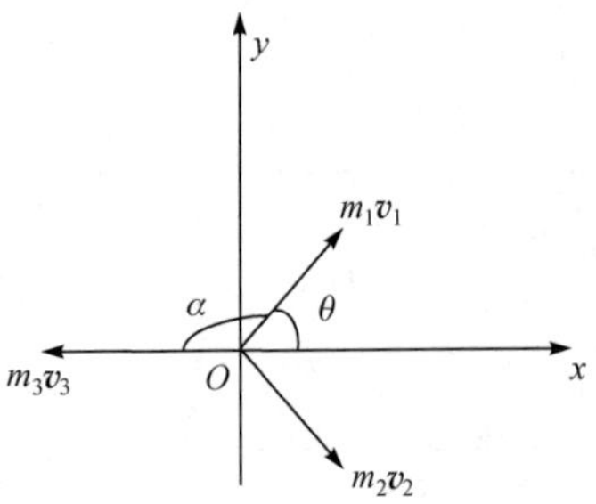

图 2.7

为 0.30m/s. 相互垂直地分开，试求第三等分的速度.

解　(方法一)用分量式法解.

(1) 研究对象：小球.

(2) 受力情况：m 只受向下的重力和向上的桌面施加的正压力，即在水平方向不受力，故水平方向动量守恒.

在水平面上如图 2.7 所示取坐标，有

$$m_1v_1\cos\theta + m_2v_2\cos(90° - \theta) - m_3v_3 = 0$$

$$m_1v_1\sin\theta - m_2v_2\sin(90° - \theta) = 0$$

$$\begin{cases} m_1 = m_2 = m_3 \\ v_1 = v_2 = 0.30\text{m/s} \end{cases}$$

故

$$\begin{cases} v_3 = \sqrt{2}v = \sqrt{2}\times 0.30 = 0.42(\text{m/s}) \\ \theta = 45° \Rightarrow \alpha = 135° \end{cases}$$

(方法二)用矢量法解.

因为 $m_1\boldsymbol{v}_1 + m_2\boldsymbol{v}_2 + m_3\boldsymbol{v}_3 = 0$，且 $m_1 = m_2 = m_3$，所以

$$\boldsymbol{v}_1 + \boldsymbol{v}_2 + \boldsymbol{v}_3 = 0$$

即

$$\boldsymbol{v}_3 = -(\boldsymbol{v}_1 + \boldsymbol{v}_2)$$

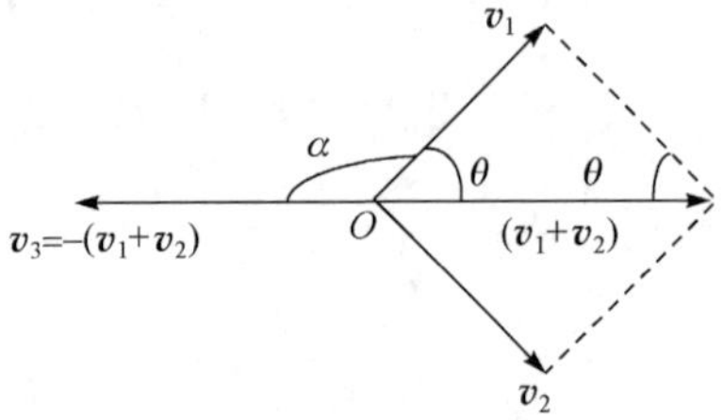

图 2.8

如图 2.8 所示，可得

$$v_3 = |\boldsymbol{v}_3| = |-(\boldsymbol{v}_1 + \boldsymbol{v}_2)| = \sqrt{v_1^2 + v_2^2} = \sqrt{2}v = 0.42\text{m/s}$$

因此

$$\theta = 45° \Rightarrow \alpha = 135°$$

2.5　动能定理

2.5.1　功

力对质点所做的功为力在质点位移方向的分量与位移大小的乘积. 如果力的大小和方向均不变，这样的力称为恒力. 对于恒力的功，如图 2.9 所示，为

$$W = (F\cos\alpha)|\Delta r| = \boldsymbol{F}\cdot\Delta r \tag{2-17}$$

即

$$W = \boldsymbol{F}\cdot\Delta r \tag{2-18}$$

说明　(1) 功为标量

$$\begin{cases} 0 \leqslant \alpha < \dfrac{\pi}{2}, W > 0 \\ \dfrac{\pi}{2} < \alpha \leqslant \pi, W < 0 \\ \alpha = \dfrac{\pi}{2}, W = 0 \end{cases}$$

(2) 功既是过程量又是相对量.

(3) 功是力对空间的积累效应.

(4) 作用力与反作用力的功其代数和不一定为零.

而对于变力做功时，设质点做曲线运动，如图 2.10 所示. $\boldsymbol{F}$ 为变力，在第 i 个位移元 Δr_i 中，$\boldsymbol{F}_i$ 看作恒力，$\boldsymbol{F}_i$ 对物体做功为

$$\Delta W_i = F_i \cos\alpha \Delta r_i = \boldsymbol{F}_i \cdot \Delta \boldsymbol{r}_i$$

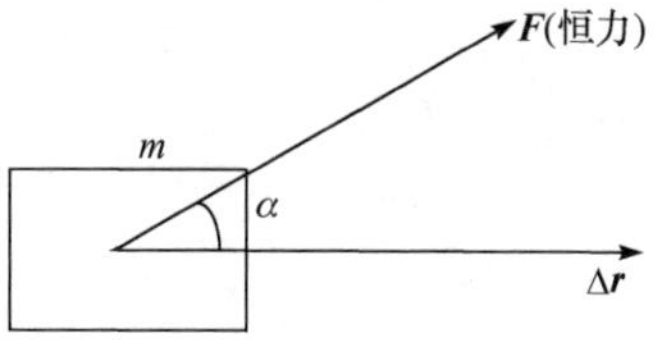

图 2.9

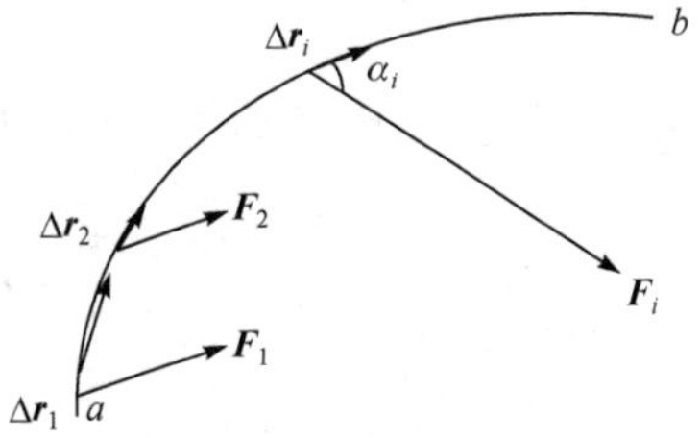

图 2.10

质点从 $a \to b$ 过程中，$\boldsymbol{F}$ 对质点做的功为

$$W = \sum_i \Delta W_i \approx \sum_i \boldsymbol{F}_i \cdot \Delta \boldsymbol{r}_i$$

功的精确数值为

$$W = \lim_{\Delta r \to 0} \sum_i \boldsymbol{F}_i \cdot \Delta \boldsymbol{r}_i = \int_a^b \boldsymbol{F} \cdot \mathrm{d}\boldsymbol{r}$$

即

$$W = \int_a^b \boldsymbol{F} \cdot \mathrm{d}\boldsymbol{r} \qquad (2\text{-}19)$$

讨论　(1) 恒力功：

$$W = \int_a^b \boldsymbol{F} \cdot \mathrm{d}\boldsymbol{r} = \boldsymbol{F} \cdot \int_a^b \mathrm{d}\boldsymbol{r} = \boldsymbol{F} \cdot \Delta \boldsymbol{r}$$

(2) 直线运动：

设 $\boldsymbol{F}(x) = F(x)\boldsymbol{i}$，如图 2.11 所示，质点在 $a \to b$ 中，力所做的功为

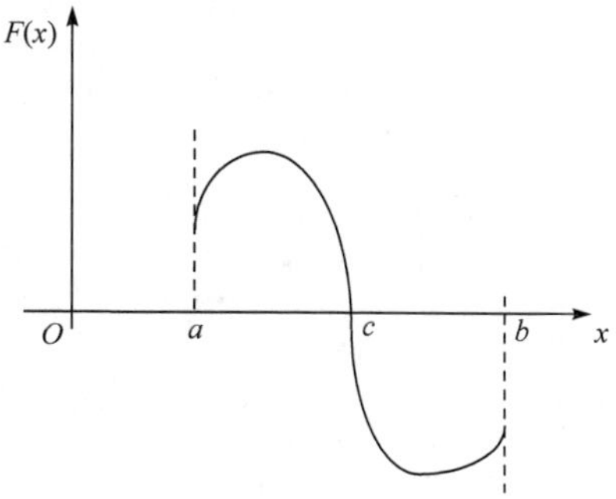

图 2.11

$$W=\int_a^b \boldsymbol{F}\cdot \mathrm{d}\boldsymbol{x}=\int_a^b F\boldsymbol{i}\cdot \mathrm{d}(x\boldsymbol{i})$$
$$=\int_a^b F\mathrm{d}x$$
$$=\text{力曲线下面积的代数和}$$

(3) 合力功：

设质点受n个力，$\boldsymbol{F}_1$，$\boldsymbol{F}_2$，…，$\boldsymbol{F}_n$，合力功为

$$W=\int_a^b \boldsymbol{F}\cdot \mathrm{d}\boldsymbol{r}=\int_a^b (\boldsymbol{F}_1+\boldsymbol{F}_2+\cdots+\boldsymbol{F}_n)\cdot \mathrm{d}\boldsymbol{r}$$
$$=\int_a^b \boldsymbol{F}_1\cdot \mathrm{d}\boldsymbol{r}+\int_a^b \boldsymbol{F}_2\cdot \mathrm{d}\boldsymbol{r}+\cdots+\int_a^b \boldsymbol{F}_n\cdot \mathrm{d}\boldsymbol{r}=W_1+W_2+\cdots+W_n$$

2.5.2 功率

设力在$t\sim t+\Delta t$内对物体做功为ΔW，则

$$\overline{P}=\frac{\Delta W}{\Delta t}$$

称为在$t\sim t+\Delta t$时间间隔内的平均功率. 下式：

$$P=\lim_{\Delta t\to 0}\overline{P}=\lim_{\Delta t\to 0}\frac{\Delta W}{\Delta t}=\frac{\mathrm{d}W}{\mathrm{d}t}=\frac{\boldsymbol{F}\cdot \mathrm{d}\boldsymbol{r}}{\mathrm{d}t}=\boldsymbol{F}\cdot\boldsymbol{v}$$

称为瞬时功率，即

$$P=\boldsymbol{F}\cdot\boldsymbol{v} \tag{2-20}$$

2.5.3 质点的动能定理

1. 动能

$$E_\mathrm{k}=\frac{1}{2}mv^2 \tag{2-21}$$

式中，m、v分别为物体质量和速率. 称E_k为质点的动能. 动能E_k为标量，只有大小没有方向；动能E_k为瞬时量同时也是相对量.

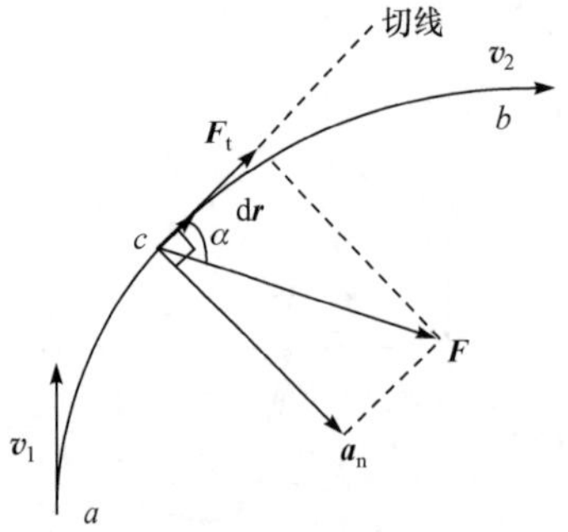

图 2.12

2. 质点的动能定理

设m做曲线运动，如图 2.12 所示，合力为$\boldsymbol{F}$，在a、b两点速度分别为$\boldsymbol{v}_1$、$\boldsymbol{v}_2$. 在c点力为$\boldsymbol{F}$，位移为$\mathrm{d}\boldsymbol{s}$，由牛顿定律有

$$F_\mathrm{t}=ma_\mathrm{t}\ (\text{切线上})$$

即

$$F\cos\alpha=m\frac{\mathrm{d}v}{\mathrm{d}t} \quad\Rightarrow\quad F\cos\alpha\mathrm{d}r=m\frac{\mathrm{d}v}{\mathrm{d}t}\mathrm{d}r$$

则

$$\boldsymbol{F}\cdot \mathrm{d}\boldsymbol{r} = vm\mathrm{d}v \quad \left(\frac{\mathrm{d}r}{\mathrm{d}t}=v\right)$$

做如下积分：

$$\int_a^b \boldsymbol{F}\cdot \mathrm{d}\boldsymbol{r} = \int_{v_1}^{v_2} mv\mathrm{d}v = \frac{1}{2}mv_2^2 - \frac{1}{2}mv_1^2$$

可写成

$$W = \frac{1}{2}mv_2^2 - \frac{1}{2}mv_1^2 \tag{2-22}$$

结论　合外力对质点做的功等于质点动能的增量，称此为质点的动能定理.

讨论　(1) $W\begin{cases} >0 \rightarrow \Delta E_\mathrm{k} > 0 \\ <0 \rightarrow \Delta E_\mathrm{k} < 0 \\ =0 \rightarrow \Delta E_\mathrm{k} = 0 \end{cases}$

(2) W 为过程量，E_k 为状态量，过程量用状态量之差来表示，简化了计算过程.

(3) 动能定理成立的条件是惯性系.

(4) 功是能量变化的量度.

例 2.5.1　如图 2.13 所示，篮球的位移为 $\Delta\boldsymbol{r}$，$\Delta\boldsymbol{r}$ 与水平线成 45°角，$|\Delta\boldsymbol{r}| = 4\mathrm{m}$，球质量为 m，求重力所做的功.

解　(1) 研究对象：球.

(2) 重力为恒力.

(3) $W = \boldsymbol{F}\cdot\Delta\boldsymbol{r} = F\Delta r\cos\alpha = F\Delta r\cos 135°$

$= mg\cdot 4\cos 135° = -2\sqrt{2}mg$

强调　恒力功公式 $W = \boldsymbol{F}\cdot\Delta\boldsymbol{r}$ 的使用条件要求力为恒力.

例 2.5.2　如图 2.14 所示，远离地面高 H 处的物体质量为 m，由静止开始向地心方向落到地面，试求：地球引力对 m 做的功.

解　c 点所受引力为 $\boldsymbol{F} = -\dfrac{GmM}{x^2}\boldsymbol{i}$，则地球引力对 m 做的功为

$$W = \int_a^b \boldsymbol{F}\cdot \mathrm{d}\boldsymbol{x} = \int_{H+R}^{R}\left(-\frac{GmM}{x^2}\boldsymbol{i}\right)\cdot \mathrm{d}x\boldsymbol{i}$$

$$= GmM\left(\frac{1}{R} - \frac{1}{H+R}\right)$$

例 2.5.3　力 $\boldsymbol{F} = 6t\boldsymbol{i}$ (SI)作用在 $m = 3\mathrm{kg}$ 的质点上. 物体沿 x 轴运动，$t = 0$ 时，$v_0 = 0$. 求前二秒内 $\boldsymbol{F}$ 对 m 做的功.

解　(1) 研究对象：m.

(2) 直线问题，$\boldsymbol{F}$ 沿+x 轴方向.

(方法一)用公式 $W=\int_a^b \boldsymbol{F}\cdot \mathrm{d}\boldsymbol{x}$ 求. 有

$$W=\int_a^b 6t\boldsymbol{i}\cdot \mathrm{d}x\boldsymbol{i}=\int_a^b 6t\mathrm{d}x$$

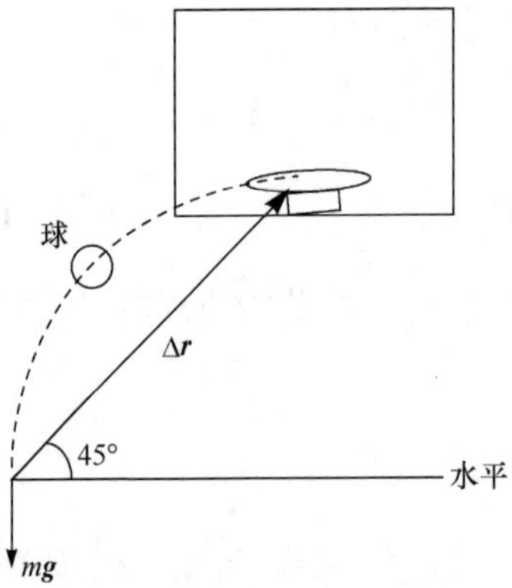

图 2.13

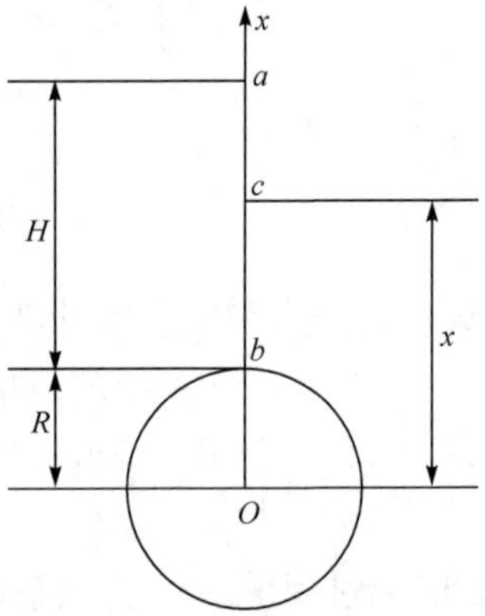

图 2.14

因为

$$F=ma=m\frac{\mathrm{d}v}{\mathrm{d}t}=6t$$

所以

$$m\mathrm{d}v=6t\mathrm{d}t$$

做如下积分：

$$3\int_0^v \mathrm{d}v=\int_0^t 6t\mathrm{d}t$$

有

$$v=t^2$$

由于 $\frac{\mathrm{d}x}{\mathrm{d}t}=v=t^2$，即 $\mathrm{d}x=t^2\mathrm{d}t$，故

$$W=\int_0^2 6t\cdot t^2\mathrm{d}t=\frac{3}{2}t^4\Big|_0^2=24\,\mathrm{J}$$

(方法二)用动能定理求.

$$W=\frac{1}{2}mv_2^2-\frac{1}{2}mv_1^2=\frac{1}{2}m(v_2^2-v_1^2)$$
$$=\frac{1}{2}\times 3\times(2^4-0)=24(\mathrm{J})$$

例 2.5.4 质量为10kg的物体做直线运动,受力与坐标关系如图2.15所示. 若$x=0$时,$v=1\text{m/s}$,试求$x=16\text{m}$时,v为多少?

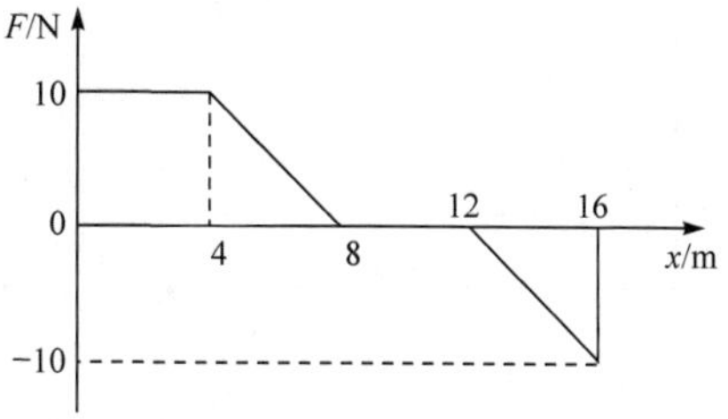

图 2.15

解 在$x=0$到$x=16\text{m}$过程中,外力所做的功为$W=40\text{J}$=力曲线与x轴所围的面积.

由动能定理得

$$W=\frac{1}{2}mv_2^2-\frac{1}{2}mv_1^2$$

即

$$40=\frac{1}{2}\times 10v_2^2-\frac{1}{2}\times 10\times 1 \quad \Rightarrow \quad v_2=3\text{m/s}$$

2.6 保守力与非保守力 势能

2.6.1 万有引力、重力、弹性力的功及其特点

1. 万有引力功及特点

如图2.16所示,设质量为m的物体在质量为M的引力场中运动(M不动),m从a点运动到b点时,引力功为多少呢?

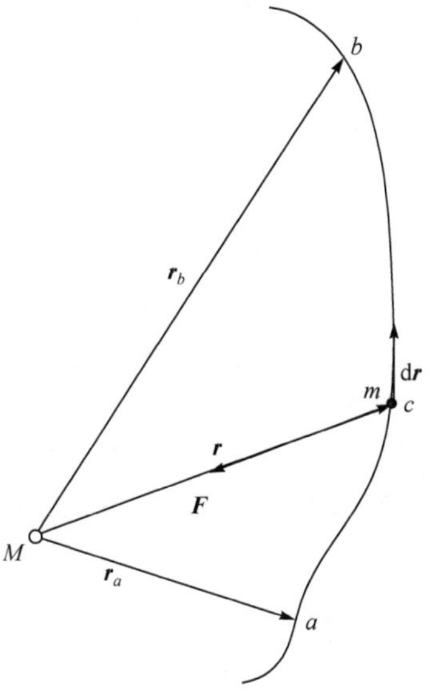

图 2.16

$$W=\int_a^b \boldsymbol{F}\cdot \mathrm{d}\boldsymbol{r}$$

在任一c点处,

$$\boldsymbol{F}=-\frac{GmM}{r^3}\boldsymbol{r}\,(\text{变力}) \quad \Rightarrow \quad W=\int_a^b -\frac{GmM}{r^3}\boldsymbol{r}\cdot \mathrm{d}\boldsymbol{r}$$

因为$r^2=\boldsymbol{r}\cdot\boldsymbol{r}$,所以$2r\mathrm{d}r=\boldsymbol{r}\cdot \mathrm{d}\boldsymbol{r}+\mathrm{d}\boldsymbol{r}\cdot\boldsymbol{r}$.

又因为$\boldsymbol{r}\cdot \mathrm{d}\boldsymbol{r}=\mathrm{d}\boldsymbol{r}\cdot\boldsymbol{r}$,所以$\boldsymbol{r}\cdot \mathrm{d}\boldsymbol{r}=r\mathrm{d}r$. 则

$$W=-\int_a^b G\frac{mM}{r^3}r\mathrm{d}r=GmM\left(\frac{1}{r_b}-\frac{1}{r_a}\right) \qquad (2\text{-}23)$$

特点 万有引力做功只与物体始末位置有关,而与物体所经路径无关.

2. 重力功及特点

如图2.17所示,质点m经acb路径由a点运

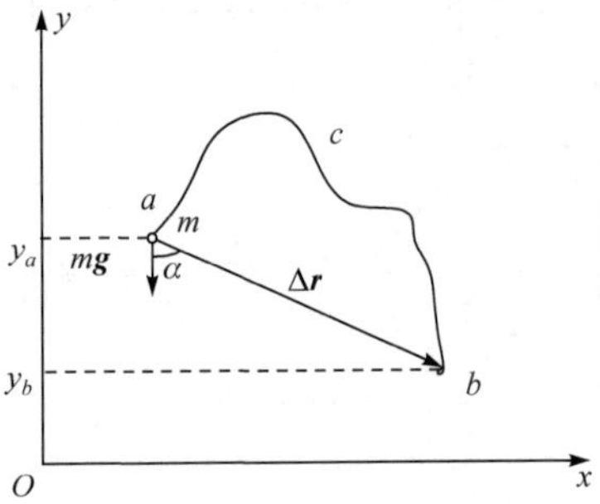

图 2.17

动到 b 点，位移为 $\Delta\boldsymbol{r}$，在地面附近重力可视为恒力，故功为

$$W = m\boldsymbol{g}\cdot\Delta\boldsymbol{r} = mg\Delta r\cos\alpha = mg(y_a - y_b) \quad (2\text{-}24)$$

特点　重力做功只与物体始末位置有关，而与其运动路径无关.

3. 弹性力功及特点

如图 2.18 所示，$(k+m)$ 称为弹簧振子，m 处于 x 处时，它受弹性力为

$$\boldsymbol{F} = F\boldsymbol{i} = -kx\boldsymbol{i}$$

m 从坐标 x_1 运动到 x_2 过程中，弹性力做功为

$$\begin{aligned} W &= \int_{x_1}^{x_2} \boldsymbol{F}\cdot \mathrm{d}\boldsymbol{x} = \int_{x_1}^{x_2} -kx\boldsymbol{i}\cdot \mathrm{d}x\boldsymbol{i} \quad (\mathrm{d}\boldsymbol{x} = \mathrm{d}x\boldsymbol{i}) \\ &= -k\int_{x_1}^{x_2} x\mathrm{d}x = -\left(\frac{1}{2}kx_2^2 - \frac{1}{2}kx_1^2\right) \end{aligned} \quad (2\text{-}25)$$

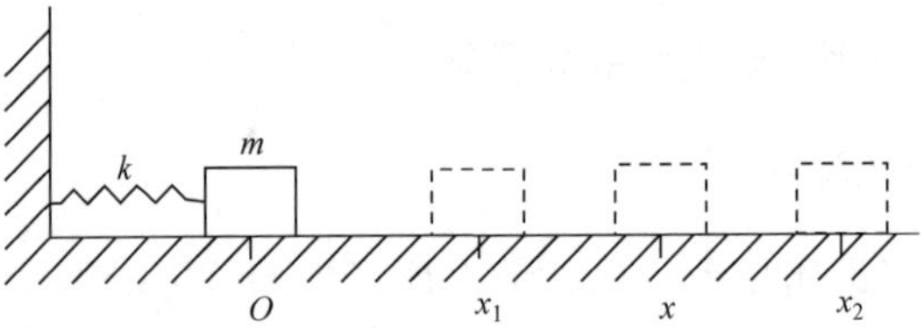

图 2.18

特点　弹性力做功仅与物体始末位置有关，而与运动过程无关.

2.6.2　保守力和非保守力

如果力 $\boldsymbol{F}$ 对物体做的功只与物体始末位置有关，而与物体所经路径无关，则该力称为保守力，否则称为非保守力. 数学表达式依次为

$$\oint_l \boldsymbol{F}\cdot \mathrm{d}\boldsymbol{l} = 0 \quad (2\text{-}26)$$

$$\oint_l \boldsymbol{F}\cdot \mathrm{d}\boldsymbol{l} \neq 0 \quad (2\text{-}27)$$

由上可知，重力、弹性力、万有引力均为保守力，而摩擦力、汽车的牵引力等都是非保守力.

2.6.3　势能

对任何保守力，则它的功都可以用相应的势能增量的负值来表示，即

$$W = -(E_{pb} - E_{pa}) \tag{2-28}$$

结论　保守力做功等于相应势能增量的负值.

万有引力势能

$$E_p = -G\frac{mM}{r} \quad (\text{势能零点取在无限远处}) \tag{2-29}$$

重力势能

$$E_p = mgh \quad (\text{势能零点取在某一水平面处}) \tag{2-30}$$

弹性势能

$$E_p = \frac{1}{2}kx^2 \quad (\text{势能零点取在弹簧原长处}) \tag{2-31}$$

需要强调的是，只有在保守力场中才能引入势能的概念，在非保守力场中不能引入势能. 势能是属于整个系统的，不被单个物体所具有，一般情况下要在明确系统的前提下在讨论势能. 另外，势能具有相对性而势能之差具有绝对性，因此在讨论势能时要先选取势能零点.

2.7　功能原理　机械能守恒定律

2.7.1　质点系的动能定理

设一个质点系中有 n 个质点，第 i 个质点受合外力为 $\boldsymbol{F}_{i外}$ ，合内力为 $\boldsymbol{F}_{i内}$ ，在某一过程中，合外力功为 $W_{i外}$ ，合内力功为 $W_{i内}$ ，由单个质点的动能定理，对第 i 个质点有

$$W_{i外} + W_{i内} = \frac{1}{2}m_i v_{i2}^2 - \frac{1}{2}m_i v_{i1}^2 \tag{2-32}$$

$i = 1, 2, \cdots$. 对上式两边求和，有

$$\sum_{i=1}^{n} W_{i外} + \sum_{i=1}^{n} W_{i内} = \sum_{i=1}^{n}\frac{1}{2}m_i v_{i2}^2 - \sum_{i=1}^{n}\frac{1}{2}m_i v_{i1}^2 \tag{2-33}$$

$$W_{外} + W_{内} = E_{k2} - E_{k1} \tag{2-34}$$

结论　合外力做功与合内力做功之和等于系统动能的增量，称此为质点系的动能定理.

2.7.2　功能原理

作用在质点上的力可分为保守力和非保守力，把保守力的受力与施力者都划在系统中，则保守力就为内力了. 因此，内力可分为保守内力和非保守内力，内

力功可分为保守内力功和非保守内力功.

根据质点系的动能定理

$$W_{外}+W_{内}=E_{k2}-E_{k1}$$

有

$$W_{外}+(W_{保守}+W_{非保守})=E_{k2}-E_{k1}$$

$$\Rightarrow W_{外}+W_{非保守}=E_{k2}-E_{k1}-W_{保守}=E_{k2}-E_{k1}-\left[-\left(E_{p2}-E_{p1}\right)\right]$$

$$=\left(E_{k2}+E_{p2}\right)-\left(E_{k1}+E_{p1}\right)$$

即

$$W_{外}+W_{非保守}=\left(E_{k2}+E_{p2}\right)-\left(E_{k1}+E_{p1}\right) \tag{2-35}$$

结论 合外力做功与非保守内力做功之和等于系统机械能的增量，称此为功能原理(动能与势能之和称为机械能).

在功能原理的表达式中，等号左边的功不含有保守内力的功，而动能定理的表达式中等号左边含有保守内力的功. 从功能原理中可知功是能量变化或转化的量度. 另外，能量是系统状态的单值函数.

2.7.3 机械能守恒定律

由功能原理可知，当 $W_{外}+W_{非保守}=0$ 时，有

$$E_{k2}+E_{p2}=E_{k1}+E_{p1} \tag{2-36}$$

结论 当 $W_{外}+W_{非保守}=0$ 时，系统机械能为常量，称为机械能守恒定律.

例 2.7.1 如图 2.19 所示，在计算上抛物体最大高度 H 时，有人列出了方程(不计空气阻力)

$$-mgH=\frac{1}{2}mv_0^2\cos^2\theta-\frac{1}{2}mv_0^2$$

列出方程时此人用了质点的动能定理、功能原理和机械能守恒定律中的哪一个?

解 (1) 质点的动能定理为

合力功=质点动能增量

$$\Rightarrow -mgH=\frac{1}{2}m\left(v_0\cos\theta\right)^2-\frac{1}{2}mv_0^2$$

(2) 功能原理为

外力功+非保守内力功=系统机械能增量

(取 m 、地为系统)

$$\Rightarrow 0+0=\left[\frac{1}{2}m\left(v_0\cos\theta\right)^2+mgH\right]-\left(\frac{1}{2}mv_0^2+0\right)$$

(3) 机械能守恒定律为

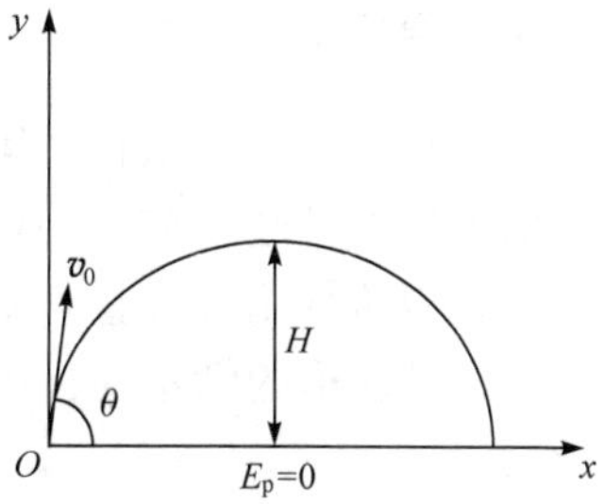

图 2.19

因为

$$W_{外}+W_{非保内}=0$$

所以

$$E_{k2}+E_{p2}=E_{k1}+E_{p1}$$

即

$$\frac{1}{2}m\left(v_0\cos\theta\right)^2+mgH=\frac{1}{2}mv_0^2+0$$

可见，此人用的是质点的动能定理.

例 2.7.2　质量为 m_1、m_2 的两个质点靠万有引力作用，起初相距 l，均静止. 它们运动到距离为 $\frac{1}{2}l$ 时，速率各为多少？

解　以两个质点为系统，则系统的动量及能量均守恒，即

$$m_1v_1-m_2v_2=0 \quad ①$$

$$\frac{1}{2}m_1v_1^2+\frac{1}{2}m_2v_2^2-\frac{Gm_1m_2}{l/2}=-\frac{Gm_1m_2}{l} \quad ②$$

由①、②解得

$$\begin{cases} v_1=m_2\sqrt{\dfrac{2G}{(m_1+m_2)l}} \\ v_2=m_1\sqrt{\dfrac{2G}{(m_1+m_2)l}} \end{cases}$$

附录 2　锥体上滚演示实验

【实验装置】

锥体上滚演示实验装置如图 2.20 所示.

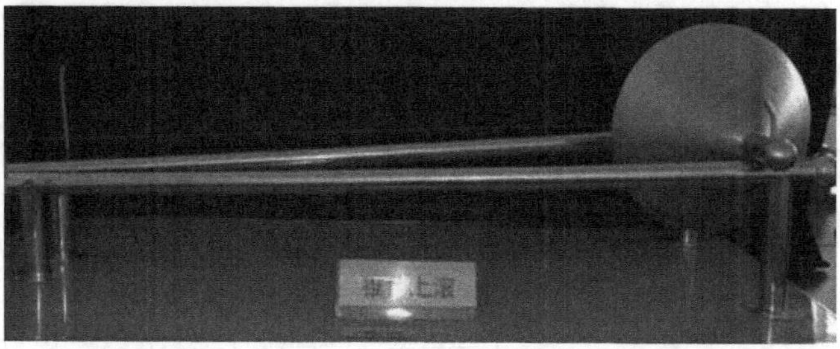

图 2.20

【实验原理】

在重力场中可以自由运动的物体，其平衡位置是其重力势能极小的位置，重力的作用迫使物体向重力势能减小的方向运动. 本实验巧妙地利用了双锥体的形状，把双锥体上的支撑点对锥体质心的影响结合起来. 适当调节两轨道间的夹角 γ ，以及轨道的倾角 α ，可以证明，对于密度均匀的双锥体，当 γ 、 α 满足如下关系：

$$\tan\frac{\beta}{2}\tan\frac{\gamma}{2}>\tan\alpha$$

式中 β 是双锥体的锥顶角，双锥体在轨道高端时的质心位置更低，于是双锥体在重力的作用下，就会从轨道较低的一端(质心位置较高)自动地滚向轨道较高的一端(质心位置较低).

【实验内容】

(1) 将双锥体置于轨道低处，松手后双锥体将自动沿轨道从低处向高处滚动.

(2) 将双锥体置于轨道高处，松手后双锥体并不沿轨道向下滚动.

习　题　2

2.1 质量为 m 的小球，在水中受的浮力 F 为常数，当它从静止开始下沉时，受到水的黏滞力为 $f=-kv$ ， k 为常数，求小球在水中竖直下沉时的速度 v 与时间 t 的关系. [参考答案：$\frac{1}{k}(mg-F)\left(1-\mathrm{e}^{-\frac{k}{m}t}\right)$]

2.2 物体的质量为 m ，受到的合外力为 $F=-kv^2t$ ， k 为常数，假定其初速度为 v_0 ，求速度减为 $v_0/2$ 时所经历的时间. [参考答案： $\sqrt{\frac{2m}{kv_0}}$]

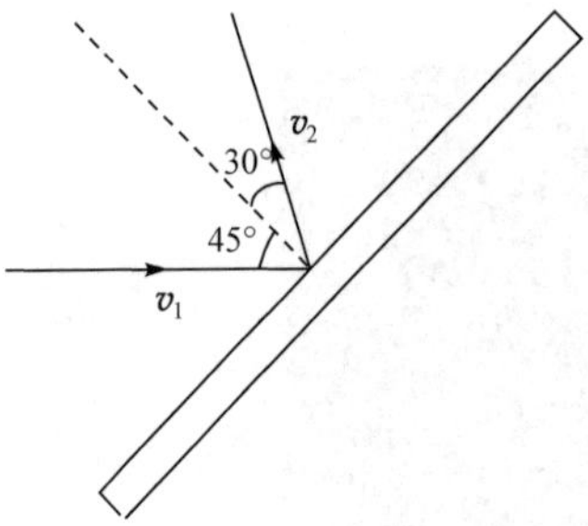

图 2.21

2.3 如图 2.21 所示，质量为 2.5g 的乒乓球以 v_1=10m/s 的速率飞来，被板推挡后，又以 v_2=10m/s 的速率飞出，设 $\boldsymbol{v}_1$ 、 $\boldsymbol{v}_2$ 在垂直板面的同一平面内，且它们与板面法线的夹角分别为 45°和 30°.

(1) 求乒乓球受到的冲量；

(2) 若撞击时间为 0.01s，求板施于球的平均冲力的大小和方向.

[参考答案：(1) 6.14×10^{-2}N · S；(2) 6.14N，方

向与板面法向夹角为 6°52′]

2.4　一个质点在几个力同时作用下位移为 $\Delta \boldsymbol{r} = 4\boldsymbol{i} - 5\boldsymbol{j} + 6\boldsymbol{k}$ (SI),其中一个力为 $\boldsymbol{F} = -3\boldsymbol{i} - 4\boldsymbol{j} + 5\boldsymbol{k}$ (SI)，求此力在该位移过程中所做的功. [参考答案：38J]

2.5　质量为 $m = 2\,\mathrm{kg}$ 的物体沿 x 轴作直线运动，所受合力为 $F = 5 + 3x^2\,(\mathrm{N})$，如果在 $x_0 = 0$ 处物体的速度为 $v_0 = 0$，试求该物体移到 $x = 40\,\mathrm{m}$ 处的速度. [参考答案：253m/s]

2.6　质量 $m = 3\,\mathrm{kg}$ 的物体，初速度为零，从原点起始沿 x 轴正向运动，所受外力沿 x 轴正向，大小为 $F = 27x$，求物体从原点运动到 $x = 6\,\mathrm{m}$ 处的过程中所受的冲量. [参考答案：54N · S]

2.7　一质量为 10kg 的物体沿 x 轴方向无摩擦地运动，设 t=0 时物体位于原点，且初速为零. 当物体在力 $F = (3 + 4t)\,\mathrm{N}$ 的作用下运动了 3s，试求：(1)第 3s 末的速度；(2)在此过程中力 F 所做的功. [参考答案：(1)2.7m/s；(2)36.45J]

2.8　如图 2.22 所示，质量为 m 的小球系在劲度系数为 k 的轻弹簧一端，弹簧的另一端固定在 O 点，开始时弹簧在水平位置 A，处于自然长度，原长为 l_0. 小球由位置 A 释放，下落到 O 点正下方位置 B 时，弹簧的长度为 l，试求小球到达 B 点时的速度大小. [参考答案：$\sqrt{2gl - \frac{k(l-l_0)^2}{m}}$]

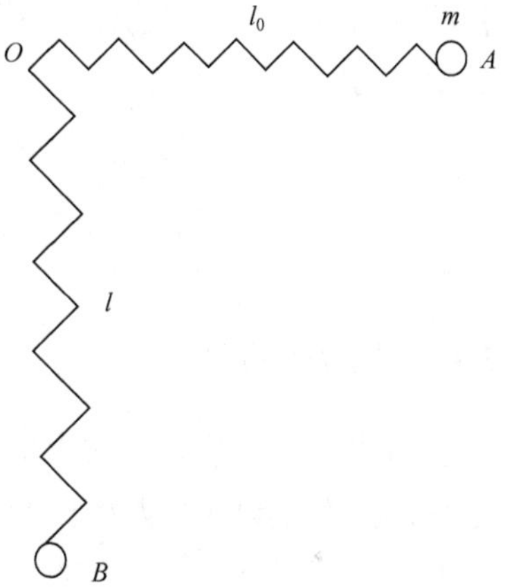

图 2.22

第 3 章　刚体的转动

物体在外力的作用下，形状和大小均不发生变化(或者其内部任意两点之间的距离保持不变)，这样的物体称为刚体. 刚体像光滑平面、质点等一样也是物理学中的一种理想模型，现实生活中并不存在理想的刚体. 另外，刚体模型是为了简化问题而引入的，当物体所受外力不大或者形状、大小变化不显著时，物体可以近似视为刚体.

3.1　刚体运动的描述

3.1.1　刚体的运动

刚体运动的基本形式为平动与转动. 当刚体运动时其内部任意一条直线方位不变，这时刚体的运动为平动. 刚体平动的特点是刚体中各点的运动状态都一样，比如速度、加速度等，因此可以用一个质点来代替刚体；当刚体运动时其内部直线方位改变时称刚体的运动为转动. 刚体的转动分为绕点转动和绕轴转动.

刚体的运动一般可视为平动与转动的合成(比如乒乓球飞行、足球运动等).

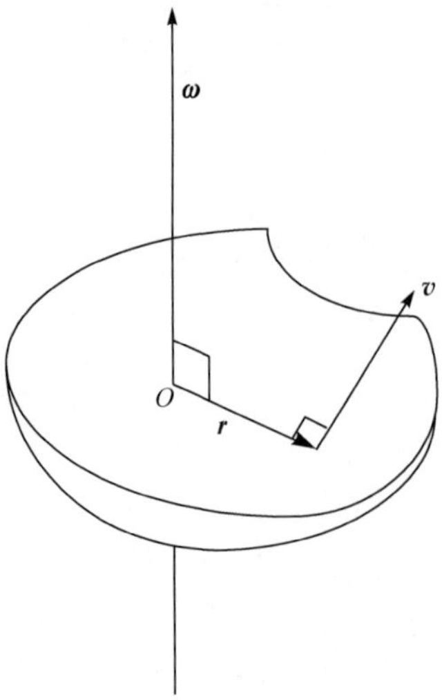

图 3.1

3.1.2　刚体的定轴转动

刚体在做绕轴转动时，如果转轴固定，这时的转动称为刚体的定轴转动.

特点　(1) 刚体上各点的角位移、角速度、角加速度相同.

(2) 刚体上各点的线速度、切向以及法向加速度一般情况下不同.

说明　(1) $\boldsymbol{\omega}$是矢量，方向可由右手螺旋定则确定，如图 3.1 所示.

(2) $\boldsymbol{v}=\boldsymbol{\omega}\times\boldsymbol{r}$.

3.2　力矩　转动定律　转动惯量

3.2.1　力矩

当外力 $\boldsymbol{F}$ 在垂直于轴的平面内时，如图 3.2 所示，定义

力矩：

$$\boldsymbol{M}=\boldsymbol{r}\times\boldsymbol{F} \tag{3-1}$$

力矩的大小：

$$M=Fd=Fr\sin\theta$$

其中，$d=r\sin\theta$，称为力臂.

力矩的方向：沿($\boldsymbol{r}\times\boldsymbol{F}$)方向，即垂直于 $\boldsymbol{r}$ 、$\boldsymbol{F}$ 构成的平面即 $\boldsymbol{M}$ 与轴平行.

注意　θ 是 $\boldsymbol{r}$ 、$\boldsymbol{F}$ 间夹角.

当外力 $\boldsymbol{F}$ 不在垂直于轴的平面内(如图 3.3 所示)

$$\boldsymbol{F}=\boldsymbol{F}_{//}+\boldsymbol{F}_{\perp}$$

因为 $\boldsymbol{F}_{//}$ 对转动无贡献，所以对转动有贡献的仅是 $\boldsymbol{F}_{\perp}$.

$\boldsymbol{F}$ 产生的力矩即 $\boldsymbol{F}_{\perp}$ 的力矩，故上面的结果仍适用.

说明　$\boldsymbol{F}$ 平行轴或经过轴时 $\boldsymbol{M}=0$.

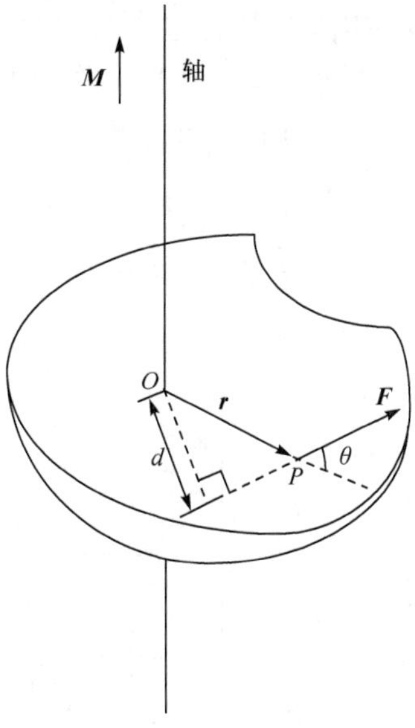

图 3.2

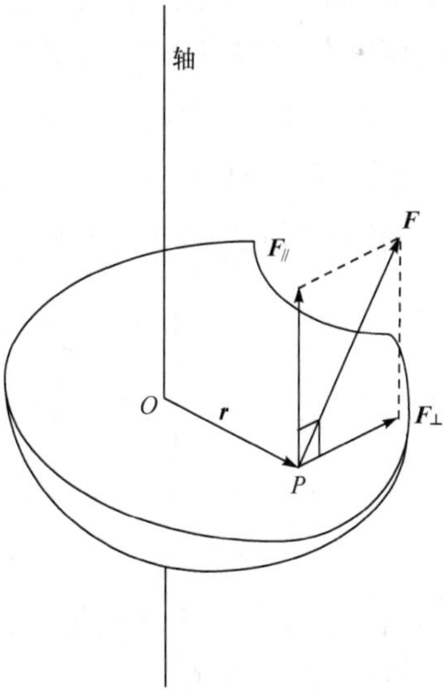

图 3.3

3.2.2　转动定律

当刚体所受力矩 $\boldsymbol{M}\neq 0$ 时，转动状态改变，即角加速度 $\boldsymbol{\alpha}\neq 0$，那么 $\boldsymbol{\alpha}$ 与 $\boldsymbol{M}$ 的

关系如何？这就是转动定律的内容.

如图 3.4 所示，把刚体看成由许多质点组成的系统，这些质点在垂直于轴的平面内做圆周运动.

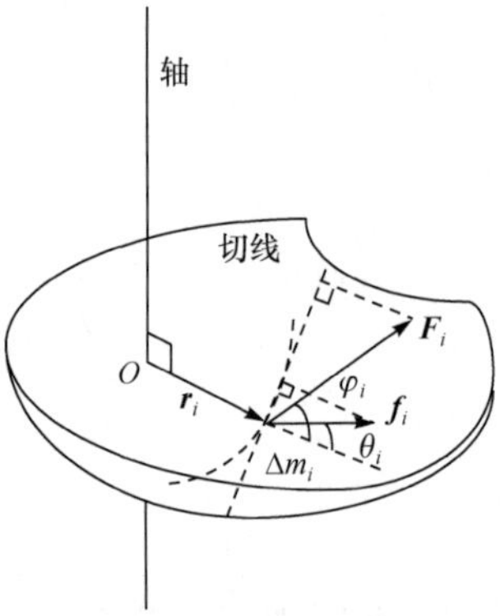

图 3.4

考虑第 i 个质点，其质量为 Δm_i，质点到轴的距离为 r_i，质点所受合外力为 $\boldsymbol{F}_i$、合内力为 $\boldsymbol{f}_i$(设 $\boldsymbol{F}_i$、$\boldsymbol{f}_i$ 在垂直于转轴的平面内). 在切线方向上根据牛顿第二定律可知

$$F_{it} + f_{it} = \Delta m_i a_t = \Delta m_i r_i \alpha \tag{3-2}$$

即

$$F_i \sin\varphi_i + f_i \sin\theta_i = \Delta m_i r_i \alpha \tag{3-3}$$

式(3-3)乘以 r_i 得

$$F_i r_i \sin\varphi_i + f_i r_i \sin\theta_i = \Delta m_i r_i^2 \alpha \tag{3-4}$$

每一个质点都有一个这样的方程，所有质点对应方程求和之后，有

$$\sum_i F_i r_i \sin\varphi_i + \sum_i f_i r_i \sin\theta_i = \left[\sum_i \Delta m_i r_i^2\right]\alpha \tag{3-5}$$

可证明刚体受合内力矩为 $\sum_i f_i r_i \sin\theta_i = 0$. 证明如下：

如图 3.5 所示，刚体内力是各质点间的相互作用力，它们是一对一对的作用力和反作用力. 对第 i、j 两个质点，设 $\boldsymbol{f}_{ij}$ 为第 i 个质点对第 j 个质点作用力，$\boldsymbol{f}_{ji}$ 为第 j 个质点对第 i 个质点作用力. 因为 $\boldsymbol{f}_{ij}$ 与 $\boldsymbol{f}_{ji}$ 共线，所以力臂相等. 又因为 $\boldsymbol{f}_{ji}$ 与 $\boldsymbol{f}_{ji}$ 等值反向，所以 $\boldsymbol{f}_{ij}$ 与 $\boldsymbol{f}_{ji}$ 产生力矩等值反向，故 $\boldsymbol{f}_{ij}$ 与 $\boldsymbol{f}_{ji}$ 力矩合为 0. 由此可知，刚体的所有内力矩之和两两抵消，结果为 0，即 $\sum_i f_i r_i \sin\theta_i = 0$. 令

$$\begin{cases} M = \sum_i F_i r_i \sin\varphi_i \\ J = \sum_i \Delta m_i r_i^2 \end{cases}$$

得

$$M = J\alpha \tag{3-6}$$

即刚体角加速度与合外力矩成正比，与转动惯量成反比，这称为转动定律.

转动定律 $M = J\alpha$ 是矢量关系，可写为 $\boldsymbol{M} = J\boldsymbol{\alpha}$，其中 $\boldsymbol{\alpha}$ 与 $\boldsymbol{M}$ 方向相同. 当刚体做定轴转动时可写成标量式. $M = J\alpha$ 为瞬时关系，M 为瞬

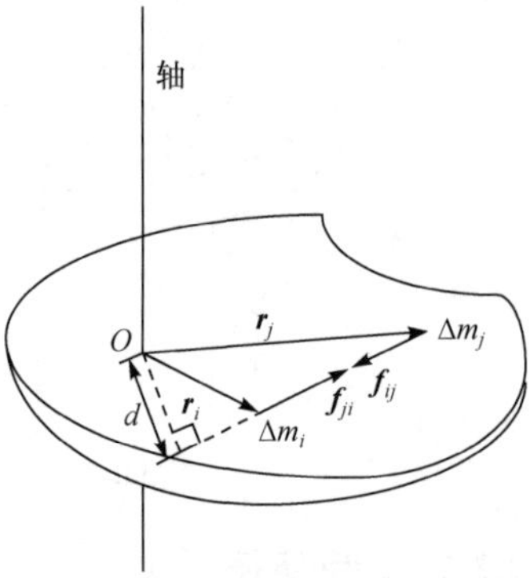

图 3.5

时力矩，α 为瞬时角加速度. 在转动中 $\boldsymbol{M}=J\boldsymbol{\alpha}$ 与平动中 $\boldsymbol{F}=m\boldsymbol{a}$ 地相位同，$\boldsymbol{F}$ 是产生 $\boldsymbol{a}$ 的原因，$\boldsymbol{M}$ 是产生 $\boldsymbol{\alpha}$ 的原因. $\boldsymbol{M}$ 为合外力矩等于各个外力力矩的矢量和.

3.2.3　转动惯量

式(3-6)中 $J=\sum_i \Delta m_i r_i^2$ 称为刚体的转动惯量，等于刚体中每个质点的质量与它到转轴距离平方乘积之和.

当刚体由个 n 质点组成时，$J=m_1r_1^2+m_2r_2^2+\cdots+m_nr_n^2$.

当刚体由连续体组成时，$J=\int_m r^2\mathrm{d}m=\int_m \rho r^2\mathrm{d}V$ (其中 ρ 为密度，$\mathrm{d}V$ 为体积元). 转动惯量的物理意义为刚体转动惯性的量度.

例 3.2.1　如图 3.6 所示，在由不计质量的细杆组成的正三角形的顶角上，各固定一个质量为 m 的小球，三角形边长为 l. 求：(1)系统对过质心，且与三角形平面垂直的轴 C 的转动惯量；(2)系统对过 A 点，且平行于轴 C 的转动惯量；(3)若 A 点处质点也固定在 B 点处，(2)的结果如何？

解　(1) $J_C=m\left(\dfrac{l}{\sqrt{3}}\right)^2+m\left(\dfrac{l}{\sqrt{3}}\right)^2+m\left(\dfrac{l}{\sqrt{3}}\right)^2=\dfrac{1}{3}Ml^2\quad(M=3m)$

(2) $J_A=ml^2+ml^2=\dfrac{2}{3}Ml^2$

(3) $J_A=ml^2+2ml^2=Ml^2$

讨论　(1) J 与质量有关.

(2) J 与轴的位置有关.

(3) J 与刚体质量分布有关.

(4) 平行轴定理：对平行于质心的转动惯量=对质心轴转动惯量+刚体质量×该轴与质心轴之距离平方. 如

$$J_A=\frac{2}{3}Ml^2=\frac{1}{3}Ml^2+\frac{1}{3}Ml^2=J_C+M\left(\frac{l}{\sqrt{3}}\right)^2$$

例 3.2.2　如图 3.7 所示，匀质杆的质量为 m，长为 l，问：(1)它对过质心且与杆垂直的 C 轴的转动惯量为多少？(2)它对过一端且平行于 C 轴的 A 轴转动惯量为多少？

解　(1) 如图 3.7 所示取坐标，$J_C=\int_{-l/2}^{l/2}x^2\dfrac{m}{l}\mathrm{d}x=\dfrac{1}{12}ml^2$.

(2) 如图 3.8 所示取坐标，$J_A=\int_0^l x^2\dfrac{m}{l}\mathrm{d}x=\dfrac{1}{3}ml^2$.

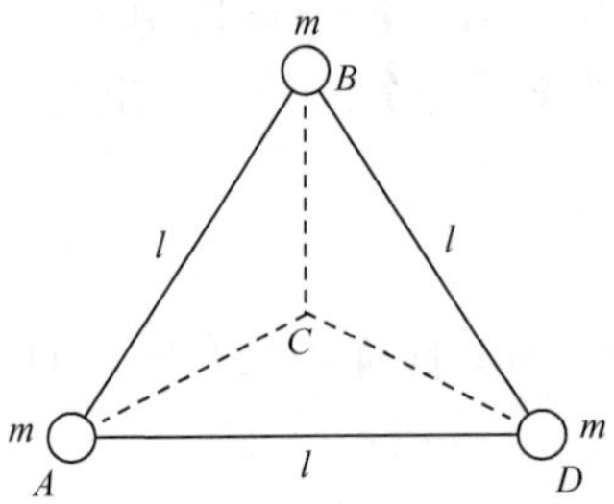

图 3.6

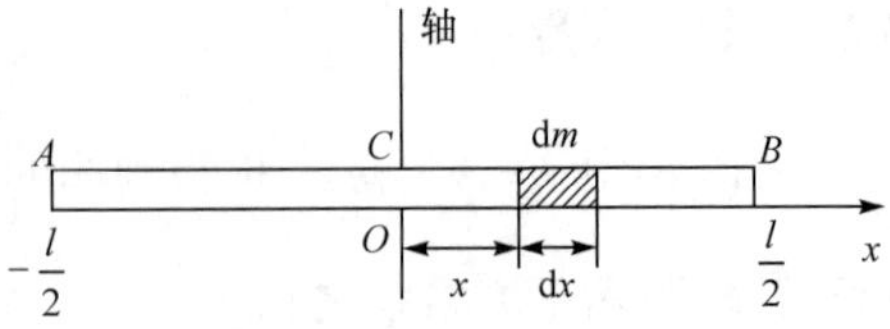

图 3.7

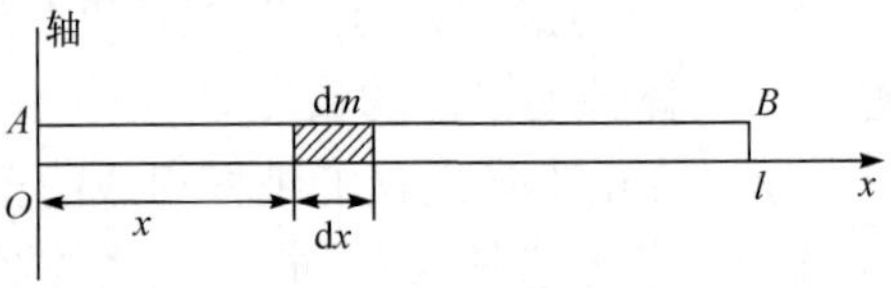

图 3.8

用平行轴定理解，则

$$J_A = J_C + m\left(\frac{l}{2}\right)^2 = \frac{1}{12}ml^2 + \frac{m}{4}l^2 = \frac{1}{3}ml^2$$

例 3.2.3　如图 3.9 所示，轻绳经过水平光滑桌面上的定滑轮 C 连接两物体 A 和 B，A、B 质量分别为 m_A、m_B，滑轮视为圆盘，其质量为 m_C 半径为 R，AC 水平并与轴垂直，绳与滑轮无相对滑动，不计轴处摩擦，求 B 的加速度，AC、BC 间绳的张力大小.

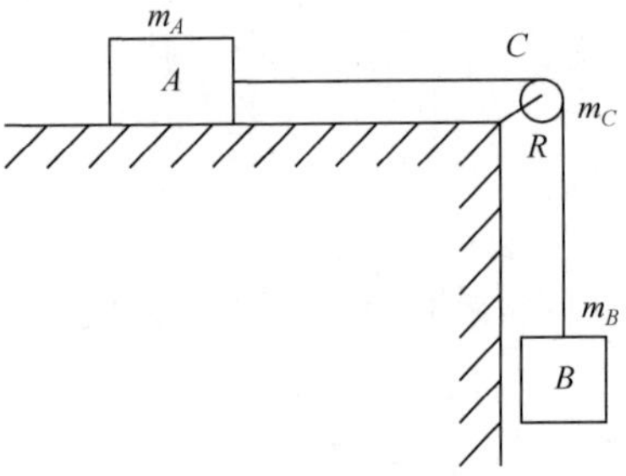

图 3.9

解　受力分析如下(如图 3.10 所示).

A：重力 $m_A\boldsymbol{g}$，桌面支持力 $\boldsymbol{N}_1$，绳的拉力 $\boldsymbol{T}_1$.

B：重力 $m_B\boldsymbol{g}$，绳的拉力 $\boldsymbol{T}_2$.

C：重力 $m_C\boldsymbol{g}$，轴作用力 $\boldsymbol{N}_2$，绳作用力 $\boldsymbol{T}_1'$、$\boldsymbol{T}_2'$.

取物体运动方向为正，由牛顿定律及转动定律得

$$T_1 = m_A a$$

$$m_B g - T_2 = m_B a$$

$$T_2'R - T_1'R = \frac{1}{2}m_C R^2 \alpha$$

且 $T_1' = T_1$，$T_2' = T_2$，$a = R\alpha$，解得

$$\begin{cases} a=\dfrac{m_B g}{m_A+m_B+\dfrac{1}{2}m_C} \\ T_1=\dfrac{m_A m_B g}{m_A+m_B+\dfrac{1}{2}m_C} \\ T_2=\dfrac{\left(m_A+\dfrac{1}{2}m_C\right)m_B g}{m_A+m_B+\dfrac{1}{2}m_C} \end{cases}$$

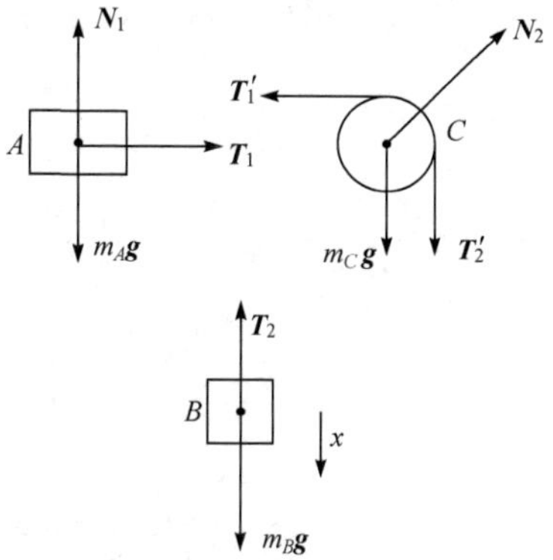

图 3.10

讨论　不计 m_C 时，$\begin{cases} a=\dfrac{m_B g}{m_A+m_B} \\ T_1=T_2=\dfrac{m_A m_B g}{m_A+m_B} \end{cases}$ (即为质点情况).

例 3.2.4　一质量为 m 的物体悬于一条轻绳的一端，绳绕在一滑轮盘 M 上，如图 3.11 所示. 轴水平且垂直于滑轮面，其半径为 r，整个装置架在光滑的固定轴承上. 当物体从静止释放后，在时间 t 内下降了一段距离 S，试求整个滑轮的转动惯量(用 m，r，t 和 S 表示)

解　受力分析如下(如图 3.12 所示).

$$\begin{cases} m\text{：} m\boldsymbol{g}\text{、}\boldsymbol{T} \\ M\text{：} M\boldsymbol{g}\text{、}\boldsymbol{N}\text{、}\boldsymbol{T}' \end{cases}$$

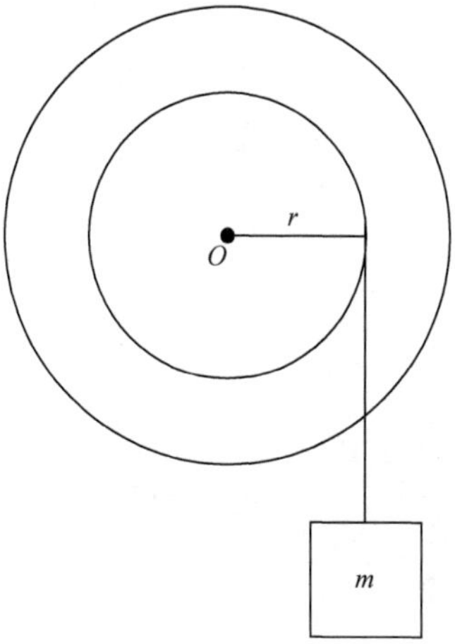

图 3.11

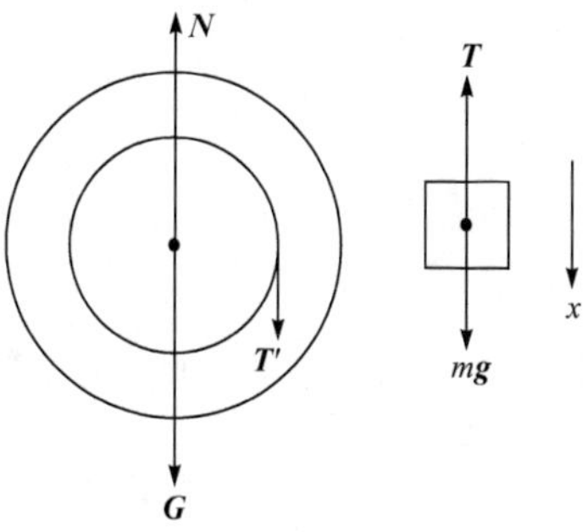

图 3.12

由牛顿第二定律及转动定律得

$$\begin{cases} mg - T = ma \\ T'r = J\alpha \end{cases}$$

且 $T' = T$， $a = r\alpha$， $S = \frac{1}{2}at^2$，则

$$J = mr^2\left(\frac{gt^2}{2S} - 1\right)$$

3.3　转动动能　力矩的功　转动动能定理

3.3.1　转动动能

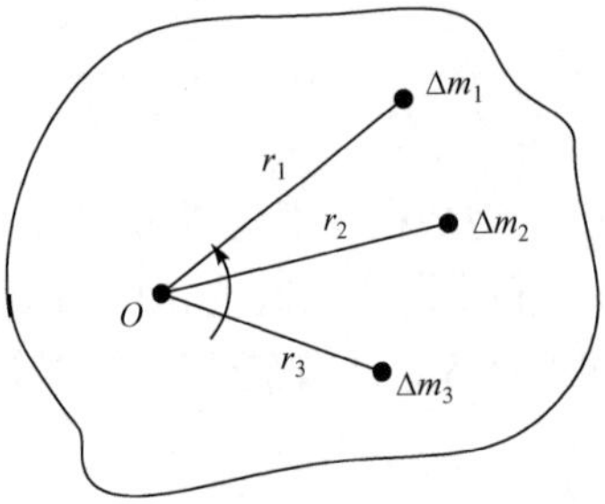

图 3.13

如图 3.13 所示，刚体绕过 O 处轴(垂直纸面)转动，角速度为 ω，在转动中刚体各个质点都具有动能，刚体转动动能等于组成刚体的各个质点动能之和.

设组成刚体的各质点质量为分别为 Δm_1，Δm_2，Δm_3，…，与轴距离分别为 r_1，r_2，r_3，…，转动动能为

$$\begin{aligned} E_\text{k} &= \frac{1}{2}\Delta m_1 (r_1\omega)^2 + \frac{1}{2}\Delta m_2 (r_2\omega)^2 + \frac{1}{2}\Delta m_3 (r_3\omega)^2 + \cdots \\ &= \frac{1}{2}\left(\Delta m_1 r_1^2 + \Delta m_2 r_2^2 + \Delta m_3 r_3^2 + \cdots\right)\omega^2 \\ &= \frac{1}{2}\left(\sum_i \Delta m_i r_i^2\right)\omega^2 = \frac{1}{2}J\omega^2 \end{aligned}$$

即

$$E_\text{k} = \frac{1}{2}J\omega^2 \tag{3-7}$$

比较　对比刚体转动与质点平动公式 $\begin{cases} E_\text{k} = \frac{1}{2}J\omega^2 \\ E_\text{k} = \frac{1}{2}mv^2 \end{cases}$，其形式相同.

3.3.2　力矩的功

如图 3.14 所示，刚体绕定轴转动，设作用在刚体 P 点的力为 $\boldsymbol{F}$ (可以是内力

或外力，也可以是合力或单个力)，在 $\boldsymbol{F}$ 作用下刚体有一角位移 $\mathrm{d}\theta$，力的作用点的位移为 $\mathrm{d}\boldsymbol{r}$，则 $\boldsymbol{F}$ 在该位移中做的功为

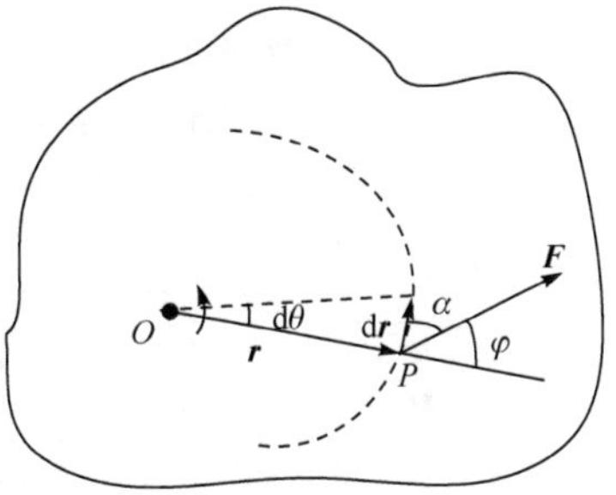

图 3.14

$$\mathrm{d}W = \boldsymbol{F}\cdot \mathrm{d}\boldsymbol{r} = F\mathrm{d}r\cos\alpha = F\mathrm{d}r\cos\left(\frac{\pi}{2}-\varphi\right)$$

$$= F\mathrm{d}r\sin\varphi = Fr\sin\varphi\mathrm{d}\theta = M\mathrm{d}\theta$$

即力矩的元功=力矩×角位移.

在力矩作用下，在 θ_1～θ_2 过程中，力矩的功为

$$W = \int_{\theta_1}^{\theta_2} M\mathrm{d}\theta \tag{3-8}$$

说明　(1) 常力矩功 $W = M(\theta_2 - \theta_1)$.

(2) 力矩功是力矩的空间积累效应.

(3) 内力矩功之和等于零.

(4) 力矩的功率：$P = \dfrac{\mathrm{d}W}{\mathrm{d}t} = \dfrac{M\mathrm{d}\theta}{\mathrm{d}t} = M\omega$.

比较　对比刚转动与质点平动公式 $\begin{cases} P = \boldsymbol{F}\cdot\boldsymbol{v} \\ P = \boldsymbol{M}\cdot\boldsymbol{\omega} \end{cases}$，$\begin{cases} W = \displaystyle\int_a^b \boldsymbol{F}\cdot \mathrm{d}\boldsymbol{r} \\ W = \displaystyle\int_{\theta_a}^{\theta_b} \boldsymbol{M}\cdot \mathrm{d}\boldsymbol{\theta} \end{cases}$，其形式相同.

3.3.3　刚体定轴转动的动能定理

根据刚体的转动定律，

$$M = J\alpha \Rightarrow M = J\frac{\mathrm{d}\omega}{\mathrm{d}t} = J\frac{\mathrm{d}\omega}{\mathrm{d}\theta}\cdot\frac{\mathrm{d}\theta}{\mathrm{d}t} = J\omega\frac{\mathrm{d}\omega}{\mathrm{d}\theta}$$

即

$$M\mathrm{d}\theta = J\omega\mathrm{d}\omega$$

做如下积分：

$$\int_{\theta_1}^{\theta_2} M\mathrm{d}\theta = \int_{\omega_1}^{\omega_2} J\omega\mathrm{d}\omega$$

可得

$$W = \frac{1}{2}J\omega_2^2 - \frac{1}{2}J\omega_1^2 \tag{3-9}$$

即合外力矩功等于刚体转动动能增量，称此为刚体的转动动能定理.

例 3.3.1　在例 3.2.3 中，若 B 从静止开始下落 h 时，如图 3.15 所示. 求：(1)合外力矩对 C 做的功；(2) C 的角速度.

解　(1) 由例 3.2.3 知，对 C 的合外力矩为

$$M = T_2'R - T_1'R$$

$$= \frac{\left(m_A + \frac{1}{2}m_C\right)m_B g}{m_A + m_B + \frac{1}{2}m_C}R - \frac{m_A m_B g}{m_A + m_B + \frac{1}{2}m_C}R$$

$$= \frac{\frac{1}{2}m_C m_B gR}{m_A + m_B + \frac{1}{2}m_C} \text{(常力矩)}$$

$$\Rightarrow W = M(\theta_2 - \theta_1) = M\frac{\Delta S}{R} = M\frac{h}{R}$$

$$= \frac{m_C m_B gR}{2\left(m_A + m_B + \frac{1}{2}m_C\right)}\frac{h}{R}$$

$$= \frac{m_C m_B gh}{2\left(m_A + m_B + \frac{1}{2}m_C\right)}$$

(2)

$$W = \frac{1}{2}J\omega^2 - 0$$

$$\omega = \sqrt{\frac{2W}{J}} = \sqrt{\frac{m_C m_B gh}{m_A + m_B + \frac{1}{2}m_C} \bigg/ \left(\frac{1}{2}m_C R^2\right)}$$

$$= \sqrt{\frac{2m_B gh}{\left(m_A + m_B + \frac{1}{2}m_C\right)R^2}}$$

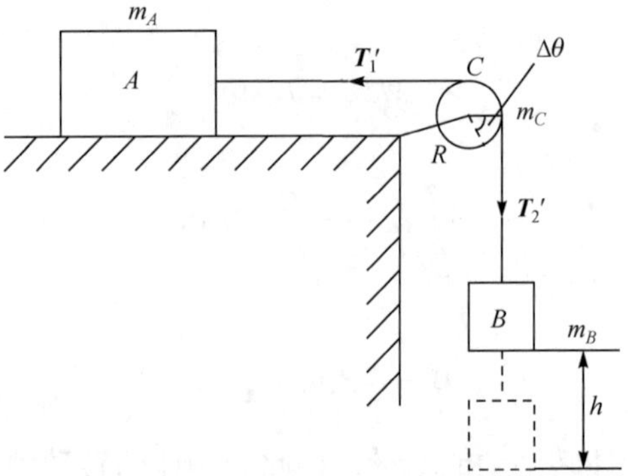

图 3.15

3.4　角动量　角动量定理　角动量守恒定律

3.4.1　角动量

1. 角动量

$$\boldsymbol{L} = J\boldsymbol{\omega}$$

称 $\boldsymbol{L}$ 为刚体角动量(或动量矩)

2. 冲量矩

由刚体的转动定律

$$\boldsymbol{M} = \frac{\mathrm{d}(J\boldsymbol{\omega})}{\mathrm{d}t} = \frac{\mathrm{d}\boldsymbol{L}}{\mathrm{d}t}$$

可得

$$\boldsymbol{M}\mathrm{d}t = \mathrm{d}\boldsymbol{L}$$

做如下积分:

$$\int_{t_1}^{t_2} \boldsymbol{M}\mathrm{d}t = \boldsymbol{L}_2 - \boldsymbol{L}_1 = J_2\boldsymbol{\omega}_2 - J_1\boldsymbol{\omega}_1 \tag{3-10}$$

称 $\int_{t_1}^{t_2} \boldsymbol{M}\mathrm{d}t$ 为 $\boldsymbol{M}$ 在 $t_1 \sim t_2$ 内对刚体的冲量矩.

说明　(1) 冲量矩是矢量.

(2) 冲量矩是力矩的时间积累效应.

比较　对比刚体转动和质点平动公式 $\begin{cases} \int_{t_1}^{t_2} \boldsymbol{F}\mathrm{d}t \\ \int_{t_1}^{t_2} \boldsymbol{M}\mathrm{d}t \end{cases}$，其形式相同.

3.4.2　角动量定理

由上知

$$\int_{t_1}^{t_2} \boldsymbol{M}\mathrm{d}t = J_2\boldsymbol{\omega}_2 - J_1\boldsymbol{\omega}_1 \tag{3-11}$$

即合外力矩对刚体的冲量矩等于刚体角动量增量. 称此为角动量(或动量矩)定理.

3.4.3 角动量守恒定律

已知

$$M=\frac{\mathrm{d}\boldsymbol{L}}{\mathrm{d}t}$$

当 $\boldsymbol{M}=0$ 时，$\frac{\mathrm{d}\boldsymbol{L}}{\mathrm{d}t}=0$，有

$$\boldsymbol{L}=J\boldsymbol{\omega}=\text{常矢量} \tag{3-12}$$

即当合外力矩 $\boldsymbol{M}\equiv 0$ 时，则此情况下刚体角动量守恒，称此为角动量守恒定律.

说明 (1) 角动量守恒条件是某一过程中 $\boldsymbol{M}\equiv 0$.

(2) $\boldsymbol{L}=J\boldsymbol{\omega}$ 不变包括 J 和 $\boldsymbol{\omega}$ 都不变和 J 和 $\boldsymbol{\omega}$ 都变但 $J\boldsymbol{\omega}$ 不变两种情况.

(3) 角动量守恒定律、动量守恒定律和能量守恒定律是自然界中的普遍规律，不仅适用于宏观物体的机械运动，而且也适用于原子、原子核和基本粒子(如电子、中子、原子、光子……)等微观粒子的运动.

例 3.4.1 如图 3.16 所示，轻绳一端系着质量为 m 的质点，另一端穿过光滑水平桌面上的小孔 O 用力 $\boldsymbol{F}$ 拉着. 质点原来以等速率 v 做半径为 r 的圆周运动，求当 $\boldsymbol{F}$ 拉动绳子向正下方移动 $r/2$ 时，质点的角速度 ω.

解 研究对象：m.

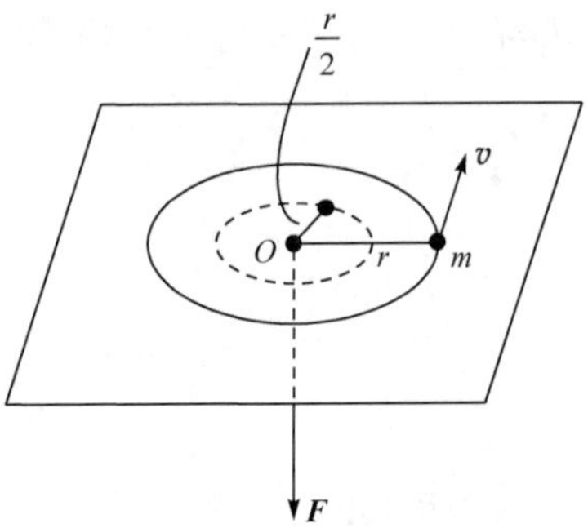

图 3.16

受力分析：重力、桌面支持力、绳的作用力.

可见转动中，受合外力矩为 0，角动量守恒即 $\boldsymbol{L}=$ 常矢量. 因为

$$J_1\omega_1=J_2\omega_2$$

故

$$mr^2\left(\frac{v}{r}\right)=m\left(\frac{r}{2}\right)^2\omega_2$$

得

$$\omega_2=4v/r$$

例 3.4.2 如图 3.17 所示，A、B 两圆盘分别绕过其中心的垂直轴转动，角速度分别是 ω_A、ω_B，它们半径和质量分别为 R_A、R_B 和 m_A、m_B. 求 A、B 对心衔接后的最后角速度 ω.

解 A、B 圆盘在衔接过程中，对轴无外力矩作用，角动量守恒故有

$$\boldsymbol{L}=\text{常矢量}$$

$$\Rightarrow\left(J_A+J_B\right)\omega=J_A\omega_A+J_B\omega_B$$

即

$$\omega = \frac{J_A\omega_A + J_B\omega_B}{J_A + J_B} = \frac{\frac{1}{2}m_A R_A^2\omega_A + \frac{1}{2}m_B R_B^2\omega_B}{\frac{1}{2}m_A R_A^2 + \frac{1}{2}m_B R_B^2}$$

$$= \frac{m_A R_A^2\omega_A + m_B R_B^2\omega_B}{m_A R_A^2 + m_B R_B^2}$$

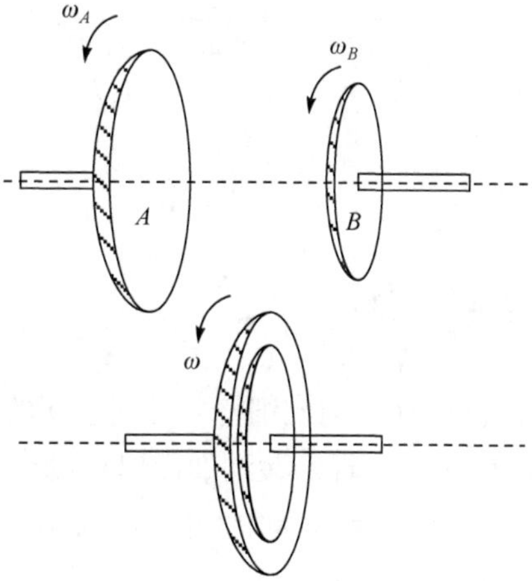

图 3.17

讨论　假若 B 的转动方向与题中相反，则 ω 为多少？假设 $\boldsymbol{\omega}_A$ 为正，则有

$$(J_A + J_B)\omega = J_A\omega_A - J_B\omega_B$$

$$\Rightarrow \omega = \frac{m_A R_A^2\omega_A - m_B R_B^2\omega_B}{m_A R_A^2 + m_B R_B^2}$$

例 3.4.3　如图 3.18 所示，长为 l、质量为 m 的匀质细杆，可绕过 O 的光滑水平轴转动. 起初杆水平静止. 求：

(1) $t=0$ 时，α 的大小；

(2) 杆转到竖直位置时，ω 的大小；

(3) 杆从水平转到竖直过程中外力矩功；

(4) 杆从水平转到竖直过程中杆受冲量矩大小.

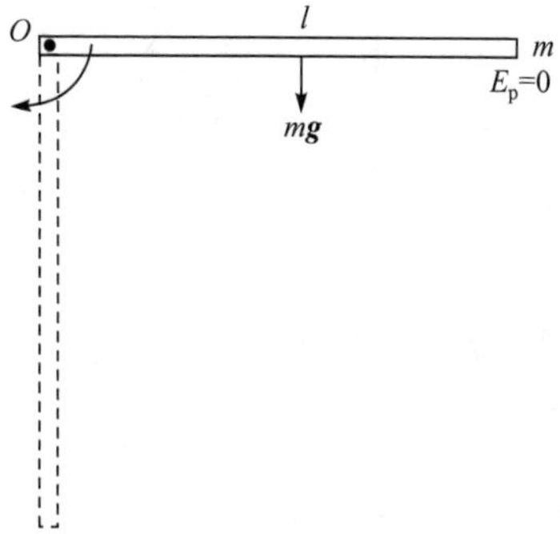

图 3.18

解　(1) $M = J\alpha$，即

$$mg\frac{l}{2}=\frac{1}{3}ml^2\alpha$$

$$\alpha=\frac{3g}{2l}$$

(2) 以 m 、地为系统，取 $t=0$ 时杆所在位置为势能零点，由机械能守恒得

$$0=\frac{1}{2}J\omega^2-\frac{1}{2}mgl$$

$$\omega=\sqrt{\frac{mgl}{J}}=\sqrt{\frac{mgl}{\frac{1}{3}ml^2}}=\sqrt{\frac{3g}{l}}$$

(3) $W=\frac{1}{2}J\omega^2-0=\frac{1}{2}mgl$

(4) 冲量矩$=J\omega-0=\frac{1}{3}ml^2\sqrt{\frac{3g}{l}}=m\sqrt{\frac{gl^3}{3}}$

例 3.4.4 长为 l 、质量为 M 的匀质细杆，可绕上端的光滑水平轴转动，起初杆竖直静止. 一质量为 m 的子弹在杆的转动面内以速度 $\boldsymbol{v}_0$ 垂直射向杆的 A 点，如图 3.19 所示. 求下列情况下杆开始运动的角速度及最大摆角：(1)子弹留在杆内；(2)子弹以 $v_0/2$ 速度射出.

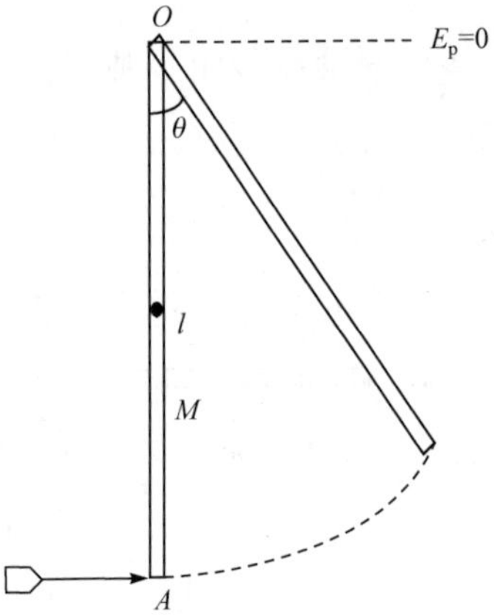

图 3.19

解 (1) 子弹留在杆内分为以下两个过程.

① 子弹射入杆的过程. 以 m 、M 为系统，角动量守恒，即

$$\left(\frac{1}{3}Ml^2+ml^2\right)\omega=0+ml^2\omega_0=mv_0l$$

$$\omega=\frac{3mv_0}{Ml+3ml} \tag{a}$$

② 上摆过程. m 、M 、地为系统，取 O 处为势能零点，系统机械能守恒，有

$$\frac{1}{2}\left(\frac{1}{3}Ml^2+ml^2\right)\omega^2-Mg\frac{l}{2}-mgl=-Mg\frac{l}{2}\cos\theta-mgl\cos\theta \tag{b}$$

由(a)(b)两式得

$$\theta=\arccos\left[1-\frac{3m^2{v_0}^2}{(M+2m)(M+3m)lg}\right]$$

(2) 子弹射出也分为以下两个过程.

① 子弹与杆作用过程. 以杆、子弹为系统，其角动量守恒，即

$$mv_0 l=\frac{1}{3}Ml^2\omega+ml\frac{v_0}{2}\Rightarrow\omega=\frac{3mv_0}{2Ml} \tag{c}$$

② 杆上摆过程. 以杆、地球为系统，取 O 处为势能零点，其机械能守恒，即

$$\frac{1}{2}\cdot\frac{1}{3}Ml^2\omega^2-Mg\frac{l}{2}=-Mg\frac{l}{2}\cos\theta \tag{d}$$

由(c)(d)两式解得

$$\theta=\arccos\left[1-\frac{3m^2{v_0}^2}{4M^2gl}\right]$$

附录 3　角动量守恒演示实验

【实验装置】

角动量守恒演示仪装置如图 3.20 所示，包含哑铃一副.

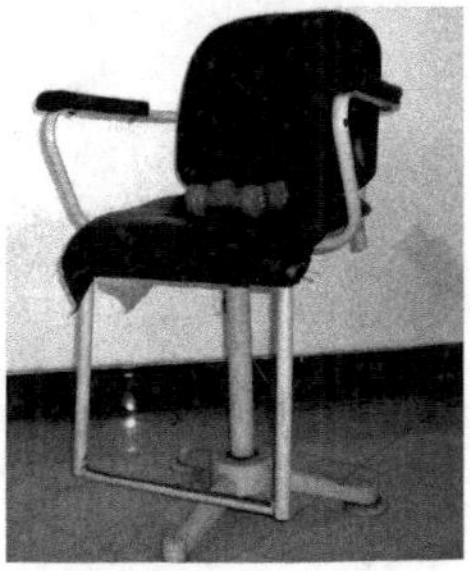

图 3.20

【实验原理】

本演示实验可以定性观察合外力矩为零的条件下，物体的角动量守恒，并能解释有关角动量守恒的实际现象. 当刚体所受合外力矩为零时，角动量守恒，其数学表示式为：$J\omega=$常量. 转动惯量 J 反映刚体转动状态改变的难易程度，也就是其大小反映刚体转动惯性的大小.

【实验内容】

演示者坐在可绕竖直轴自由旋转的椅子上，手握哑铃，两臂平伸. 使转椅转

动起来，然后收缩双臂，可看到人和凳的转速显著变大. 两臂再度平伸，转速又减慢.

这是因为绕固定轴转动的物体的角动量等于其转动惯量与角速度的乘积，而外力矩等于零时，角动量守恒. 当人收缩双臂时，转动惯量减小，因此角速度增加.

习 题 3

3.1 如图 3.21 所示，在边长为 a 的正方形的顶点上，分别有质量为 m 的四个质点，求此系统绕下列轴转动的转动惯量：(1)通过 A 平行于对角线 BD 的转轴；(2)通过 A 垂直于所在平面的转轴. [参考答案：(1) $3ma^2$；(2) $4ma^2$]

3.2 求半径为 R、质量为 m 的均匀半圆环对于图 3.22 中虚线所示轴的转动惯量. [参考答案：$\frac{1}{2}mR^2$]

3.3 如图 3.23 所示，一轻绳跨过一轴承光滑的定滑轮，滑轮半径为 R，质量为 M，绳的两端分别与质量为 m 的物体及固定弹簧相连，将物体由静止状态释放，开始释放时弹簧为原长，求物体下降距离为 h 时的速度大小. [参考答案：$\sqrt{\dfrac{2mgh-kh^2}{m+\dfrac{M}{2}}}$]

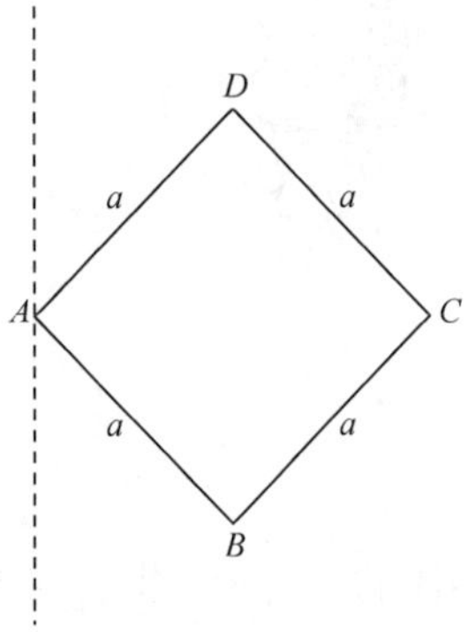

图 3.21

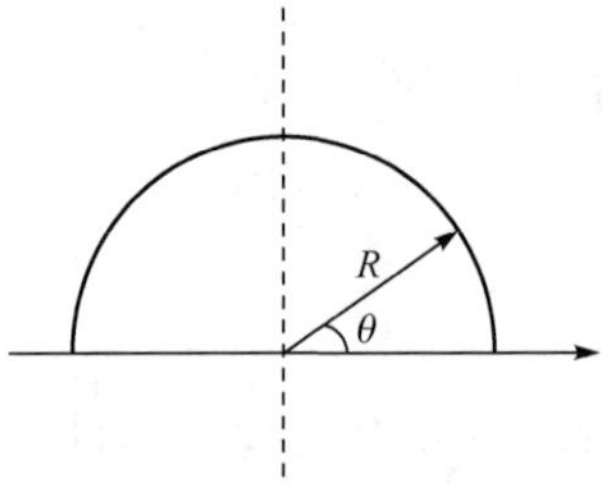

图 3.22

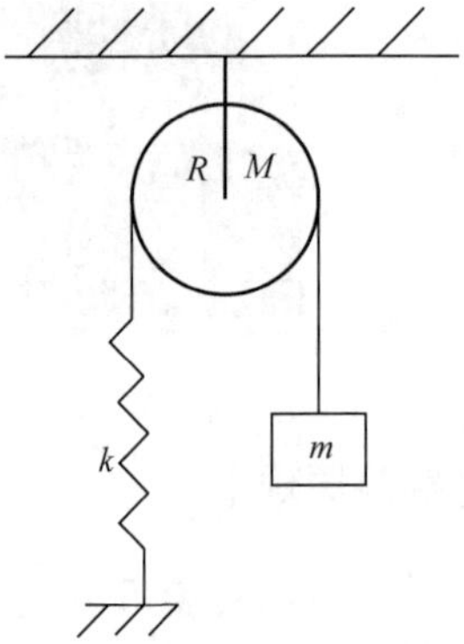

图 3.23

3.4 如图 3.24 所示，质量为 24 kg 的圆盘轮可绕水平轴转动，一端缠绕于轮上，另一端通过质量为 5 kg 的圆盘形滑轮 r 悬挂有一质量为 10 kg 的物体，当重物由静止开始下降了 0.5 m 时，求：(1)物体的速度；(2)两段绳中的张力，设绳子与滑轮间无相对滑动. [参考答案：(1) 2.0 m/s；(2) 48 N，58 N]

3.5　如图 3.25 所示，质量为 M 、长为 l 的均匀细棒可绕垂直于棒的一端的水平轴 O 无摩擦地转动，它原来静止在与竖直方向成 30° 角的位置，在此位置由静止状态释放，求：(1)释放瞬间棒的角加速度；(2)棒摆到竖直位置时的角速度. [参考答案：(1) $\dfrac{3g}{4l}$ ；(2) $\sqrt{\dfrac{3g}{2l}\left(2-\sqrt{3}\right)}$]

3.6　如图 3.26 所示，将一质量 $m=0.1\text{kg}$ 的小球系于轻绳的一端，绳穿过一竖直的管子，一手握管子，一手执绳子，先使小球以角速度 30rad/s 在半径为 $r_1=0.4\text{m}$ 的水平面上转动，然后将绳子向下拉，使 $r_2=0.2\text{m}$ ，求小球转动的角速度及转动动能的变化量. [参考答案： 120rad/s ， 21.6J]

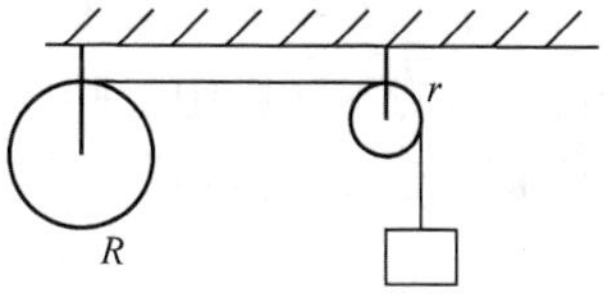

图 3.24

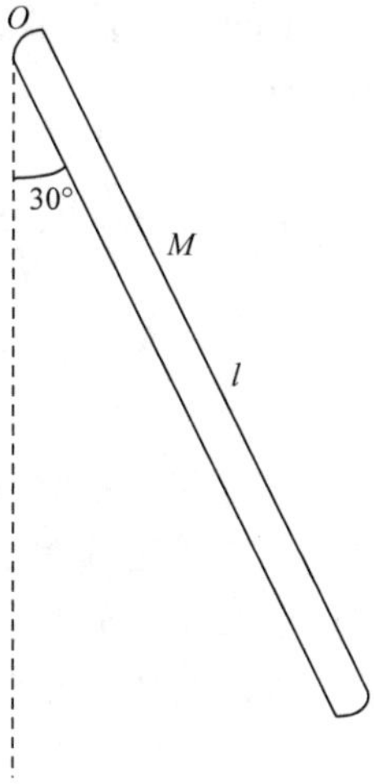

图 3.25

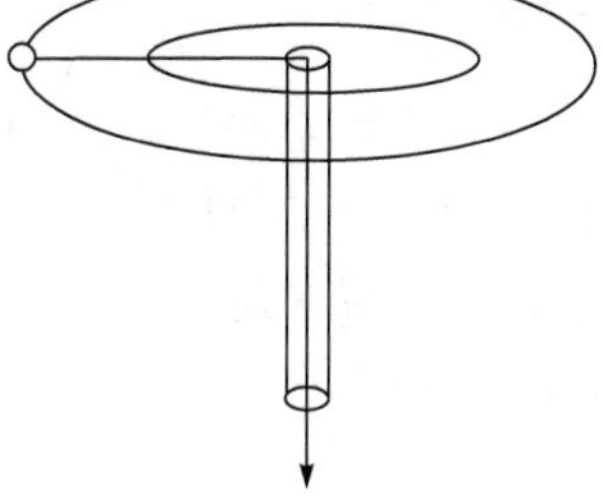

图 3.26

3.7　质量为 M 、长为 l 的均匀细棒可绕垂直于棒的一端的水平轴 O 无摩擦地转动，它原来静止在竖直位置上，如图 3.27 所示. 现有一质量为 m 的弹性小球沿水平方向飞来，正好在棒的最下端与棒相碰，碰撞后棒从竖直位置摆到最大摆角 $\theta=30^\circ$ 处. (1) 假定碰撞是完全弹性的，计算小球速度 v_0 的大小；(2) 碰撞时，小球受到的冲量有多大? [参考答案：(1) $\dfrac{M+3m}{12m}\sqrt{6gl\left(2-\sqrt{3}\right)}$ ；(2) $-\dfrac{M}{6}\sqrt{6gl\left(2-\sqrt{3}\right)}$]

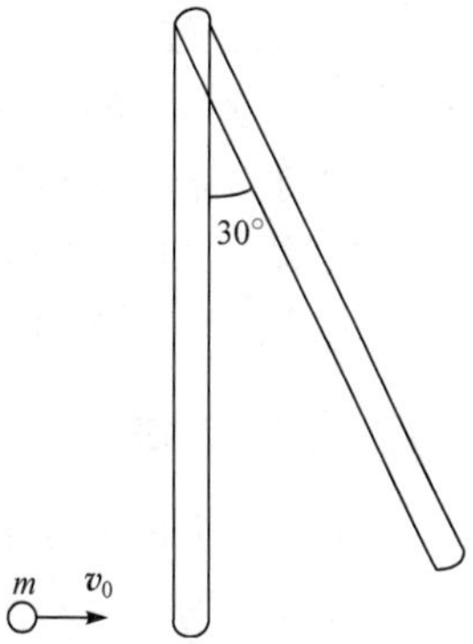

图 3.27

第 4 章　真空中的静电场

在 20 世纪三四十年代人类已知的基本粒子主要有质子、中子、电子和光子这四种粒子，并且人们认为它们是组成物质世界不可分割的基本单元. 但其后二十年来，陆续发现了上百种基本粒子，这些粒子中有带电的，也有电中性的. 在带电粒子周围会产生一种场，这种场称为电场. 而电场是一种特殊的物质，与实物存在的形式不同. 本章只讨论真空中的静电场,第 5 章再讨论介质中的静电场. 静电场是指相对于观察者静止的电荷产生的电场.

4.1　电荷　库仑定律

4.1.1　电荷

人类对电的认识最初来源于摩擦起电，不同质料的两个物体相互摩擦过后都能吸引轻小的物体，这时我们就说它带了电或有了电荷，带了电的物体称为带电体. 大量实验表明：电荷的种类有正电荷和负电荷，它们之间的相互作用是同性相斥、异性相吸. 一般地说，使物体带电就是使它获得多余的电子或从它取出一些电子.

实验还表明，当有一种电荷产生时，必然有等量的异号电荷同时产生；当有一种电荷消失时，必然有等量的异号电荷同时消失. 因此，对于一个与外界之间没有电荷交换的系统内，不论发生什么样的过程，系统内一切正、负电荷的代数和总是保持不变的，这称为电荷守恒定律. 它是物理学的基本定律之一.

目前为止，在自然界中所观察到的所有带电体所带电荷均为某个基本电荷 e 的整数倍，这个基本电荷就是电子所带的电荷，这也是自然界中的一条基本规律，表明电荷是量子化的. 直到现在还没有足够的实验来否定这个规律.

4.1.2　库仑定律

对于一个带电体来说，如果其本身的线度比它到其他带电体间的距离小得多时，带电体的大小和形状可忽略不计，这个带电体称为点电荷. 点电荷如同质点一样，也是一种理想模型.

1785 年，法国科学家库仑通过扭秤实验确定，在真空中两个点电荷之间的相互作用力的大小与它们的电量乘积成正比，与它们之间的距离的平方成反比，方向在它们的连线上，同性相斥，异性相吸，这就是库仑定律. 它构成全部静电学的基础.

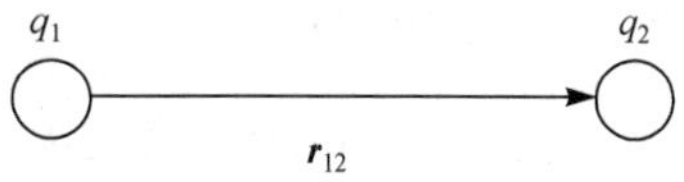

图 4.1

如图 4.1 所示，设点电荷 q_2 受 q_1 的作用力为 F_{12}，则库仑定律的数学表达式可表示为

$$F_{12}=k\frac{q_1q_2}{r_{12}^2}=\begin{cases}>0, & \text{排斥力(同号)}\\ <0, & \text{吸引力(异号)}\end{cases}$$

当采用国际单位制时，其中的比例常数 $k=9\times10^9\ \text{N}\cdot\text{m}^2/\text{C}^2$.

写成矢量形式，则有

$$\boldsymbol{F}_{12}=k\frac{q_1q_2}{r_{12}^2}\left(\frac{\boldsymbol{r}_{12}}{r_{12}}\right)=k\frac{q_1q_2}{r_{12}^3}\boldsymbol{r}_{12}$$

令 $k=\dfrac{1}{4\pi\varepsilon_0}$，$\varepsilon_0=8.85\times10^{-12}\text{C}^2/(\text{N}\cdot\text{m}^2)$，$\varepsilon_0$ 称为真空电容率，可得

$$\boldsymbol{F}_{12}=\frac{1}{4\pi\varepsilon_0}\frac{q_1q_2}{r_{12}^3}\boldsymbol{r}_{12} \tag{4-1}$$

讨论　(1) $\boldsymbol{F}_{12}$ 是 q_1 对 q_2 的作用力，$\boldsymbol{r}_{12}$ 是由 q_1 指到 q_2 的矢量.

(2) q_2 对 q_1 的作用力为

$$\boldsymbol{F}_{21}=\frac{1}{4\pi\varepsilon_0}\frac{q_1q_2}{r_{21}^3}\boldsymbol{r}_{21}=\frac{q_1q_2}{4\pi\varepsilon_0r_{12}^3}(-\boldsymbol{r}_{12})=-\boldsymbol{F}_{12}$$

(3) 库仑定律的数学表达式与万有引力定律的数学表达式形式相似. 但前者既包含吸引力又包含排斥力，而后者只包含吸引力.

4.2　电场　电场强度

4.2.1　电场

在电学发展的初期，人们对电荷间相互作用有着不同的看法. 在很长的一段时间内，人们认为带电体之间是超距作用，即电荷之间超越空间直接作用，发生作用既不需要中间物质也不需要时间传递. 而到了 19 世纪三十年代，法拉第提出新的观点，认为在带电体周围存在着电场，其他带电体受到的作用是电场给予的，即电荷产生电场再通过电场施加作用于电荷. 近代物理学证明后者是正确的.

静电场的表现主要为：放到电场中的电荷要受到电场力；电荷在电场中移动时，电场力要做功.

4.2.2 电场强度

从静电场的力的表现出发，利用试验电荷引出电场强度概念来描述电场的性质. 试验电荷是指一个线度足够小且电量也小到不会影响周围电场分布的点电荷. 如图 4.2 所示，当把一个试验电荷 q_0 放入电场中的 A 点时，它所受到的电场力为 $\boldsymbol{F}$. 实验发现，将 q_0 的电量加倍，则 q_0 受到的电场力也增加为相同的倍数，即

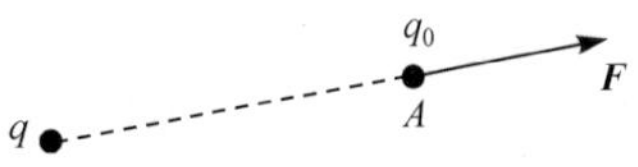

图 4.2

试验电荷：q_0，$2q_0$，$3q_0$，⋯，nq_0

受力：$\boldsymbol{F}$，$2\boldsymbol{F}$，$3\boldsymbol{F}$，⋯，$n\boldsymbol{F}$

$$\frac{\boldsymbol{F}}{q_0}=\frac{2\boldsymbol{F}}{2q_0}=\frac{3\boldsymbol{F}}{3q_0}=\cdots=\frac{n\boldsymbol{F}}{nq_0}$$

可见，这些比值都为 $\boldsymbol{F}/q_0$，该比值与试验电荷无关，仅与 A 点的电场性质有关，因此，可以用 $\boldsymbol{F}/q_0$ 来描述电场的性质，定义

$$\boldsymbol{E}=\frac{\boldsymbol{F}}{q_0} \tag{4-2}$$

为电荷 q 的电场在 A 点处产生的电场强度，简称场强. 电场强度的物理意义为单位正电荷所受到的作用力，单位为 N/C.

4.2.3 场强叠加原理

如图 4.3 所示，当把试验电荷 q_0 放在点电荷系 $q_1,q_2,q_3,\cdots,q_n$ 所产生电场中的 A 点时，实验表明 q_0 在 A 点处受的电场力 $\boldsymbol{F}$ 是各个点电荷独立存在时对 q_0 作用力 $\boldsymbol{F}_1,\boldsymbol{F}_2,\boldsymbol{F}_3,\cdots,\boldsymbol{F}_n$ 的矢量和，即

$$\boldsymbol{F}=\boldsymbol{F}_1+\boldsymbol{F}_2+\boldsymbol{F}_3+\cdots+\boldsymbol{F}_n$$

按场强定义

$$\boldsymbol{E}=\frac{\boldsymbol{F}}{q_0}=\frac{\boldsymbol{F}_1}{q_0}+\frac{\boldsymbol{F}_2}{q_0}+\frac{\boldsymbol{F}_3}{q_0}+\cdots+\frac{\boldsymbol{F}_n}{q_0}$$
$$=\boldsymbol{E}_1+\boldsymbol{E}_2+\boldsymbol{E}_3+\cdots+\boldsymbol{E}_n$$

$$\Rightarrow \qquad \boldsymbol{E}=\sum_{i=1}^{n}\boldsymbol{E}_i \tag{4-3}$$

上式表明，点电荷系所产生的电场在任一点处的总场强等于各个点电荷单独存在时在该点产生的场强矢量和，这称为场强叠加原理.

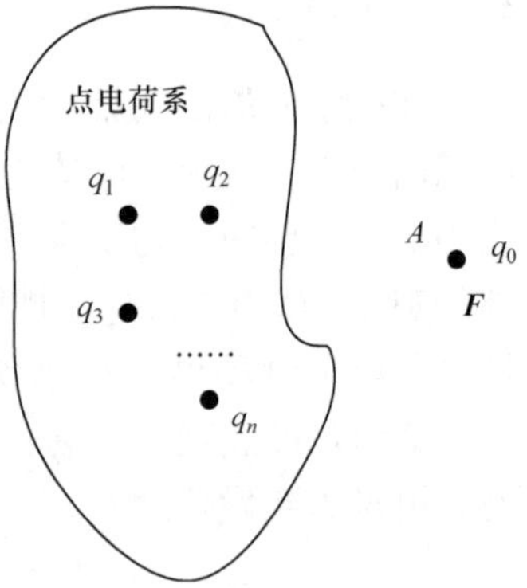

图 4.3

4.2.4　不同带电体场强的计算

1. 点电荷的电场强度

如图 4.4 所示，q 在 A 点处产生的场强为：假设 A 点处有试验电荷 q_0，q_0 受力为 $\boldsymbol{F}$，则有

$$\boldsymbol{E}=\frac{\boldsymbol{F}}{q_0}=\frac{1}{q_0}\cdot\frac{qq_0}{4\pi\varepsilon_0 r^3}\boldsymbol{r}$$

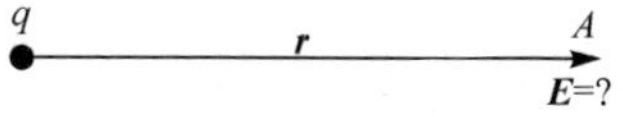

图 4.4

即

$$\boldsymbol{E}=\frac{q}{4\pi\varepsilon_0 r^3}\boldsymbol{r} \tag{4-4}$$

$\boldsymbol{r}$ 由 q 指向 A，当 $q>0$ 时，$\boldsymbol{E}$ 与 $\boldsymbol{r}$ 同向(由 $q\to A$)；当 $q<0$ 时，$\boldsymbol{E}$ 与 $\boldsymbol{r}$ 反向(由 $A\to q$).点电荷的电场分布是球对称的.

2. 点电荷系的电场强度

如图 4.5 所示，根据场强叠加原理，点电荷系在真空中的 A 点产生的电场强度为

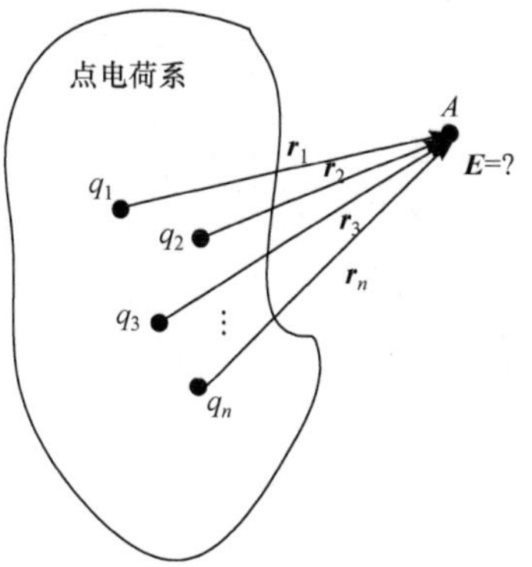

图 4.5

$$\begin{aligned}\boldsymbol{E}&=\boldsymbol{E}_1+\boldsymbol{E}_2+\boldsymbol{E}_3+\cdots+\boldsymbol{E}_n\\&=\frac{q_1}{4\pi\varepsilon_0 r_1^3}\boldsymbol{r}_1+\frac{q_2}{4\pi\varepsilon_0 r_2^3}\boldsymbol{r}_2+\frac{q_3}{4\pi\varepsilon_0 r_3^3}\boldsymbol{r}_3+\cdots+\frac{q_n}{4\pi\varepsilon_0 r_n^3}\boldsymbol{r}_n\\&=\sum_{i=1}^{n}\frac{q_i}{4\pi\varepsilon_0 r_i^3}\boldsymbol{r}_i\end{aligned}$$

即

$$\boldsymbol{E}=\sum_{i=1}^{n}\boldsymbol{E}_i \tag{4-5}$$

3. 连续带电体的电场强度

对于连续带电体，我们可以把它分成无限多个电荷元，每个电荷元都可看成点电荷，如图 4.6 所示，那么电荷元 $\mathrm{d}q$ 产生的场强为 $\mathrm{d}\boldsymbol{E}=\frac{\mathrm{d}q}{4\pi\varepsilon_0 r^3}\boldsymbol{r}$，总场强

$$\boldsymbol{E}=\int\mathrm{d}\boldsymbol{E}=\int_q\frac{\mathrm{d}q}{4\pi\varepsilon_0 r^3}\boldsymbol{r}$$

4. 电偶极子

由等量的异号点电荷相距为 l 所构成的带电系统称为电偶极子，如图 4.7 所示.由 $-q\to+q$ 的矢量 $\boldsymbol{l}$ 叫做电偶极子的极轴，$\boldsymbol{p}=q\boldsymbol{l}$ 叫做电偶极子的电偶极矩.

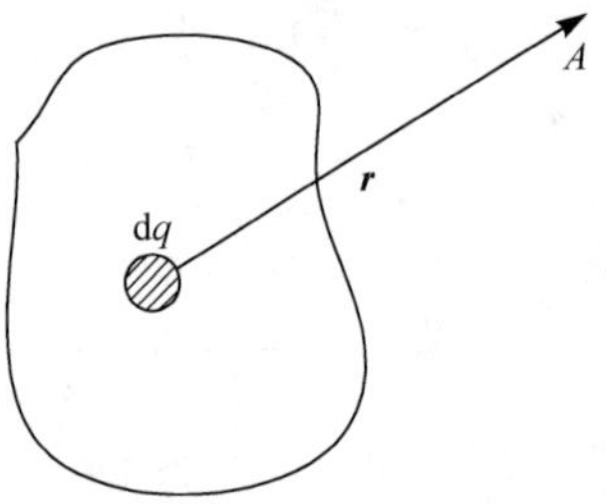

图 4.6

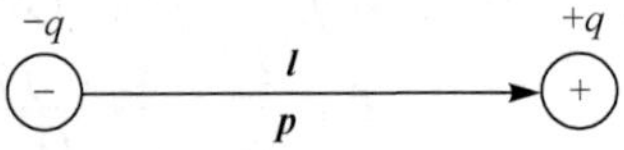

图 4.7

通常在一个正常分子中有相等的正、负电荷，当正、负电荷的中心不重合时，这个分子就构成了一个电偶极子.

例 4.2.1　已知电偶极子的电偶极矩为 $\boldsymbol{p}$，求：(1)电偶极子在它轴线的延长线上一点 A 的 $\boldsymbol{E}_A$；(2)电偶极子在它轴线的中垂线上一点 B 的 $\boldsymbol{E}_B$.

解　(1)如图 4.8 所示取坐标，则

$$\boldsymbol{E}_A = \boldsymbol{E}_+ + \boldsymbol{E}_-$$

$$\begin{cases} E_+ = \dfrac{q}{4\pi\varepsilon_0\left(r - \dfrac{l}{2}\right)^2} \\[2ex] E_- = \dfrac{q}{4\pi\varepsilon_0\left(r + \dfrac{l}{2}\right)^2} \end{cases}$$

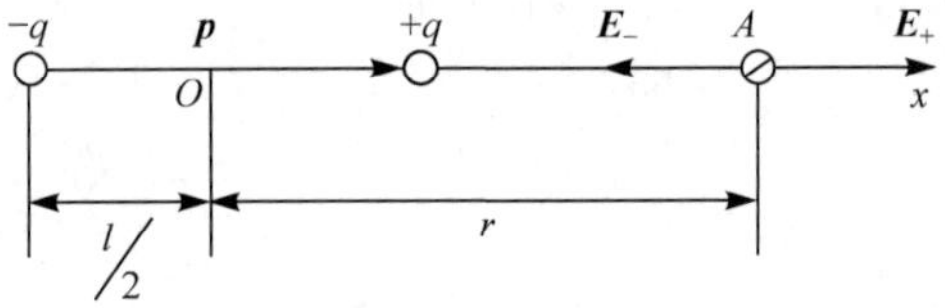

图 4.8

$$E_A = E_+ - E_- = \frac{q}{4\pi\varepsilon_0}\left[\frac{1}{\left(r-\dfrac{l}{2}\right)^2} - \frac{1}{\left(r+\dfrac{l}{2}\right)^2}\right] = \frac{q}{4\pi\varepsilon_0}\cdot\frac{\left(r+\dfrac{l}{2}\right)^2 - \left(r-\dfrac{l}{2}\right)^2}{\left(r-\dfrac{l}{2}\right)^2\left(r+\dfrac{l}{2}\right)^2}$$

$$= \frac{q}{4\pi\varepsilon_0}\cdot\frac{2lr}{r^4\left(1-\dfrac{l}{2r}\right)^2\left(1+\dfrac{l}{2r}\right)^2}$$

$$\xlongequal{r \gg l} \frac{2ql}{4\pi\varepsilon_0 r^3} = \frac{2p}{4\pi\varepsilon_0 r^3}$$

$$\Rightarrow \boldsymbol{E}_A=\frac{2\boldsymbol{p}}{4\pi\varepsilon_0 r^3}\quad(\boldsymbol{E}_A\text{与}\,\boldsymbol{p}\,\text{同向})$$

(2) 如图 4.9 所取坐标，则

$$\boldsymbol{E}_B=\boldsymbol{E}_+ + \boldsymbol{E}_-$$

$$E_+=E_-=\frac{q}{4\pi\varepsilon_0\left(r^2+\dfrac{l^2}{2^2}\right)}$$

$$E_{Bx}=-\left(E_+\cos\alpha+E_-\cos\alpha\right)=-2E_+\cos\alpha$$

$$=-2\cdot\frac{q}{4\pi\varepsilon_0\left(r^2+\dfrac{l^2}{4}\right)^2}\cdot\frac{\dfrac{l}{2}}{\sqrt{r^2+\dfrac{l^2}{4}}}=\frac{-ql}{4\pi\varepsilon_0\left(r^2+\dfrac{l^2}{4}\right)^{\frac{3}{2}}}$$

$$\xlongequal{r\gg l}\frac{-ql}{4\pi\varepsilon_0 r^3}=\frac{-p}{4\pi\varepsilon_0 r^3}$$

$$E_{By}=0$$

$$\Rightarrow \boldsymbol{E}_B=\boldsymbol{E}_{Bx}=-\frac{\boldsymbol{p}}{4\pi\varepsilon_0 r^3}$$

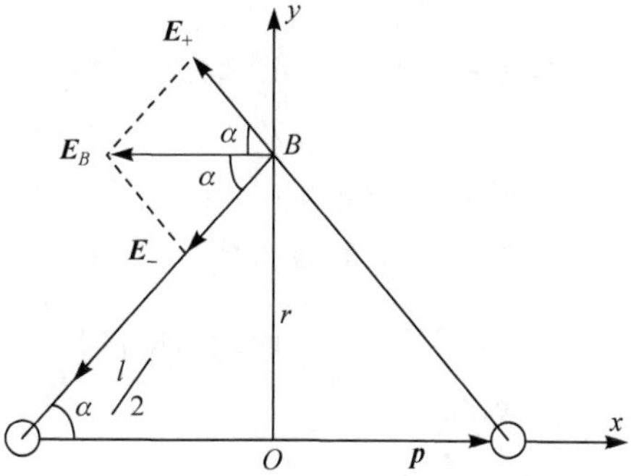

图 4.9

例 4.2.2　设电荷 q 均匀分布在半径为 R 的圆环上，计算在环的轴线上与环心相距 x 的 P 点的场强的大小.

解　如图 4.10 所取坐标，x 轴在圆环轴线上，把圆环分成一系列点电荷，$\mathrm{d}l$ 部分在 P 点产生的电场为

$$\mathrm{d}E=\frac{\lambda\mathrm{d}l}{4\pi\varepsilon_0 r^2}=\frac{\lambda\mathrm{d}l}{4\pi\varepsilon_0\left(x^2+R^2\right)}$$

其中 $\lambda=\dfrac{q}{2\pi R}$.

$$dE_{//} = dE\cos\theta = \frac{\lambda x dl}{4\pi\varepsilon_0\left(x^2+R^2\right)^{\frac{3}{2}}}$$

$$E_{//} = \int_0^{2\pi R}\frac{\lambda x dl}{4\pi\varepsilon_0\left(x^2+R^2\right)^{\frac{3}{2}}} = \frac{\left(\lambda\cdot 2\pi R\right)x}{4\pi\varepsilon_0\left(x^2+R^2\right)^{\frac{3}{2}}} = \frac{qx}{4\pi\varepsilon_0\left(x^2+R^2\right)^{\frac{3}{2}}}$$

根据对称性可知，$E_{\perp}=0$．故

$$E = E_{//} = \frac{qx}{4\pi\varepsilon_0\left(x^2+R^2\right)^{\frac{3}{2}}}$$

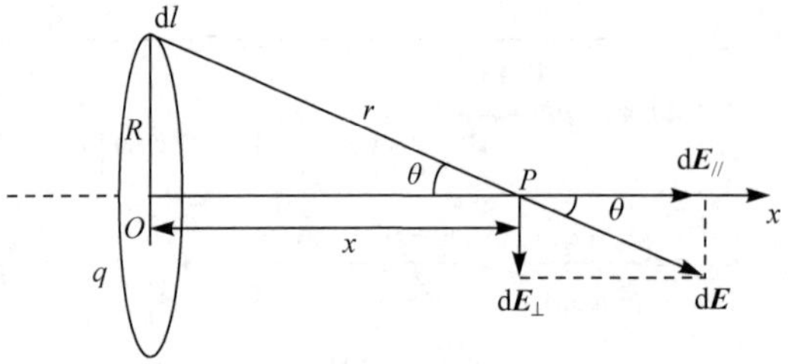

图 4.10

讨论　$\boldsymbol{E}$ 与圆环平面垂直，环中心处 $\boldsymbol{E}=0$，当 $x \gg R$，$E=\dfrac{q}{4\pi\varepsilon_0 x^2}$.

例 4.2.3　半径为 R 的均匀带电圆盘，电荷面密度为 σ，计算轴线上与盘心相距 x 的 P 点的场强.

解　如图 4.11 所示，x 轴在圆盘轴线上，把圆盘分成一系列的同心圆环，半径为 r、宽度为 dr 的圆环在 P 点产生的场强为

$$dE_{//} = \frac{x dq}{4\pi\varepsilon_0\left(x^2+r^2\right)^{\frac{3}{2}}} \text{(均匀带电圆环结果)}$$

$$= \frac{x\cdot\sigma 2\pi r dr}{4\pi\varepsilon_0\left(x^2+r^2\right)^{\frac{3}{2}}} = \frac{\sigma}{2\varepsilon_0}\cdot\frac{x r dr}{\left(x^2+r^2\right)^{\frac{3}{2}}}$$

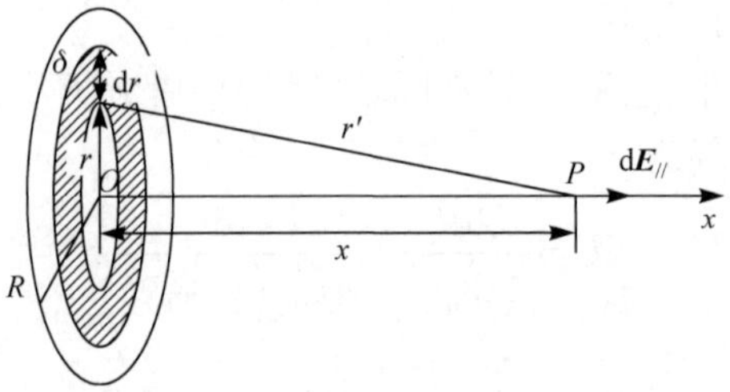

图 4.11

因为各环在 P 点产生场强方向均相同，故整个圆盘在 P 点产生场强为

$$E_{//}=\int \mathrm{d}E_{//}=\int_0^R \frac{\sigma}{2\varepsilon_0}\cdot\frac{xr\mathrm{d}r}{\left(x^2+r^2\right)^{\frac{3}{2}}}$$

$$=\frac{\sigma x}{2\varepsilon_0}\int_0^R \frac{r\mathrm{d}r}{\left(x^2+r^2\right)^{\frac{3}{2}}}$$

$$=\frac{\sigma x}{2\varepsilon_0}\cdot\frac{1}{2}\int_0^R \frac{\mathrm{d}(x^2+r^2)}{\left(x^2+r^2\right)^{\frac{3}{2}}}$$

$$=\frac{\sigma x}{2\varepsilon_0}\cdot\frac{1}{2}\cdot\frac{1}{-\frac{1}{2}}\cdot\frac{1}{(x^2+r^2)^{\frac{1}{2}}}\Bigg|_0^R$$

$$=\frac{\sigma x}{2\varepsilon_0}\left(\frac{1}{x}-\frac{1}{\sqrt{x^2+R^2}}\right)$$

$$=\frac{\sigma}{2\varepsilon_0}\left(1-\frac{x}{\sqrt{x^2+R^2}}\right)$$

即 $\boldsymbol{E}$ 与盘面垂直($\boldsymbol{E}$ 关于盘面对称).

讨论　$R\to\infty$ 时，带电圆盘变成无限大带电薄平板，$E_{//}=\dfrac{\sigma}{2\varepsilon_0}$，方向与带电平板垂直.

例 4.2.4　有一均匀带电直线，长为 l，电量为 q，求距它为 r 处 P 点场强.

解　如图 4.12 所示取坐标，把带电体分成一系列点电荷，$\mathrm{d}y$ 段在 P 处产生场强为

$$\mathrm{d}E=\frac{\mathrm{d}q}{4\pi\varepsilon_0 r'^2}=\frac{\lambda\mathrm{d}y}{4\pi\varepsilon_0(y^2+r^2)} \qquad ①$$

其中 $\lambda=\dfrac{q}{l}$，由图 4.12 知

$$\begin{cases} y=r\tan\beta=r\tan\left(\theta-\dfrac{\pi}{2}\right)=-r\tan\left(\dfrac{\pi}{2}-\theta\right)=-r\cot\theta \\ \mathrm{d}y=r\csc^2\theta\mathrm{d}\theta \end{cases}$$

将上式代入①式中有

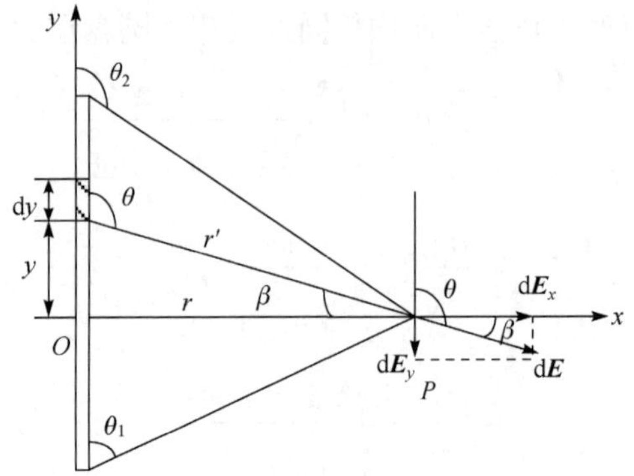

图 4.12

$$
\begin{aligned}
\mathrm{d}E_x &= \mathrm{d}E\cos\beta = \mathrm{d}E\cos\left(\theta - \frac{\pi}{2}\right) \\
&= \mathrm{d}E\cos\left(\frac{\pi}{2} - \theta\right) = \mathrm{d}E\sin\theta = \frac{\lambda\mathrm{d}y}{4\pi\varepsilon_0 r'^2}\sin\theta
\end{aligned}
$$

故

$$\mathrm{d}y = r\csc^2\theta\mathrm{d}\theta\,,\quad r' = \frac{r}{\cos\beta} = \frac{r}{\sin\theta}$$

$$\mathrm{d}E_x = \frac{\lambda r\csc^2\theta\mathrm{d}\theta}{4\pi\varepsilon_0 r^2/\sin^2\theta}\sin\theta$$

$$E_x = \int\mathrm{d}E_x = \int_{\theta_1}^{\theta_2}\frac{\lambda\sin\theta\mathrm{d}\theta}{4\pi\varepsilon_0 r} = \frac{\lambda}{4\pi\varepsilon_0 r}(\cos\theta_1 - \cos\theta_2)$$

$$\mathrm{d}E_y = -\mathrm{d}E\sin\beta = \mathrm{d}E\cos\theta$$

$$E_y = \int\mathrm{d}E_y = \int_{\theta_1}^{\theta_2}\frac{\lambda\cos\theta}{4\pi\varepsilon_0 r}\mathrm{d}\theta = \frac{\lambda}{4\pi\varepsilon_0 r}(\sin\theta_2 - \sin\theta_1)$$

讨论　无限长均匀带电直线 $\theta_1 = 0$，$\theta_2 = \pi \Rightarrow E_x = \dfrac{\lambda}{2\pi\varepsilon_0 r}$，$E_y = 0$，即无限长均匀带电直线，电场垂直直线，$\lambda > 0$，$\boldsymbol{E}$ 背向直线；$\lambda < 0$，$\boldsymbol{E}$ 指向直线.

4.3　电场线　电场强度通量

4.3.1　电场线

为了形象地描述电场强度的分布，我们可以引入电场线的概念. 规定：电场强度 $\boldsymbol{E}$ 的方向为该点电场线的切线方向；电场强度 $\boldsymbol{E}$ 的大小为该点电场线的密度，即垂直通过单位面积的电场线条数.

某点场强大小等于过该点并垂直于 $\boldsymbol{E}$ 的面元上的电场线密度，即

$$E=\frac{\mathrm{d}N}{\mathrm{d}S}$$

电场线是为了描述电场所引进的辅助概念，它并不真实存在. 静电场中电场线的性质为：电场线不闭合，不中断，起自正电荷，止于负电荷；任意两条电场线不能相交，这是某一点只有一个场强方向的要求.

4.3.2　电场强度通量

通过电场中某一面的电场线的条数叫做通过该面的电场强度通量，用 Φ_{e} 表示. 下面分几种情况讨论.

1. 匀强电场情况

(1) 平面 S 与 $\boldsymbol{E}$ 垂直. 如图 4.13 所示，由 $\boldsymbol{E}$ 的大小描述可知

$$\Phi_{\mathrm{e}}=ES$$

(2) 平面 S 与 $\boldsymbol{E}$ 夹角为 θ，如图 4.14 所示，由 $\boldsymbol{E}$ 的大小描述知

$$\Phi_{\mathrm{e}}=ES_{\perp}=ES\cos\theta=\boldsymbol{E}\cdot\boldsymbol{S}$$

式中 $\boldsymbol{S}=S\boldsymbol{n}$，$\boldsymbol{n}$ 为 $\boldsymbol{S}$ 的法向单位矢量.

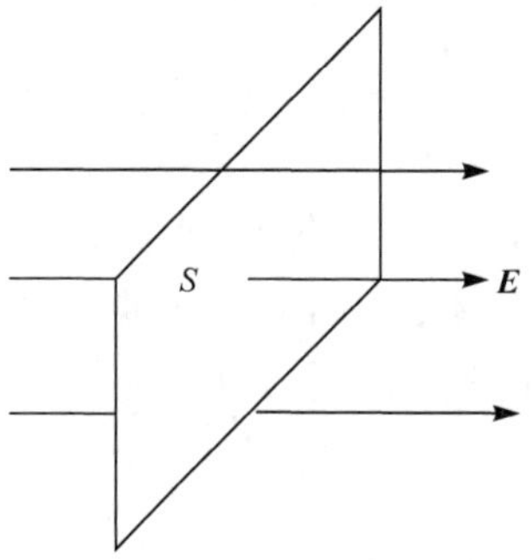

图 4.13

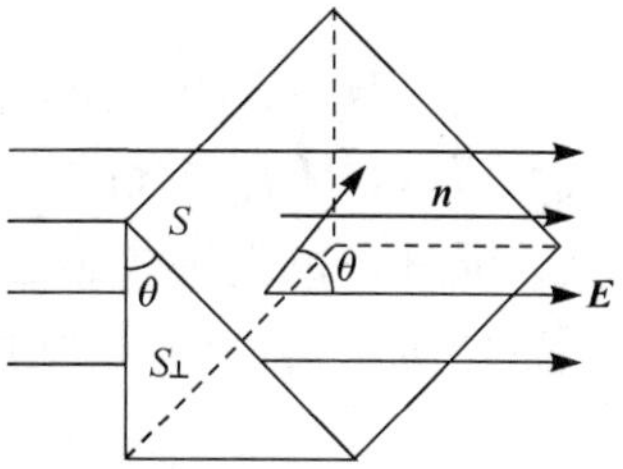

图 4.14

2. 任意电场中通过任意曲面 S 情况

如图 4.15 所示，在 S 上取面元 $\mathrm{d}S$，$\mathrm{d}S$ 可看成平面，$\mathrm{d}S$ 上 $\boldsymbol{E}$ 可视为均匀的，设 $\boldsymbol{n}$ 为 $\mathrm{d}\boldsymbol{S}$ 的法向单位矢量，$\mathrm{d}\boldsymbol{S}$ 与该处 $\boldsymbol{E}$ 夹角为 θ，则通过 $\mathrm{d}S$ 的电场强度通量为

$$\mathrm{d}\Phi_{\mathrm{e}}=\boldsymbol{E}\cdot\mathrm{d}\boldsymbol{S}$$

通过曲面 S 的电场强度通量为

$$\Phi_{\mathrm{e}}=\int\mathrm{d}\Phi_{\mathrm{e}}=\int_{S}\boldsymbol{E}\cdot\mathrm{d}\boldsymbol{S}$$

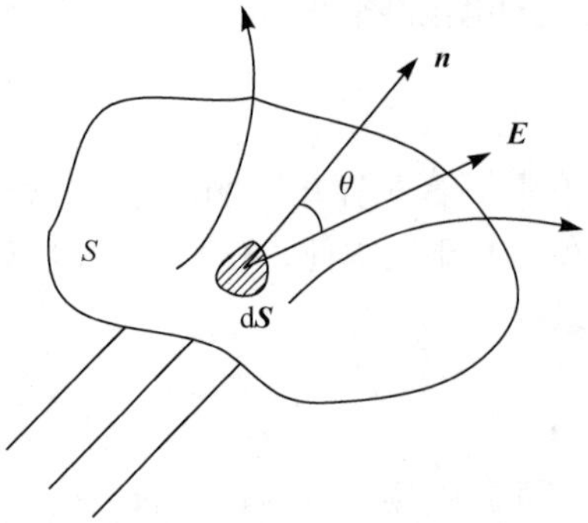

图 4.15

即

$$\Phi_e = \int_S \boldsymbol{E} \cdot \mathrm{d}\boldsymbol{S} \tag{4-6}$$

在任意电场中通过封闭曲面的电场强度通量

$$\Phi_e = \oint_S \boldsymbol{E} \cdot \mathrm{d}\boldsymbol{S} \tag{4-7}$$

一般来说，通过闭合曲面的电场线，有些“穿进”曲面，有些“穿出”曲面，即电场强度通量有正有负. 但以后不做特殊说明的情况下，通常取面元外法向为正. 即当某面元处电场线是“穿进”曲面时，电场强度通量为负；当某面元处电场线是“穿出”曲面时，电场强度通量为正.

4.4 高 斯 定 理

高斯定理是关于通过电场中任一闭合曲面的电场强度通量的定理，现在从一简单例子讲起. 首先，如图 4.16 所示，q 为正点电荷，S 是以 q 为中心、任意 r 为半径的球面，S 上任一点 p 处的 $\boldsymbol{E}$ 为

$$\boldsymbol{E} = \frac{q}{4\pi\varepsilon_0 r^3}\boldsymbol{r}$$

其次，当任意一个闭合曲面内部只包含一个电量为 q 的点电荷时，如图 4.17 所示，我们可以在闭合曲面的内部以 q 为圆心作一闭合球面 S_1，根据电场强度通量的定义，通过 S_1 的电场线必通过 S. 因此，通过闭合曲面 S 的电场强度通量即为通过闭合球面 S_1 的电场强度通量：

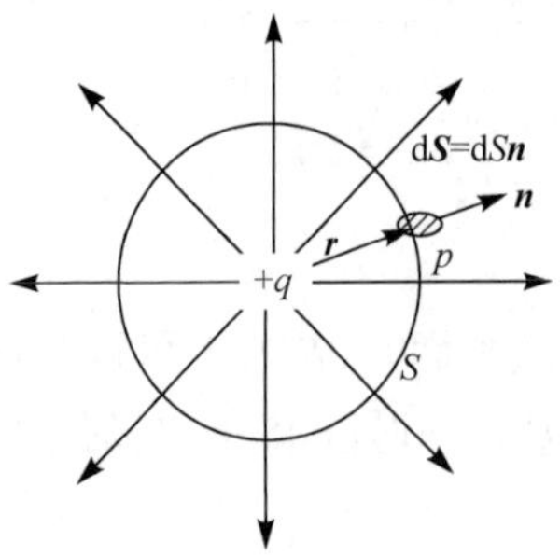

图 4.16

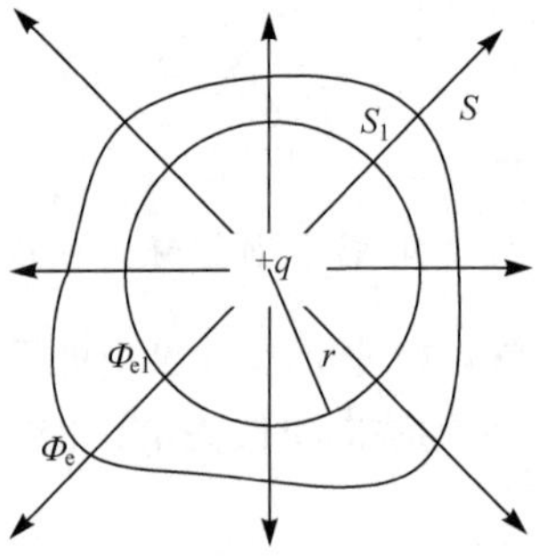

图 4.17

$$\Phi_e = \oint_S \boldsymbol{E} \cdot \mathrm{d}\boldsymbol{S} = \oint_S \frac{q\boldsymbol{r}}{4\pi\varepsilon_0 r^3} \cdot \mathrm{d}S\boldsymbol{n} = \oint_S \frac{q}{4\pi\varepsilon_0 r^3} r\mathrm{d}S$$

$$= \oint_S \frac{q}{4\pi\varepsilon_0 r^2} \mathrm{d}S = \frac{q}{4\pi\varepsilon_0 r^2} \oint_S \mathrm{d}S = \frac{q}{\varepsilon_0}$$

即 Φ_e 与 r 无关，仅与 q 有关.

再次，当点电荷 q 在一个任意闭合曲面 S 外时，如图 4.18 所示. 此时，进入 S 面内的电场线必穿出 S 面，即穿入与穿出 S 面的电场线数量相等，则

$$\Phi_e = \oint_S \boldsymbol{E} \cdot \mathrm{d}\boldsymbol{S} = 0$$

所以 S 外电荷对 Φ_e 无贡献，即

$$\begin{cases} \Phi_e = \dfrac{q}{\varepsilon_0}, & q\text{在内}S \\ \Phi_e = 0, & q\text{在外}S \end{cases}$$

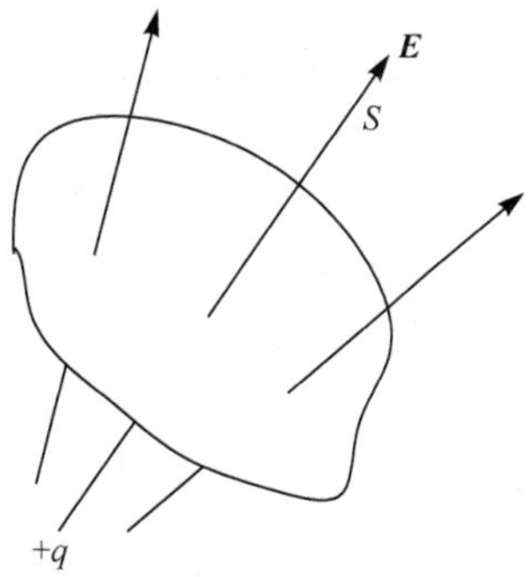

图 4.18

最后，讨论点电荷系的情况，已知在点电荷系 $q_1, q_2, q_3, \cdots, q_n$ 所产生的电场中，任一点场强为

$$\boldsymbol{E} = \boldsymbol{E}_1 + \boldsymbol{E}_2 + \boldsymbol{E}_3 + \cdots + \boldsymbol{E}_n$$

通过某一闭合曲面的电场强度通量为

$$\Phi_e = \oint_S \boldsymbol{E} \cdot \mathrm{d}\boldsymbol{S} = \oint_S (\boldsymbol{E}_1 + \boldsymbol{E}_2 + \boldsymbol{E}_3 + \cdots + \boldsymbol{E}_n) \cdot \mathrm{d}\boldsymbol{S}$$

$$= \oint_S \boldsymbol{E}_1 \cdot \mathrm{d}\boldsymbol{S} + \oint_S \boldsymbol{E}_2 \cdot \mathrm{d}\boldsymbol{S} + \oint_S \boldsymbol{E}_3 \cdot \mathrm{d}\boldsymbol{S} + \cdots + \oint_S \boldsymbol{E}_n \cdot \mathrm{d}\boldsymbol{S} = \frac{1}{\varepsilon_0} \sum_S q$$

即

$$\Phi_e = \oint_S \boldsymbol{E} \cdot \mathrm{d}\boldsymbol{S} = \frac{1}{\varepsilon_0} \sum_S q \tag{4-8}$$

上式表示：在真空中通过任意闭合曲面的电场强度通量等于该曲面所包围的一切电荷的代数和除以 ε_0，这就是真空中的高斯定理. 式(4-8)为高斯定理数学表达式，高斯定理中的闭合曲面称为高斯面，可以任意选取.

高斯定理是在库仑定律基础上得到的，但是前者适用范围比后者更广泛. 后者只适用于真空中的静电场，而前者适用于静电场和随时间变化的场，高斯定理是电磁理论的基本方程之一. 高斯定理表明，通过闭合曲面的电场强度通量只与闭合曲面内的自由电荷代数和有关，而与闭合曲面外的电荷无关.

高斯定理说明 $\Phi_e = \oint_S \boldsymbol{E} \cdot \mathrm{d}\boldsymbol{S} = \dfrac{1}{\varepsilon_0} \sum_S q$ 与 S 内电荷有关而与 S 外电荷无关，这并不是说 $\boldsymbol{E}$ 只与 S 内电荷有关而与 S 外电荷无关. 实际上，$\boldsymbol{E}$ 是由 S 内、外所有电荷共同产生的结果.

下面介绍应用高斯定理计算几种简单而又具有对称性的场强计算方法. 可以看到，应用高斯定理求场强比前面介绍的方法更为简单.

例 4.4.1　有一均匀带电球面，半径为 R，电荷为 $+q$，求球面内、外任一点场强.

解　由题意知，电荷分布是球对称的，产生的电场也是球对称的，场强方向沿半径向外，以 O 为球心任意球面上的各点 $\boldsymbol{E}$ 值相等.

(1) 球面内任一点 P_1 的场强.

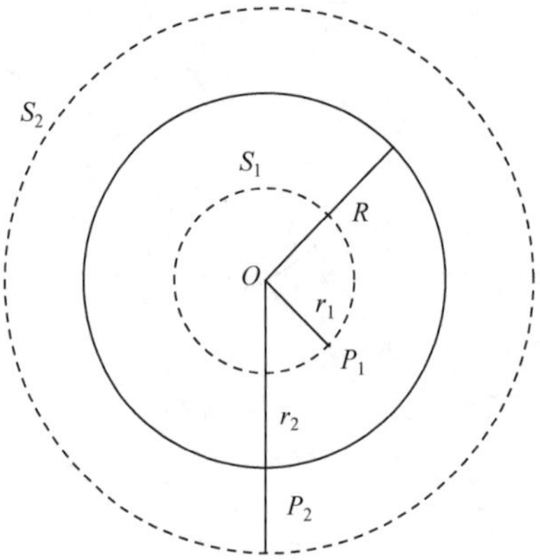

图 4.19

如图 4.19 所示，以 O 为圆心，通过 P_1 点做半径为 r_1 的球面 S_1 为高斯面，由高斯定理有

$$\oint_{S_1} \boldsymbol{E}\cdot \mathrm{d}\boldsymbol{S} = \frac{1}{\varepsilon_0}\sum_{S_1} q$$

由于 $\boldsymbol{E}$ 与 $\mathrm{d}\boldsymbol{S}$ 同向，且 S_1 上 $\boldsymbol{E}$ 值不变，故

$$\oint_{S_1} \boldsymbol{E}\cdot \mathrm{d}\boldsymbol{S} = \oint_{S_1} E\cdot \mathrm{d}S = E\oint_{S_1} \mathrm{d}S = E\cdot 4\pi r_1^2$$

$$\frac{1}{\varepsilon_0}\sum_{S_1} q = 0$$

因此

$$E\cdot 4\pi r_1^2 = 0 \quad \Rightarrow \quad E = 0$$

即均匀带电球面内任一点 P_1 场强为零.

注意　不是每个面元上电荷在球面内产生的场强为零，而是所有面元上电荷在球面内产生场强的矢量和为零. 非均匀带电球面在球面内任一点产生的场强不可能都为零. (在个别点有可能为零)

(2) 球面外任一点 P_2 的场强.

如图 4.19 所示，以 O 为圆心，通过 P_2 点以半径 r_2 做一球面 S_2 作为高斯面，由高斯定理有

$$E\cdot 4\pi r_2^2 = \frac{1}{\varepsilon_0} q$$

$$\Rightarrow E = \frac{q}{4\pi\varepsilon_0 r^2}$$

方向　沿 $\overrightarrow{OP}$ 方向(若 $q<0$，则沿 $\overrightarrow{PO}$ 方向)

结论　均匀带电球面外任一点的场强，如同电荷全部集中在球心处的点电荷在该点产生的场强一样.

$$E=\begin{cases}0, & r<R \\ \dfrac{q}{4\pi\varepsilon_0 r^2}, & r>R\end{cases}$$

E-r 曲线如图 4.20 所示.

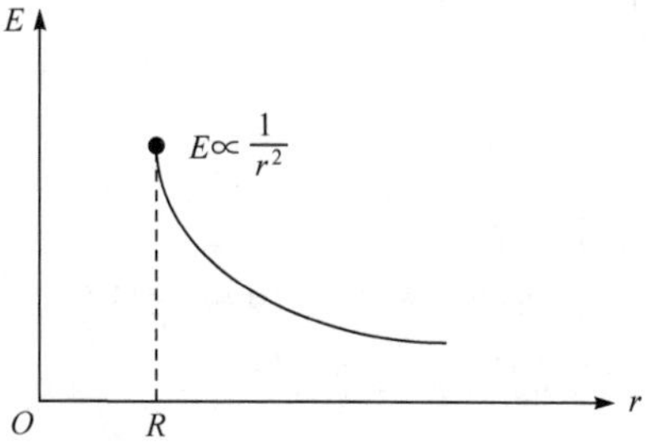

图 4.20

例 4.4.2　有一均匀带电的球体，半径为 R，电量为 $+q$，求球体内、外场强分布.

解　由题意知，由于电荷分布具有球对称性，故电场也具有球对称性，场强方向由球心向外辐射，故在以 O 为圆心的任意球面上各点的 $|\boldsymbol{E}|$ 相同.

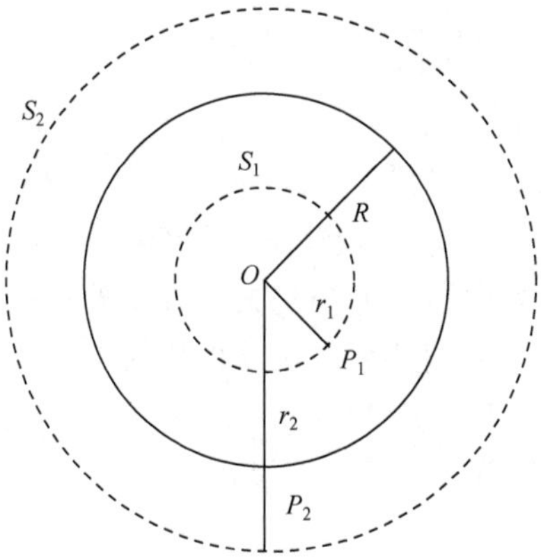

图 4.21

(1) 求球内任一点 P_1 的 $\boldsymbol{E}$.

如图 4.21 所示，以 O 为球心，过 P_1 点做半径为 r_1 的高斯球面 S_1，由高斯定理有

$$\oint_{S_1}\boldsymbol{E}\cdot\mathrm{d}\boldsymbol{S}=\frac{1}{\varepsilon_0}\sum_{S_1}q$$

由于 $\boldsymbol{E}$ 与 $\mathrm{d}\boldsymbol{S}$ 同向，且 S_1 上各点 $|\boldsymbol{E}|$ 值相等，故

$$\oint_{S_1}\boldsymbol{E}\cdot\mathrm{d}\boldsymbol{S}=\oint_{S_1}E\cdot\mathrm{d}S=E\oint_{S_1}\mathrm{d}S=E\cdot4\pi r_1^2$$

$$\frac{1}{\varepsilon_0}\sum_{S_1}q=\frac{q}{\varepsilon_0\dfrac{4}{3}\pi R^3}\cdot\frac{4}{3}\pi r_1^3=\frac{q}{\varepsilon_0 R^3}r_1^3$$

因此

$$\Rightarrow E\cdot4\pi r_1^2=\frac{q}{\varepsilon_0 R^3}r_1^3\quad\Rightarrow\quad E=\frac{q}{4\pi\varepsilon_0 R^3}r_1$$

$\boldsymbol{E}$ 沿 $\overrightarrow{OP}$ 方向. (若 $q<0$，则 $\boldsymbol{E}$ 沿 $\overrightarrow{PO}$ 方向)

注意　不要认为 S_1 外任一电荷元在 P_1 点处产生的场强为 0，而是 S_1 外所有电荷元在 P_1 点产生的场强的叠加为 0.

(2) 求球外任一点 P_2 的 $\boldsymbol{E}$.

以 O 为球心，过 P_2 点做半径为 r_2 的球形高斯面 S_2，由高斯定理有

$$\oint_{S_2}\boldsymbol{E}\cdot\mathrm{d}\boldsymbol{S}=\frac{1}{\varepsilon_0}\sum_{S_2}q$$

由此有

$$E\cdot4\pi r_2^2=\frac{1}{\varepsilon_0}q$$

因此

$$E = \frac{q}{4\pi\varepsilon_0 r_2^2}$$

$\boldsymbol{E}$ 沿 $\overrightarrow{OP}$ 方向.

结论　均匀带电球体外任一点的场强，如同电荷全部集中在球心处的点电荷产生的场强一样.

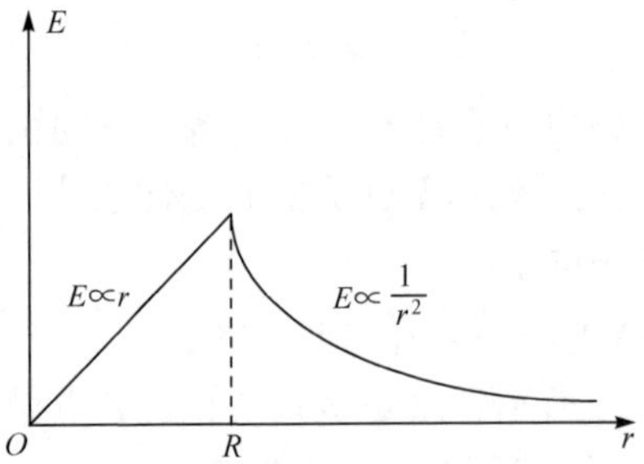

图 4.22

$$\begin{cases} \dfrac{q}{4\pi\varepsilon R^3} r, & r < R \\ \dfrac{q}{4\pi\varepsilon_0 r^2}, & r > R \end{cases}$$

$E - r$ 曲线如图 4.22 所示.

例 4.4.3　一无限长均匀带电直线，设电荷线密度为 $+\lambda$，求直线外任一点场强.

解　由题意知，电场是关于直线轴对称的，$\boldsymbol{E}$ 的方向垂直直线. 在以直线为轴的任一圆柱面上的各点场强大小相等. 如图 4.23 所示，以直线为轴线，过考察点 P 做半径为 r 、高为 h 的圆柱高斯面，上底为 S_1，下底为 S_2，侧面为 S_3.

由高斯定理知

$$\oint_S \boldsymbol{E} \cdot d\boldsymbol{S} = \frac{1}{\varepsilon_0} \sum_S q$$

在此，有

$$\oint_S \boldsymbol{E} \cdot d\boldsymbol{S} = \int_{S_1} \boldsymbol{E} \cdot d\boldsymbol{S} + \int_{S_2} \boldsymbol{E} \cdot d\boldsymbol{S} + \int_{S_3} \boldsymbol{E} \cdot d\boldsymbol{S}$$

因为在 S_1、S_2 上各面元 $d\boldsymbol{S} \perp \boldsymbol{E}$，所以上式前两项积分为零，在 S_3 上 $\boldsymbol{E}$ 与 $d\boldsymbol{S}$ 方向一致，且 E 为常数，故

$$\oint_S \boldsymbol{E} \cdot d\boldsymbol{S} = \int_{S_3} \boldsymbol{E} \cdot d\boldsymbol{S} = \int_{S_3} E dS = E \int_{S_3} dS = E \cdot 2\pi rh$$

$$\frac{1}{\varepsilon_0} \sum_S q = \frac{1}{\varepsilon_0} \lambda h$$

因此

$$E \cdot 2\pi rh = \frac{1}{\varepsilon_0} \lambda h \quad \Rightarrow \quad E = \frac{\lambda}{2\pi\varepsilon_0 r}$$

$\boldsymbol{E}$ 由带电直线指向考察点(若 $\lambda < 0$，则 $\boldsymbol{E}$ 由考察点指向带电直线).

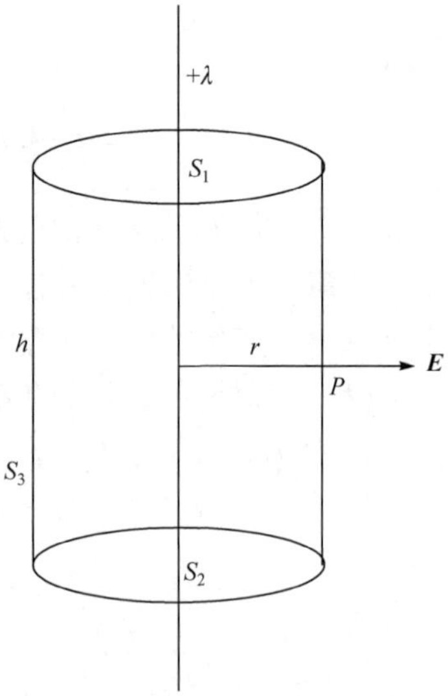

图 4.23

例 4.4.4　无限长均匀带电圆筒，半径为 R，电荷面密度为 $\sigma>0$，求圆筒内、外任一点场强.

解　由题意知，柱面产生的电场具有轴对称性，场强方向由柱面轴线向外辐射，并且任意以柱面轴线为轴的圆柱面上各点 $\boldsymbol{E}$ 值相等.

(1) 求带电圆筒内任一点 P_1 的 $\boldsymbol{E}$.

以 OO' 为轴，过 P_1 点做以 r_1 为半径高为 h 的圆柱高斯面，上底为 S_1，下底为 S_2，侧面为 S_3，如图 4.24 所示. 由高斯定理知

$$\oint_S \boldsymbol{E}\cdot \mathrm{d}\boldsymbol{S}=\frac{1}{\varepsilon_0}\sum_S q$$

在此，有

$$\oint_S \boldsymbol{E}\cdot \mathrm{d}\boldsymbol{S}=\int_{S_1}\boldsymbol{E}\cdot \mathrm{d}\boldsymbol{S}+\int_{S_2}\boldsymbol{E}\cdot \mathrm{d}\boldsymbol{S}+\int_{S_3}\boldsymbol{E}\cdot \mathrm{d}\boldsymbol{S}$$

因为在 S_1、S_2 上各面元 $\mathrm{d}\boldsymbol{S}\perp\boldsymbol{E}$，所以上式前两项积分为零，在 S_3 上 $\mathrm{d}\boldsymbol{S}$ 与 $\boldsymbol{E}$ 同向，且 E 为常数，故

$$\oint_S \boldsymbol{E}\cdot \mathrm{d}\boldsymbol{S}=\int_{S_3}E\,\mathrm{d}S=E\int_{S_3}\mathrm{d}S=E\cdot 2\pi r_1 h$$

$$\frac{1}{\varepsilon_0}\sum_S q=0$$

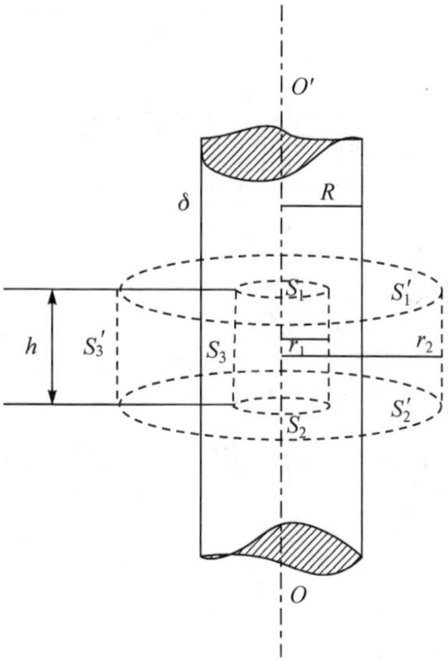

图 4.24

因此

$$E\cdot 2\pi r_1 h=0\Rightarrow E=0$$

结论　无限长均匀带电圆筒内任一点场强为零.

(2) 求带电圆筒外任一点 P_2 场强 $\boldsymbol{E}$.

以 OO' 为轴，过 P_2 点做半径为 r_2 高为 h 的圆柱形高斯面，上底为 S_1，下底为 S_2，侧面为 S_3，如图 4.24 所示. 由高斯定理知

$$E\cdot 2\pi r_2 h=\frac{1}{\varepsilon_0}\cdot\sigma 2\pi R h$$

$$\Rightarrow E=\frac{\sigma\cdot 2\pi R}{2\pi\varepsilon_0 r_2}$$

因为 $\sigma\cdot 2\pi R=\sigma\cdot(2\pi R\cdot 1)$ =单位长柱面的电荷(即电荷线密度)= λ，所以 $E=\dfrac{\lambda}{2\pi\varepsilon_0 r_2}$，$\boldsymbol{E}$ 由轴线指向 P_2 点. $\sigma<0$ 时，$\boldsymbol{E}$ 沿 P_2 点指向轴线.

结论　无限长均匀带电圆柱面在其外任一点的场强，与全部电荷都集中在带电柱面的轴线上的无限长均匀带电直线产生的场强一样.

例 4.4.5 无限大均匀带电平面，电荷面密度为$+\sigma$，求平面外任一点场强.

解 由题意知，平面产生的电场是关于平面两侧对称的，场强方向垂直于平面，距平面相同的任意两点处的$\boldsymbol{E}$值相等. 设P为考察点，过P点做一底面平行于平面且关于平面左右对称的圆柱形高斯面，右端面为S_1，左端面为S_2，侧面为S_3，如图 4.25 所示，由高斯定理知

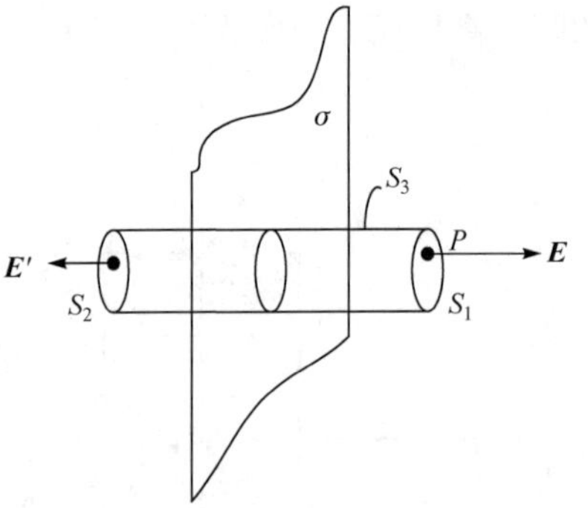

图 4.25

$$\oint_S \boldsymbol{E}\cdot \mathrm{d}\boldsymbol{S}=\frac{1}{\varepsilon_0}\sum_S q$$

在此，有

$$\oint_S \boldsymbol{E}\cdot \mathrm{d}\boldsymbol{S}=\int_{S_1}\boldsymbol{E}\cdot \mathrm{d}\boldsymbol{S}+\int_{S_2}\boldsymbol{E}\cdot \mathrm{d}\boldsymbol{S}+\int_{S_3}\boldsymbol{E}\cdot \mathrm{d}\boldsymbol{S}$$

因为在S_3上的各面元$\mathrm{d}\boldsymbol{S}\perp \boldsymbol{E}$，故第三项积分为零，又因为在$S_1$、$S_2$上各面元$\mathrm{d}\boldsymbol{S}$与$\boldsymbol{E}$同向，且在$S_1$、$S_2$上$\boldsymbol{E}$为常数，故有

$$\oint_S \boldsymbol{E}\cdot \mathrm{d}\boldsymbol{S}=\int_{S_1}E\mathrm{d}S+\int_{S_2}E\mathrm{d}S=E\int_{S_1}\mathrm{d}S+E\int_{S_2}\mathrm{d}S=ES_1+ES_2=2ES_1$$

$$\frac{1}{\varepsilon_0}\sum_{S_{内}} q=\frac{1}{\varepsilon_0}\cdot\sigma S_1$$

因此

$$E\cdot 2S_1=\frac{1}{\varepsilon_0}\cdot\sigma S_1\Rightarrow E=\frac{\sigma}{2\varepsilon_0}\text{(均匀电场)}$$

$\boldsymbol{E}$垂直平面指向考察点(若$\sigma<0$，则$\boldsymbol{E}$由考察点指向平面).

例 4.4.6 有两平行无限大均匀带电平板A、B，电荷面密度分别为(1)$+\sigma,+\sigma$；(2)$+\sigma,-\sigma$. 求：板内、外场强.

解 (1) 如图 4.26 所示，设P_1为两板间任一点，有

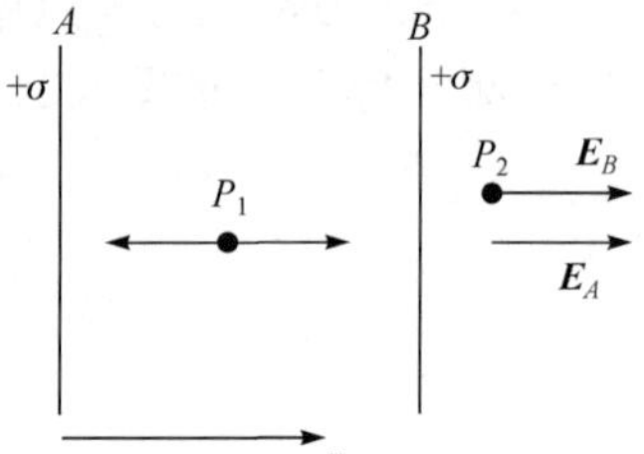

图 4.26

$$\boldsymbol{E}=\boldsymbol{E}_A+\boldsymbol{E}_B$$

即

$$E=E_A-E_B=\frac{\sigma}{2\varepsilon_0}-\frac{\sigma}{2\varepsilon_0}=0$$

设P_2为平板B右侧任一点(也可取在平板A左侧)，则

$$\boldsymbol{E}=\boldsymbol{E}_A+\boldsymbol{E}_B$$

即

$$E = E_A + E_B = \frac{\sigma}{2\varepsilon_0} + \frac{\sigma}{2\varepsilon_0} = \frac{\sigma}{\varepsilon_0}$$

(2) 如图 4.27 所示，设 P_3 为两板间任一点，有

$$\boldsymbol{E} = \boldsymbol{E}_A + \boldsymbol{E}_B$$

即

$$E = E_A + E_B = \frac{\sigma}{2\varepsilon_0} + \frac{\sigma}{2\varepsilon_0} = \frac{\sigma}{\varepsilon_0}$$

设 P_4 为平板 B 右侧任一点(也可取在平板 A 左侧)，则

$$\boldsymbol{E} = \boldsymbol{E}_A + \boldsymbol{E}_B$$

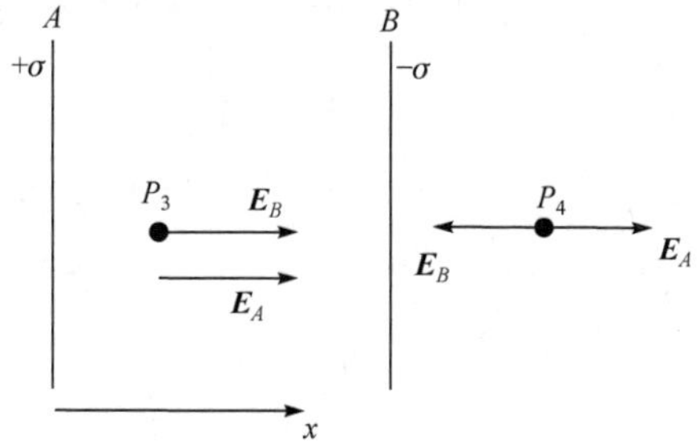

图 4.27

即

$$E = E_A - E_B = \frac{\sigma}{2\varepsilon_0} - \frac{\sigma}{2\varepsilon_0} = 0$$

上面，我们应用高斯定理求出了几种带电体产生的场强，从这几个例子看出，用高斯定理求场强是比较简单的. 但是，我们应该明确，虽然高斯定理是普遍成立的，但是任何带电体产生的场强不是都能由它计算出的，因为这样的计算是有条件的，它要求电场分布具有一定的对称性，在具有某种对称性时，才能适选高斯面，从而很方便地计算出场强. 应用高斯定理时，要注意下面环节：①分析对称性；②适选高斯面；③计算 $\oint_S \boldsymbol{E}\cdot \mathrm{d}\boldsymbol{S}$ 和 $\frac{1}{\varepsilon_0}\sum_{S_{内}} q$；④由高斯定理 $\oint_S \boldsymbol{E}\cdot \mathrm{d}\boldsymbol{S} = \frac{1}{\varepsilon_0}\sum_{S_{内}} q$ 求出 E .

4.5　静电场力的功　电势

此前，我们从静电场力的表现引入了场强这一物理量来描述静电场. 这一节，我们将从静电场力做功的表现来阐述电势这一物理量来描述静电场的性质.

4.5.1　静电场力的功

在力学中引进了保守力和非保守力的概念. 保守力的特征是其做功只与始末

位置有关，而与路径无关. 前面学过的保守力有重力、弹性力、万有引力等. 在保守力场中可以引进势能的概念，并且保守力的功等于势能增量的负值，即

$$W = (-\Delta E_{\mathrm{p}}) = -\left(E_{\mathrm{p}_2} - E_{\mathrm{p}_1}\right) \tag{4-9}$$

在此，我们研究静电场力是否为保守力.

1. 点电荷情况

如图 4.28 所示，点电荷$+q$置于O点，试验电荷q_0由a点运动到b点. 在c点处，q_0在位移$\mathrm{d}\boldsymbol{r}$内，静电力$\boldsymbol{F}$对q_0做的功为

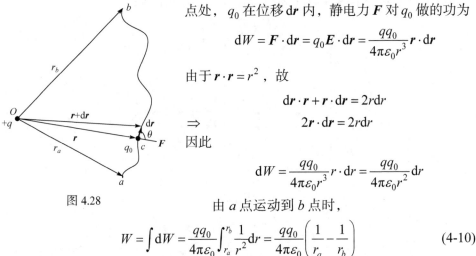

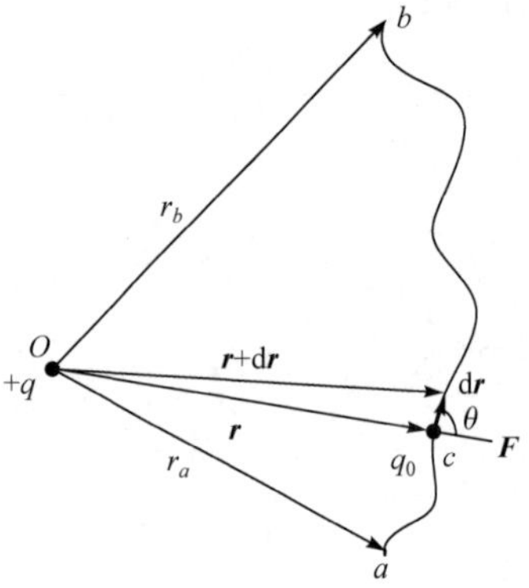

图 4.28

$$\mathrm{d}W = \boldsymbol{F}\cdot\mathrm{d}\boldsymbol{r} = q_0\boldsymbol{E}\cdot\mathrm{d}\boldsymbol{r} = \frac{qq_0}{4\pi\varepsilon_0 r^3}\boldsymbol{r}\cdot\mathrm{d}\boldsymbol{r}$$

由于$\boldsymbol{r}\cdot\boldsymbol{r} = r^2$，故

$$\mathrm{d}\boldsymbol{r}\cdot\boldsymbol{r} + \boldsymbol{r}\cdot\mathrm{d}\boldsymbol{r} = 2r\mathrm{d}r$$

$$\Rightarrow \qquad 2\boldsymbol{r}\cdot\mathrm{d}\boldsymbol{r} = 2r\mathrm{d}r$$

因此

$$\mathrm{d}W = \frac{qq_0}{4\pi\varepsilon_0 r^3}\boldsymbol{r}\cdot\mathrm{d}\boldsymbol{r} = \frac{qq_0}{4\pi\varepsilon_0 r^2}\mathrm{d}r$$

由a点运动到b点时，

$$W = \int \mathrm{d}W = \frac{qq_0}{4\pi\varepsilon_0}\int_{r_a}^{r_b}\frac{1}{r^2}\mathrm{d}r = \frac{qq_0}{4\pi\varepsilon_0}\left(\frac{1}{r_a} - \frac{1}{r_b}\right) \tag{4-10}$$

可见W仅与q_0的始末位置有关，而与过程无关.

2. 点电荷系情况

设q_0在$q_1,q_2,\cdots,q_n$的电场中，由场强叠加原理有

$$\boldsymbol{E} = \boldsymbol{E}_1 + \boldsymbol{E}_2 + \cdots + \boldsymbol{E}_n$$

q_0从a点运动到b点时，静电场力的功为

$$W = \int_a^b \boldsymbol{F}\cdot\mathrm{d}\boldsymbol{r} = \int_a^b q_0\boldsymbol{E}\cdot\mathrm{d}\boldsymbol{r} = \int_a^b q_0\boldsymbol{E}_1\cdot\mathrm{d}\boldsymbol{r} + \int_a^b q_0\boldsymbol{E}_2\cdot\mathrm{d}\boldsymbol{r} + \cdots + \int_a^b q_0\boldsymbol{E}_n\cdot\mathrm{d}\boldsymbol{r}$$

由于上式右边每一项都只与q_0始末位置有关，而与过程无关. 故点电荷系静电力对q_0做的功只与q_0始末位置有关，而与过程无关.

3. 连续带电体情况

对连续带电体，可看成是由很多个电荷元组成的点电荷系，所以 2 中结论仍成立.

综上所述，静电场力为保守力(静电场为保守力场). q_0在静电场中运动一周，静电力对它做功为

$$\oint_l q_0 \boldsymbol{E} \cdot \mathrm{d}\boldsymbol{l} = 0 \quad (\mathrm{d}\boldsymbol{l} \text{ 代替 } \mathrm{d}\boldsymbol{r})$$

则

$$\oint_l \boldsymbol{E} \cdot \mathrm{d}\boldsymbol{l} = 0 \quad (q_0 \neq 0) \tag{4-11}$$

上式表明, 静电场中的场强环流等于零(任何矢量沿闭合路径的线积分称为该矢量的环流), 这一结论叫做场强环流定理.

静电场的环流定理是静电场的重要特征之一, 静电学中的一切结论都可以从高斯定理及场强环流定理得出, 例如通过场强环流定理可以证明静电场中电场线不可能闭合. 它们是静电场的基本定律.

4.5.2 电势能　电势

因为静电场为保守力场, 可以引进相应势能的概念, 此势能叫做电势能. 设 $E_{\mathrm{p}a}$、$E_{\mathrm{p}b}$ 为 q_0 在 a、b 两点的电势能, 可有

$$-(E_{\mathrm{p}b} - E_{\mathrm{p}a}) = W_{ab} = q_0 \int_a^b \boldsymbol{E} \cdot \mathrm{d}\boldsymbol{r} \tag{4-12}$$

电势能的零点与其他势能零点一样, 也是任意选的, 对于有限带电体, 一般选无限远处 $E_{\mathrm{p}\infty} = 0$ (电势能只有相对意义, 而无绝对意义), 选 $E_{\mathrm{p}b} = 0$, 令 b 点在无穷远, 则有

$$E_{\mathrm{p}a} = q_0 \int_a^b \boldsymbol{E} \cdot \mathrm{d}\boldsymbol{r}$$

结论　q_0 在电场中某点的电势能等于 q_0 从该点移到电势能为零处电场力所做的功, 在此, 电势能零点取在无限远处.

由 $E_{\mathrm{p}a}$ 表达式知, 它与位置 a 有关, 还与试验电荷 q_0 有关. 但是 $E_{\mathrm{p}a} / q_0$ 仅与位置有关, 而与 q_0 无关. 它如同 $\boldsymbol{E} = \boldsymbol{F} / q_0$ 一样, 反映的是电场本身的性质, 该物理量称为电势, 记做 u_a.

定义　$u_a = \dfrac{E_{\mathrm{p}a}}{q_0}$ 为 a 点电势, 选 $E_{\mathrm{p}b} = 0$ 时, 有

$$u_a = \int_a^b \boldsymbol{E} \cdot \mathrm{d}\boldsymbol{r} \tag{4-13}$$

选 $b \to \infty$, 有

$$u_a = \int_a^\infty \boldsymbol{E} \cdot \mathrm{d}\boldsymbol{r} \tag{4-14}$$

结论　电场中某一点 a 的电势等于把单位正电荷从该点移到电势为零处(即电势能为零处)静电场力对它做的功.

讨论　(1) u_a 为标量, 可为正、负或 0, 单位为伏特, 用 V 表示.

(2) 电势的零点(电势能零点)任选. 在理论上对有限带电体通常取无穷远处电势为零, 在实用上通常取地球为电势零点. 一方面因为地球是一个很大的导体, 它本身的电势比较稳定, 适宜于作为电势零点, 另一方面任何其他地方都可以方便地将带电体与地球比较, 以确定电势.

(3) 电势与电势能是两个不同概念, 电势是电场具有的性质, 而电势能是电场中电荷与电场组成的系统所共有的, 若电场中不引进电荷也就无电势能, 但是各点电势还是存在的.

(4) 场强的方向即为电势的降落方向.

电场中任意两点电势之差, 称为它们的电势差, 即

$$u_a - u_b = \int_a^{\infty} \boldsymbol{E} \cdot d\boldsymbol{r} - \int_b^{\infty} \boldsymbol{E} \cdot d\boldsymbol{r} = \int_a^b \boldsymbol{E} \cdot d\boldsymbol{r} \tag{4-15}$$

结论 a、b 两点电势差等于把单位正电荷从 a 点移动到 b 点静电力做的功.

4.5.3 电势的计算

1. 点电荷电势

如图 4.29 所示, 点电荷$+q$ 在 a 点的电势为

$$u_a = \int_a^{\infty} \boldsymbol{E} \cdot d\boldsymbol{r} = \int_a^{\infty} \frac{q}{4\pi\varepsilon_0 r^3} \boldsymbol{r} \cdot d\boldsymbol{r}$$

$$= \int_a^{\infty} \frac{q}{4\pi\varepsilon_0 r^2} dr = \frac{q}{4\pi\varepsilon_0 r}$$

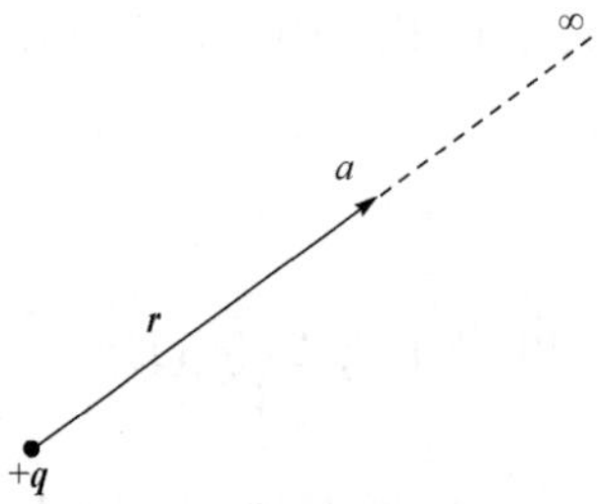

图 4.29

2. 点电荷系电势

设有点电荷 $q_1, q_2, \cdots, q_n$ 构成的点电荷系, 如图 4.30 所示, 则

$$u_a = \int_a^{\infty} \boldsymbol{E} \cdot d\boldsymbol{r} = \int_a^{\infty} (\boldsymbol{E}_1 + \boldsymbol{E}_2 + \cdots + \boldsymbol{E}_n) \cdot d\boldsymbol{r}$$

$$= \int_a^{\infty} \boldsymbol{E}_1 \cdot d\boldsymbol{r} + \int_a^{\infty} \boldsymbol{E}_2 \cdot d\boldsymbol{r} + \cdots + \int_a^{\infty} \boldsymbol{E}_n \cdot d\boldsymbol{r}$$

$$= \frac{q_1}{4\pi\varepsilon_0 r_1} + \frac{q_2}{4\pi\varepsilon_0 r_2} + \cdots + \frac{q_n}{4\pi\varepsilon_0 r_n}$$

$$= \sum_{i=1}^{n} \frac{q_i}{4\pi\varepsilon_0 r_i}$$

$$u_a = \sum_{i=1}^{n} \frac{q_i}{4\pi\varepsilon_0 r_i} \tag{4-16}$$

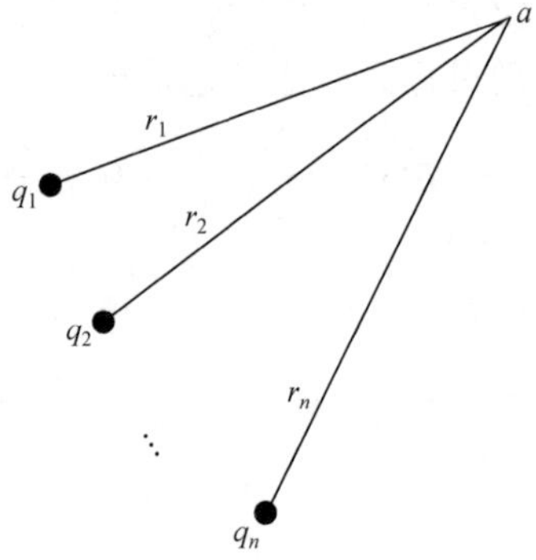

图 4.30

结论　点电荷系中某点电势等于各个点电荷单独存在时在该点产生电势的代数和，此结论为静电场中的电势叠加原理.

3. 连续带电体电势

设连续带电体由无穷多个电荷元组成，每个电荷元视为点电荷，如图 4.31 所示，$\mathrm{d}q$ 在 a 点处产生的电势为

$$\mathrm{d}u_a = \frac{\mathrm{d}q}{4\pi\varepsilon_0 r}$$

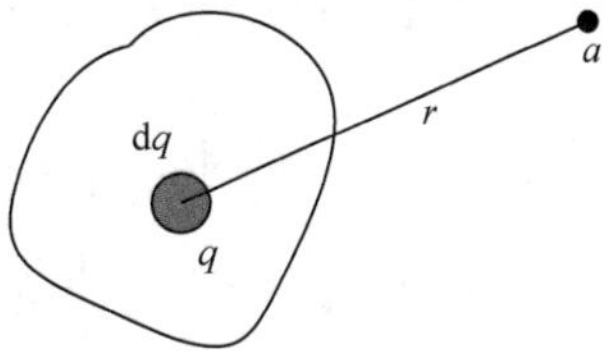

图 4.31

整个带电体在 a 点处产生的电势为

$$u_a = \int \mathrm{d}u_a = \int_q \frac{\mathrm{d}q}{4\pi\varepsilon_0 r}$$

例 4.5.1　设有一均匀带电圆环，半径为 R，电荷为 q，求其轴线上任一点 P 电势.

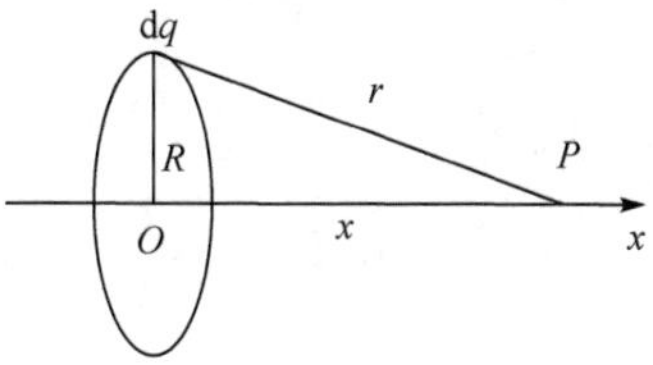

图 4.32

解　如图 4.32 所示，x 轴在圆环轴线上.

(方法一)用 $u_P = \int_x^\infty \boldsymbol{E}\cdot \mathrm{d}\boldsymbol{r}$ 解.

圆环在其轴线上任一点产生的场强为

$$E = \frac{qx}{4\pi\varepsilon_0\left(R^2+x^2\right)^{\frac{3}{2}}}\ (\boldsymbol{E} \text{ 与 } x \text{ 轴平行})$$

$$u_P = \int_x^\infty \boldsymbol{E}\cdot\mathrm{d}\boldsymbol{r} = \int_x^\infty E\mathrm{d}x = \int_x^\infty \frac{qx}{4\pi\varepsilon_0\left(R^2+x^2\right)^{\frac{3}{2}}}\mathrm{d}x$$

$$= \frac{q}{4\pi\varepsilon_0}\cdot\frac{1}{2}\int_x^\infty \frac{\mathrm{d}\left(R^2+x^2\right)}{\left(R^2+x^2\right)^{\frac{3}{2}}}$$

$$= \frac{q}{4\pi\varepsilon_0}\cdot\frac{1}{2}\cdot\frac{1}{-\frac{1}{2}}\frac{1}{\sqrt{R^2+x^2}}\Bigg|_x^\infty$$

$$= \frac{q}{4\pi\varepsilon_0\sqrt{R^2+x^2}}$$

(方法二)用电势叠加原理解 $u_P = \int \mathrm{d}u_P$.

把圆环分成一系列电荷元，每个电荷元视为点电荷，$\mathrm{d}E$ 在 P 点产生电势为

$$\mathrm{d}u_P = \frac{\mathrm{d}q}{4\pi\varepsilon_0 r} = \frac{\mathrm{d}q}{4\pi\varepsilon_0\sqrt{R^2+x^2}}$$

整个环在 P 点产生电势为

$$u_P = \int \mathrm{d}u_P = \int_q \frac{\mathrm{d}q}{4\pi\varepsilon_0\sqrt{R^2+x^2}} = \frac{q}{4\pi\varepsilon_0\sqrt{R^2+x^2}}$$

讨论 (1) $x=0$ 处，$u_P = \dfrac{q}{4\pi\varepsilon_0 R}$.

(2) $x \gg R$ 时，$u_P = \dfrac{q}{4\pi\varepsilon_0 x}$，环可视为点电荷.

例 4.5.2 一均匀带电球面，半径为 R，电荷为 q，求球面外任一点 P_1 电势.

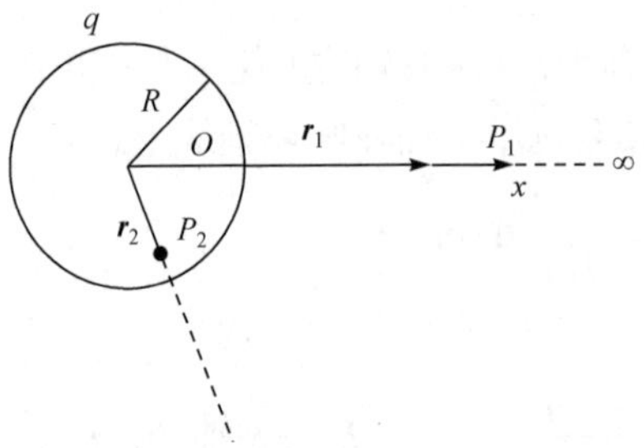

图 4.33

解 如图 4.33 所取坐标，场强分布为

$$\boldsymbol{E} = \begin{cases} 0, & 球面内 \\ \dfrac{q}{4\pi\varepsilon_0 r^3}\boldsymbol{r}, & 球面外 \end{cases}$$

球面外任一点 P_1 处的电势为

$$u_{P_1} = \int_{r_1}^{\infty} \boldsymbol{E}\cdot\mathrm{d}\boldsymbol{r} = \int_{r_1}^{\infty} E\mathrm{d}r$$
$$= \int_{r_1}^{\infty} \frac{q}{4\pi\varepsilon_0 r^2}\mathrm{d}r = \frac{q}{4\pi\varepsilon_0 r_1}$$

结论 均匀带电球面外任一点电势，如同全部电荷都集中在球心的点电荷一样，如图 4.33 所示，球面内任一点 P_2 处的电势为

$$u_{P_2} = \int_{r_2}^{\infty} \boldsymbol{E}\cdot\mathrm{d}\boldsymbol{r} = \int_{r_2}^{R} \boldsymbol{E}\cdot\mathrm{d}\boldsymbol{r} + \int_{R}^{\infty} \boldsymbol{E}\cdot\mathrm{d}\boldsymbol{r}$$
$$= \int_{R}^{\infty} \boldsymbol{E}\cdot\mathrm{d}\boldsymbol{r} = \int_{R}^{\infty} \frac{q}{4\pi\varepsilon_0 r^2}\mathrm{d}r$$
$$= \frac{q}{4\pi\varepsilon_0 R}$$

可见，球面内任一点电势与球面上电势相等(由于球面内任一点 $\boldsymbol{E}=0$，在球面内移动试验电荷时，无电场力做功，即电势差为零，因此有上面结论).

例 4.5.3 有两个同心球面，半径为 R_1、R_2，电荷为 $+q$、$-q$，如图 4.34 所示，求两球面的电势差.

解 (方法一)用 $u_{内} - u_{外} = \int_{R_1}^{R_2} \boldsymbol{E}\cdot\mathrm{d}\boldsymbol{r}$ 解.

在两球面间，场强为

$$\boldsymbol{E}=\frac{q}{4\pi\varepsilon_0 r^3}\boldsymbol{r}$$

$$u_{内}-u_{外}=\int_{R_1}^{R_2}\boldsymbol{E}\cdot\mathrm{d}\boldsymbol{r}$$

$$=\int_{R_1}^{R_2}\frac{q}{4\pi\varepsilon_0 r^2}\mathrm{d}r$$

$$=\frac{q}{4\pi\varepsilon_0}\left(\frac{1}{R_1}-\frac{1}{R_2}\right)$$

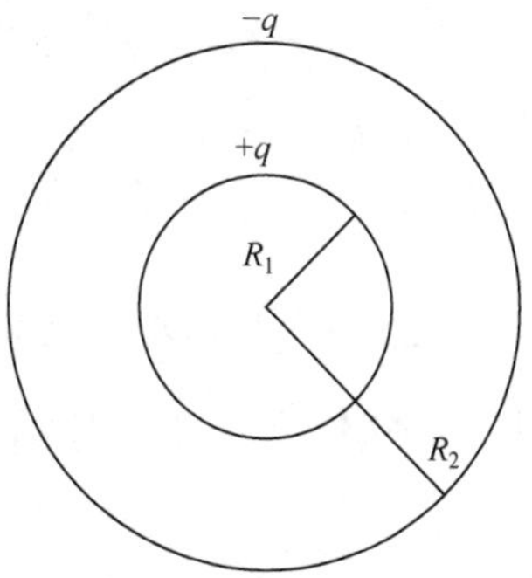

图 4.34

(方法二)用电势叠加原理解.

内球面在两球面上产生电势分别为

$$\begin{cases}u_{+q内}=\dfrac{q}{4\pi\varepsilon_0 R_1}\\ u_{+q外}=\dfrac{q}{4\pi\varepsilon_0 R_2}\end{cases}$$

外球面在两球面上产生电势分别为

$$\begin{cases}u_{-q内}=\dfrac{-q}{4\pi\varepsilon_0 R_2}\\ u_{-q外}=\dfrac{-q}{4\pi\varepsilon_0 R_2}\end{cases}$$

两球面电势分别为

$$u_{内}=u_{+q内}+u_{-q内}=\frac{q}{4\pi\varepsilon_0}\left(\frac{1}{R_1}+\frac{-1}{R_2}\right)$$

$$u_{外}=u_{+q外}+u_{-q外}=0$$

$$u_{内}-u_{外}=\frac{q}{4\pi\varepsilon_0}\left(\frac{1}{R_1}-\frac{1}{R_2}\right)$$

4.6　等势面　场强与电势的关系

4.6.1　等势面

把电势相等的点连接起来所构成的曲面称为等势面. 如在距点电荷距离相等的点处电势是相等的，这些点构成的曲面是以点电荷为球心的球面. 可见点电荷电场中的等势面是一系列同心的球面，如图 4.35 所示. 等势面具有如下性质.

1. 在等势面上移动电荷时电场力不做功

如图 4.36 所示，设点电荷 q_0 沿等势面从 a 点运动到 b 点电场力做功为

$$W_{ab}=-\left(E_{pb}-E_{pa}\right)=-q_0\left(u_b-u_a\right)=0$$

2. 任何静电场中电场线与等势面正交

证明　如图 4.37 所示，设点电荷 q_0 自 a 点沿等势面发生位移 $\mathrm{d}\boldsymbol{l}$，电场力做功为

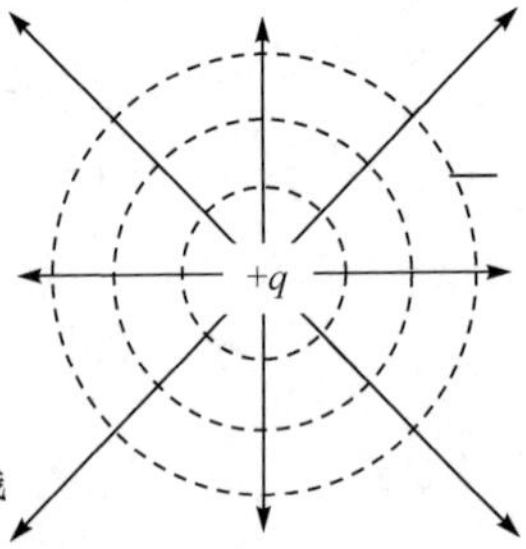

图 4.35

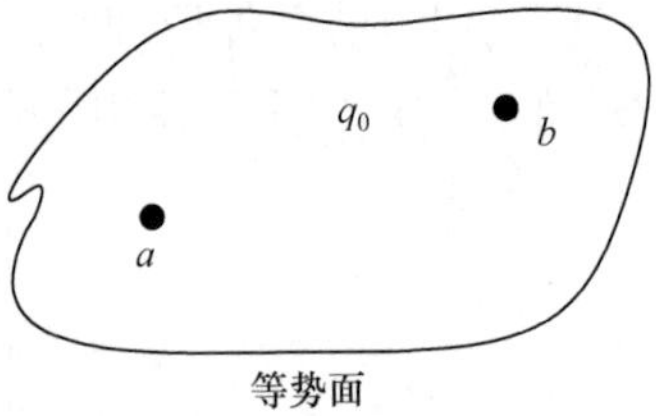

图 4.36

$$\mathrm{d}W=q_0\boldsymbol{E}\cdot\mathrm{d}\boldsymbol{l}=q_0E\mathrm{d}l\cos\theta$$

因为在等势面上运动，所以 $\mathrm{d}W=0$，则

$$q_0E\mathrm{d}l\cos\theta=0$$

由于

$$q\neq0,\quad E\neq0,\quad \mathrm{d}l\neq0$$

故

$$\cos\theta=0\text{，即 }\theta=\frac{\pi}{2}$$

因此电场线与等势面正交，$\boldsymbol{E}$ 垂直于等势面.

在相邻等势面电势差为常数时，等势面密集地方场强较强.

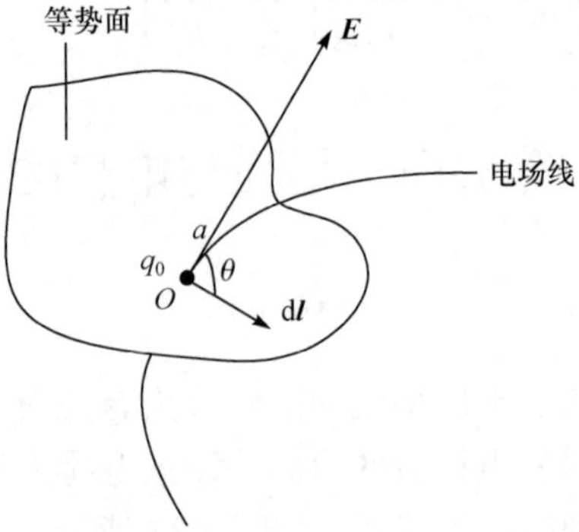

图 4.37

4.6.2 场强与电势关系

$\boldsymbol{E}$ 与 u 是描述电场性质的物理量，它们应有一定的关系，前面已学过 $\boldsymbol{E}$ 、u 之间有一种积分关系，即

$$u_a = \int_a^{\infty} \boldsymbol{E} \cdot \mathrm{d}\boldsymbol{l} \qquad (\text{无限远处}\ u_{\infty} = 0)$$

那么，$\boldsymbol{E}$ 、u 之间是否还存在着微分关系呢？这正是下面要研究的问题. 如图 4.38 所示，设 a、b 为无限接近的两点，相应所在等势面分别为 u 、$u+\mathrm{d}u$. 单位正电荷从 a 点运动到 b 点的过程中，电场力做功等于电势能增量负值，即

$$\boldsymbol{E} \cdot \mathrm{d}\boldsymbol{l} = -\left[(u+\mathrm{d}u)-u\right]$$

$$\Rightarrow -\mathrm{d}u = \boldsymbol{E} \cdot \mathrm{d}\boldsymbol{l} = \left(E_x\boldsymbol{i}+E_y\boldsymbol{j}+E_z\boldsymbol{k}\right)\cdot\left(\mathrm{d}x\boldsymbol{i}+\mathrm{d}y\boldsymbol{j}+\mathrm{d}z\boldsymbol{k}\right)$$

$$= E_x\mathrm{d}x + E_y\mathrm{d}y + E_z\mathrm{d}z \tag{4-17}$$

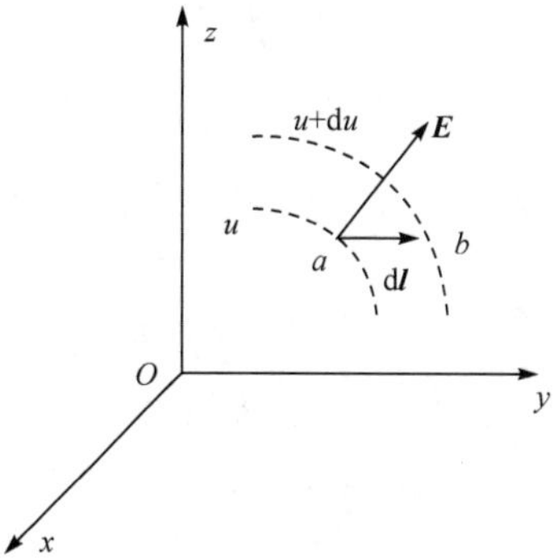

图 4.38

又

$$\mathrm{d}u = \frac{\partial u}{\partial x}\mathrm{d}x + \frac{\partial u}{\partial y}\mathrm{d}y + \frac{\partial u}{\partial z}\mathrm{d}z$$

上式代入式(4-17)中，有

$$-\frac{\partial u}{\partial x}\mathrm{d}x - \frac{\partial u}{\partial y}\mathrm{d}y - \frac{\partial u}{\partial z}\mathrm{d}z = E_x\mathrm{d}x + E_y\mathrm{d}y + E_z\mathrm{d}z$$

因为 $\mathrm{d}x$、$\mathrm{d}y$、$\mathrm{d}z$ 是任意的，所以上式若成立必有两边 $\mathrm{d}x$、$\mathrm{d}y$、$\mathrm{d}z$ 相应系数相等，即

$$E_x = -\frac{\partial u}{\partial x} \tag{4-18}$$

$$E_y = -\frac{\partial u}{\partial y} \tag{4-19}$$

$$E_z = -\frac{\partial u}{\partial z} \tag{4-20}$$

$$\Rightarrow \boldsymbol{E} = \left(-\frac{\partial u}{\partial x}\boldsymbol{i} + \frac{\partial u}{\partial y}\boldsymbol{j} - \frac{\partial u}{\partial z}\boldsymbol{k}\right) \quad (\text{矢量式}) \tag{4-21}$$

以上是场强 $\boldsymbol{E}$ 与电势 u 的微分关系.

数学上，$\dfrac{\partial u}{\partial x}\boldsymbol{i}+\dfrac{\partial u}{\partial y}\boldsymbol{j}+\dfrac{\partial u}{\partial z}\boldsymbol{k}$ 叫做 u 的梯度，记作

$$\mathrm{grad}u = \nabla u = \frac{\partial u}{\partial x}\boldsymbol{i} + \frac{\partial u}{\partial y}\boldsymbol{j} + \frac{\partial u}{\partial z}\boldsymbol{k} \quad \left(\text{其中算符}\ \nabla = \frac{\partial}{\partial x}\boldsymbol{i} + \frac{\partial}{\partial y}\boldsymbol{j} + \frac{\partial}{\partial z}\boldsymbol{k}\right)$$

$$\Rightarrow \boldsymbol{E} = -\text{grad}u = -\nabla u \tag{4-22}$$

结论 电场中任一点的场强等于电势梯度在该点的负值.

例 4.6.1 用场强与电势关系求点电荷 q 产生的场强.

解 如图 4.39 所示取坐标轴.

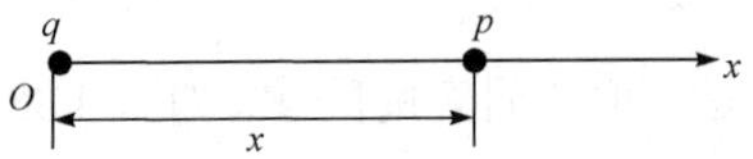

图 4.39

$$u_p = \frac{q}{4\pi\varepsilon_0 x}$$

$$E_x = -\frac{\partial u_p}{\partial x} = -\left[-\frac{q}{4\pi\varepsilon_0 x^2}\right] = \frac{q}{4\pi\varepsilon_0 x^2}$$

$$E_y = E_z = 0$$

$q>0$，$\boldsymbol{E}$ 沿 x 轴正向；$q<0$，$\boldsymbol{E}$ 沿 x 轴负向.

附录 4 模拟高压带电作业演示实验

【实验装置】

实验装置如图 4.40 所示.

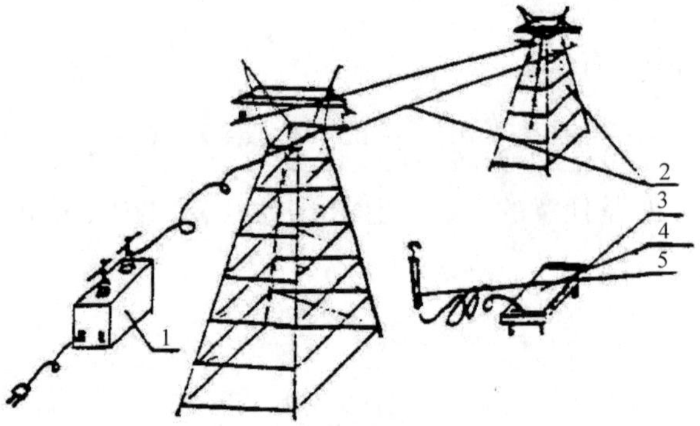

图 4.40

1—静电电源；2—电塔及输电线模型；3—绝缘凳；4—铝板；5—导线挂钩

【实验原理】

高压带电作业演示实验是典型的演示电势概念的实验. 电势是描述静电场中能量特征的物理量. 一个电阻，若其上电势高而电势差不高，其上电流会很小. 人体在高压实验中相当于一个电阻. 只要人体上的电势差很小，人身上不会有电流，人体不会受到伤害，这与人体所处的电势高低有关，这就是高压带电作业的原理. 条件是人体对地要有较好的绝缘. 而人体与高压输电线之间则不用绝缘，这是本实验的关键.

那么怎样才能在不断电的条件下检修和维护高压线路呢？我们知道我国工程技术人员经过反复实践，早已摸索出一套等电势高压带电作业的方法. 作业人员必须穿戴金属均压服(包括衣、帽、手套和鞋)等，用绝缘软梯通过瓷瓶串逐渐进入强电场区，当手与高压线直接接触时，在手套和电压线之间发生火花放电后，人和高压线就等电势了，从而就可进行操作了.

金属均压服在带电作业中有两个作用：一是屏蔽和均压作用，它相对于一个空腔金属导体，对人体起到电屏蔽作用，减弱通过人体的电场；另一个是起到分流的作用，当作业人员经过电势不同的区域时，要承受一个幅值较大的脉冲电流，由于金属均压服的电阻与人体电阻相比很小，使绝大部分电流流经均压服，这样就保证了人体的安全.

【实验内容】

(1) 将高压电塔模型上的高压输电线与静电高压电源相连接.

(2) 打开电源.

(3) 演示者赤脚站在高压绝缘凳的铝板上，用手握住与绝缘凳上铝板连接的金属挂钩的绝缘手柄，将金属钩移近高压输电铜线，观察高压输电铜线与金属钩之间通过空气放电产生的电火花.

(4) 将金属钩挂在高压输电线上，于是演示者与高压线电势相同，这时演示者可以随意接触高压线进行不停电检修操作，这就是高压带电作业的原理. 此时演示者与地之间有很大的电势差，演示者不可接触与地相连的导体.

(5) 完毕后，注意切不可从凳上直接下来，必须先将连在铝板上的导线挂钩从高压线上摘下，然后才能从凳上走下来.

习　题　4

4.1　一半径为 R 的半圆形细棒，其上均匀带有电荷 q，求半圆中心 O 点的电场强度. [参考答案：$\dfrac{q}{2\pi^2\varepsilon_0 R^2}$]

4.2　真空中一个半径为 R 的球面均匀带电，电荷面密度为 σ，在球心处有一个带电量为 q 的点电荷. 取无限远处为电势零点，试求：(1)球面内距球心为 r_1($r_1<R$)处的电势；(2)球面外距球心为 r_2($r_2>R$)处的电势. [参考答案：(1) $\dfrac{q}{4\pi\varepsilon_0 r}+\dfrac{\sigma R}{\varepsilon_0}$；(2) $\dfrac{q}{4\pi\varepsilon_0 r}+\dfrac{\sigma R^2}{\varepsilon_0 r}$]

4.3　计算半径为 R 、电量为 q 的均匀带电球体内、外任一点的电势. [参考答案：$u_{内}=\dfrac{q(3R^2-r^2)}{8\pi\varepsilon_0 R^3}$，$u_{外}=\dfrac{q}{4\pi\varepsilon_0 r}$]

4.4　如图 4.41 所示，边长为 a 的正三角形的三个顶点上，放置着三个正的点电荷，电量分别为 q ，$2q$ ，$3q$. 试求：在将一个电量为 Q 的正试验电荷从无限远处移动到此三角形中心 O 点的过程中，外力所做的功. [参考答案：$\dfrac{6\sqrt{3}qQ}{4\pi\varepsilon_0 a}$]

4.5　如图 4.42 所示，A 点有电荷 q ，B 点有电荷 $-q$ ，AB=$2l$ ，$\overset{\frown}{OCD}$ 是以 B 为中心 l 为半径的半圆. (1)将点电荷 q_0 从 O 点沿 OCD 移到 D 点，电场力做多少功？(2)将点电荷 $-q_0$ 从 D 点沿 AB 延长线移到无穷远处，电场力做多少功？[参考答案：(1) $\dfrac{q_0 q}{6\pi\varepsilon_0 l}$；(2) $\dfrac{q_0 q}{6\pi\varepsilon_0 l}$]

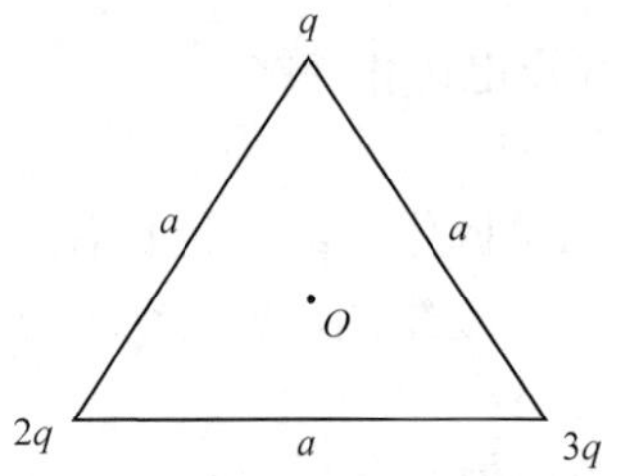

图 4.41

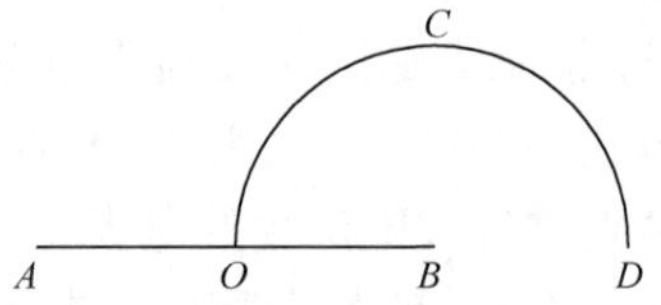

图 4.42

4.6　若已知两个同心的均匀带电球面的电荷面密度均相同，其半径分别为 a 和 b ，内球面的电势为 u(半径为 a)，求两球面均匀带的电荷面密度. [参考答案：$\dfrac{\varepsilon_0 u}{a+b}$]

第 5 章　静电场中的导体和电介质

实验表明，当把导体放入静电场中后，在静电场的作用下导体表面会产生感应电荷，这种现象称为静电感应现象. 同时，产生的感应电荷反过来又会对原电场产生影响，它们相互作用的结果使得导体最终达到静电平衡的状态. 而电介质是指导电能力极差的物质，通常指绝缘体. 当把电介质放入静电场中时，在静电平衡的条件下，电介质的表面附近会产生极化电荷.

5.1　静电场中的导体

金属导体内部存在大量的自由电子，当导体不带电也不受外电场作用时，导体中正、负电荷均匀分布，没有宏观的电荷做定向运动. 但是，当把金属导体放入静电场中后，情况就不同了.

5.1.1　静电感应　导体的静电平衡条件

将导体置于外电场中时，在最初的时间内，导体内会有电场存在. 在电场作用下，自由电荷做宏观的定向运动，形成导体内正、负电荷的重新分布，在导体的两端出现等量的异号电荷，这种现象就是静电感应现象，如图 5.1 所示. 因此我们可以定义，当导体上没有电荷做定向运动时，称这种状态为导体的静电平衡.

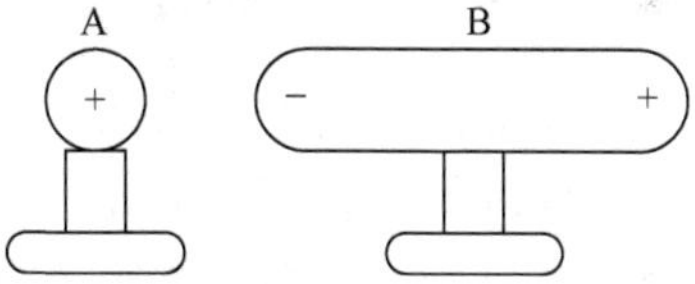

图 5.1

如果从场强角度看，当导体处于静电平衡时，在导体内部任一点，场强 $\boldsymbol{E}=0$；而在导体表面上任一点 $\boldsymbol{E}$ 与表面垂直.

如果从电势角度看，当导体处于静电平衡时，导体内各点电势相等，导体表面为等势面，即当导体处于静电平衡时导体为一个等势体.

5.1.2　静电平衡时导体上的电荷分布

1. 导体内无空腔时电荷分布

如图 5.2 所示，导体电荷为 Q，在其内作一高斯面 S，高斯定理为

$$\oint_S \boldsymbol{E}\cdot \mathrm{d}\boldsymbol{S}=\frac{1}{\varepsilon_0}\sum_S q$$

由于导体静电平衡时其内 $\boldsymbol{E}=0$，因此 $\oint_S \boldsymbol{E}\cdot d\boldsymbol{S}=0$，即 $\sum_{S_内} q=0$. 由于 S 面是任取的，所以导体内无净电荷存在.

结论　导体处于静电平衡时，净电荷都分布在导体外表面上.

2. 导体内有空腔时电荷分布

1) 空腔内无其他电荷情况

如图 5.3 所示，导体电量为 Q，在其内作一高斯面 S，高斯定理为 $\oint_S \boldsymbol{E}\cdot d\boldsymbol{S}=\frac{1}{\varepsilon_0}\sum_S q$. 由于静电平衡时，导体内 $\boldsymbol{E}=0$，因此 $\sum_{S_内} q=0$，即 S 内净电荷为 0，空腔内无其他电荷，静电平衡时，导体内又无净电荷，所以空腔内表面上的净电荷为 0.

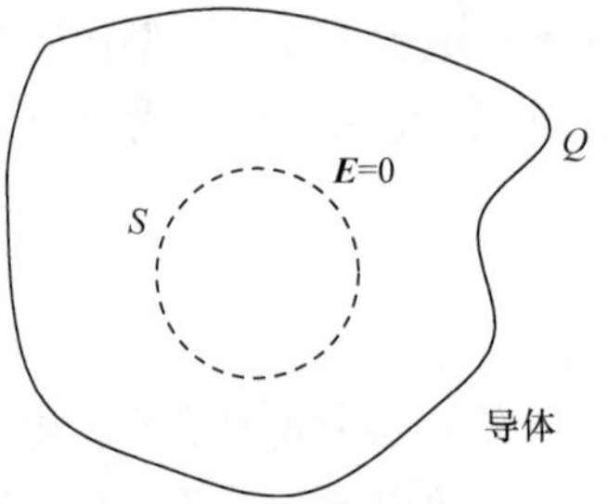

图 5.2

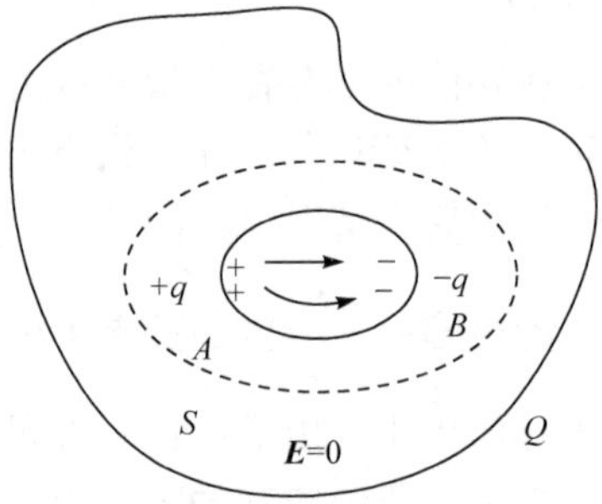

图 5.3

但是，在空腔内表面上能否出现符号相反的等量异号电荷？我们设想，假如有这种可能，如图 5.3 所示，在 A 点附近出现 $+q$，B 点附近出现 $-q$，这样在腔内就分布始于正电荷终于负电荷的电场线，由此可知，$u_A>u_B$，但静电平衡时，导体为等势体，即 $u_A=u_B$，因此，假设不成立.

结论　导体处于静电平衡时，腔内表面无净电荷分布，净电荷都分布在外表面上(腔内电势与导体电势相同).

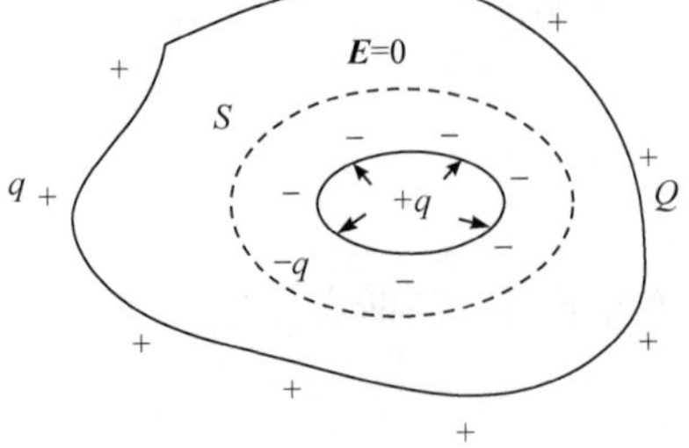

图 5.4

2) 空腔内有点电荷情况

如图 5.4 所示，导体电量为 Q，其内腔中有点电荷 $+q$，在导体内作一高斯面 S，高斯定理为 $\oint_S \boldsymbol{E}\cdot d\boldsymbol{S}=\frac{1}{\varepsilon_0}\sum_S q$. 因为静电平衡时 $\boldsymbol{E}=0$，所以 $\sum_{S_内} q=0$. 又因为此时导体内部无

净电荷，而腔内有电荷 $+q$，所以腔内表面必有感应电荷 $-q$.

结论　导体处于静电平衡时，腔内表面有感应电荷 $-q$，外表面有感应电荷 $+q$.

3. 导体表面上电荷的分布

设在导体表面上某一面积元 ΔS (很小)上，电荷分布如图 5.5 所示，电荷面密度为 σ. 过 ΔS 边界作一闭合柱面 S，其上下底 S_1、S_2 均与 ΔS 平行，侧面 S_3 与 ΔS 垂直，柱面的高很小，即 S_1 与 S_2 非常接近 ΔS，并且此柱面关于 ΔS 对称. S 作为高斯面，高斯定理为

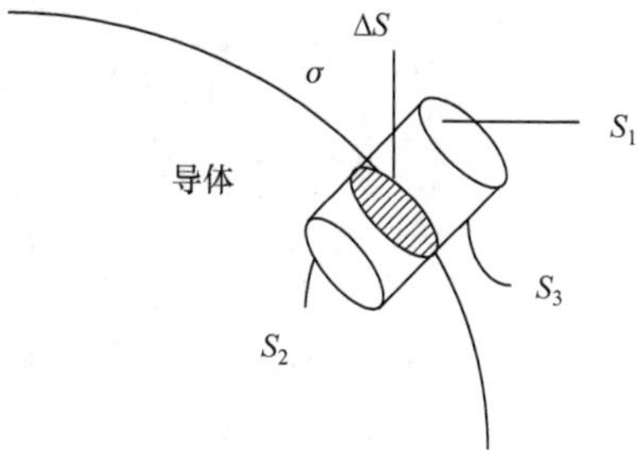

图 5.5

$$\oint_S \boldsymbol{E}\cdot d\boldsymbol{S} = \frac{1}{\varepsilon_0}\sum_S q$$

$$\oint_S \boldsymbol{E}\cdot d\boldsymbol{S} = \int_{S_1} \boldsymbol{E}\cdot d\boldsymbol{S} + \int_{S_2} \boldsymbol{E}\cdot d\boldsymbol{S} + \int_{S_3} \boldsymbol{E}\cdot d\boldsymbol{S}$$

$$= \int_{S_1} \boldsymbol{E}\cdot d\boldsymbol{S} = \int_{S_1} E\cdot dS = ES_1 = E\Delta S$$

$$\frac{1}{\varepsilon_0}\sum_S q = \frac{1}{\varepsilon_0}\sigma\Delta S$$

$$\Rightarrow E\Delta S = \frac{1}{\varepsilon_0}\sigma\Delta S$$

$$E = \frac{\sigma}{\varepsilon_0}$$

结论　在导体表面附近，$E \propto \sigma$.

4. 导体表面曲率对电荷分布影响

根据实验，一个形状不规则的导体带电后，在表面上曲率越大的地方场强越强. 由上面讲到的结果知，E 越大的地方，σ 必然也越大，所以曲率大的地方电荷面密度大.

5.1.3　静电屏蔽

如图 5.6 所示，由于空腔中的场强处处为零，放在空腔中的物体，就不会受到外电场的影响，所以空心金属导体对于放在它的空腔内的物体有保护作用，使物体不受外电场影响.

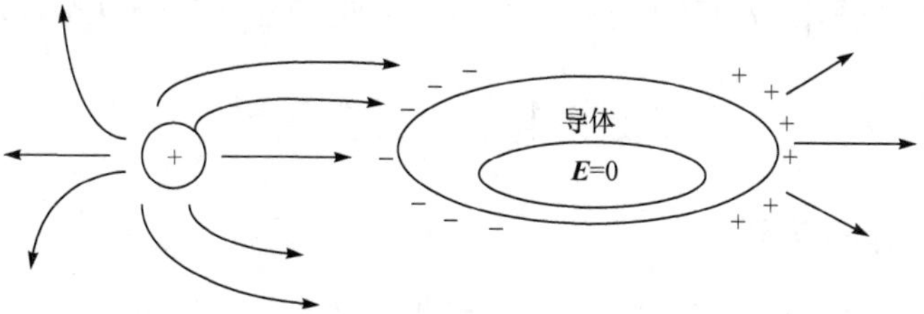

图 5.6

另外，如图 5.7 所示，一个接地的空心导体可以隔绝放在它的空腔内的带电体和外界的带电体之间的静电作用，这就是静电屏蔽原理. 例如，电话线从高压线下经过，为了防止高压线对电话线的影响，在高压线与电话线之间装一金属网等.

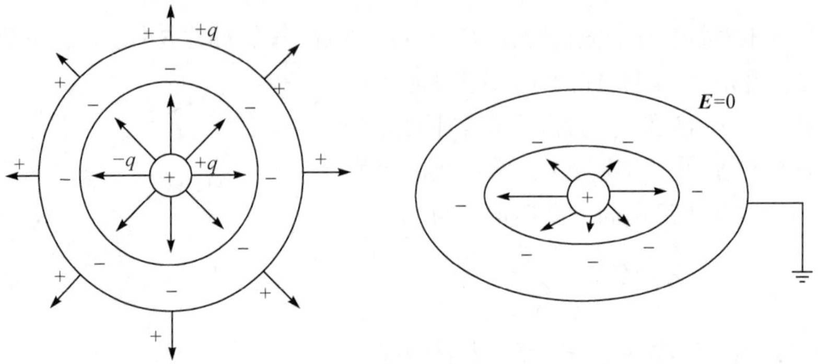

图 5.7

例 5.1.1　如图 5.8 所示，在电荷 $+q$ 的电场中，放一不带电的金属球，从球心 O 到点电荷所在距离处的矢径为 $\boldsymbol{r}$ ，试求：

(1) 金属球上净感应电荷 q';

(2) 这些感应电荷在球心 O 处产生的场强 $\boldsymbol{E}$.

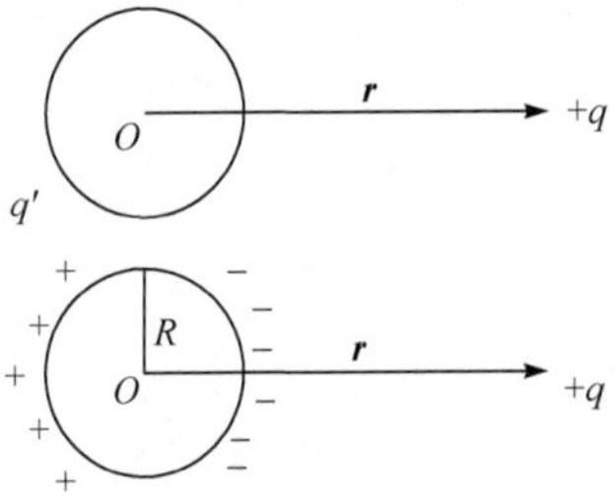

图 5.8

解　(1) $q'=0$.

(2) 如图 5.9 所示，球心 O 处场强 $\boldsymbol{E}=0$(静电平衡要求)，即 $+q$ 在 O 处产生的场强 $\boldsymbol{E}_+$ 与感应电荷在 O 处产生场强的矢量和为零，

$$\boldsymbol{E}_+ + \boldsymbol{E}_{感} = 0$$

$$\boldsymbol{E}_{感} = -\boldsymbol{E}_+ = \frac{q}{4\pi\varepsilon_0 r^3}\boldsymbol{r} \text{ 方向指向 } +q .$$

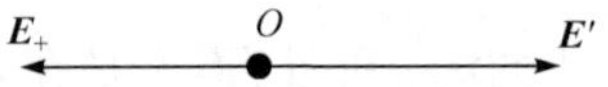

图 5.9

思考　感应电荷在 O 处产生电势是多少？球的电势是多少？选无穷远处电势为零.

5.2　电容　电容器

5.2.1　孤立导体的电容

在真空中设有一半径为 R 的孤立的球形导体，它的电量为 q ，那么它的电势

为(取无限远处电势为零)

$$u = \frac{q}{4\pi\varepsilon_0 R}$$

对于给定的导体球，即 R 一定，当 q 变大时，u 也变大；q 变小时，u 也变小. 但是 $q/u = 4\pi\varepsilon_0 R$ 不变，此结论虽然是对球形孤立导体而言的，但对一定形状的其他导体也是如此，q/u 仅与导体大小和形状等有关，因而有下面定义.

孤立导体的电量 q 与其电势 u 之比称为孤立导体电容，用 C 表示，记作

$$C = \frac{q}{u} \tag{5-1}$$

对于孤立导体球，其电容为 $C = \frac{q}{u} = \frac{q}{\frac{q}{4\pi\varepsilon_0 R}} = 4\pi\varepsilon_0 R$. C 的单位为：F(法)，1F=1C/V. 在实际应用中我们常用μF 或 pF 作为电容的单位，它们之间的换算关系为 $1\text{F} = 10^6\ \mu\text{F} = 10^{12}\ \text{pF}$

5.2.2　电容器

实际上，孤立的导体是不存在的，周围总会有别的导体，当有其他导体存在时，则必然因静电感应而改变原来的电场分布，当然就会影响导体的电容. 下面我们具体讨论电容器的电容.

两个带有等值异号电荷的导体所组成的带电系统称为电容器. 电容器可以储存电荷，也可以储存能量.

如图 5.10 所示，两个导体 A、B 放在真空中，它们所带的电量分别为 $+q$ 和 $-q$，如果 A、B 电势分别为 u_A、u_B，那么 A、B 的电势差为 $u_A - u_B$，电容器的电容为

$$C = \frac{q}{u_A - u_B} \tag{5-2}$$

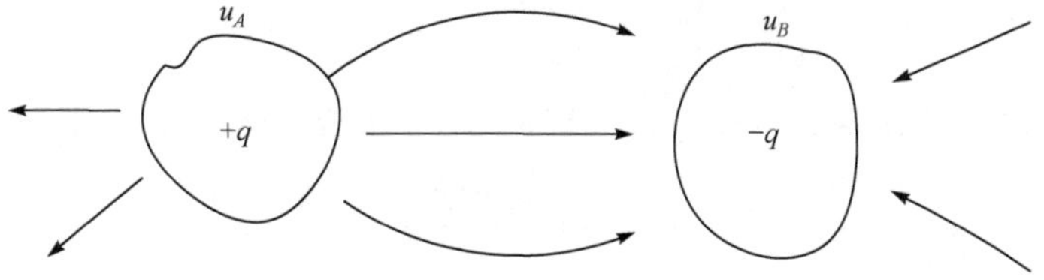

图 5.10

由上可知，如将 B 移至无限远处，u_B=0. 所以，上式就是孤立导体的电容. 因此，孤立导体的电容是 B 放在无限远处时 $C = \frac{q}{u_A - u_B}$ 的特例. 导体 A、B 常称电容器的两个电极.

5.2.3 电容器电容的计算

1. 平行板电容器的电容

设 A、B 两极板平行，面积均为 S，相距为 d，电量为 $+q$ 和 $-q$，如图 5.11 所示. 极板线度比 d 大得多，且不计边缘效应. 所以 A、B 间为匀强电场.

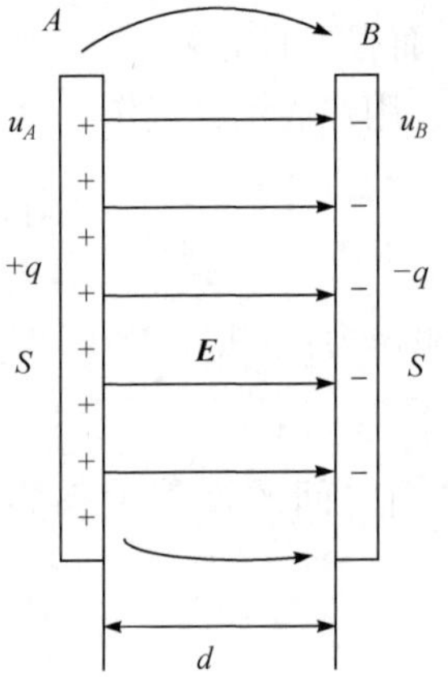

图 5.11

由高斯定理知，A、B 间场强大小为

$$E=\frac{\sigma}{\varepsilon_0}$$

其中 $\sigma=\dfrac{+q}{S}$.

$$u_A-u_B=Ed=\frac{q}{\varepsilon_0 S}d\Rightarrow C=\frac{q}{u_A-u_B}=\frac{\varepsilon_0 S}{d}$$

$$C=\frac{\varepsilon_0 S}{d} \tag{5-3}$$

2. 球形电容器

设两均匀带电同心球面 A、B，半径分别为 R_A、R_B，电荷分别为 $+q$ 和 $-q$，如图 5.12 所示. A、B 间任一点场强大小为

$$E=\frac{q}{4\pi\varepsilon_0 r^2}$$

$$u_A-u_B=\int_{R_A}^{R_B}\boldsymbol{E}\cdot\mathrm{d}\boldsymbol{r}=\int_{R_A}^{R_B}E\mathrm{d}r=\int_{R_A}^{R_B}\frac{q}{4\pi\varepsilon_0 r^2}\mathrm{d}r$$

$$=\frac{q}{4\pi\varepsilon_0}\left(\frac{1}{R_A}-\frac{1}{R_B}\right)=\frac{q(R_B-R_A)}{4\pi\varepsilon_0 R_A R_B}$$

$$C=\frac{q}{u_A-u_B}=\frac{q}{\dfrac{q(R_B-R_A)}{4\pi\varepsilon_0 R_A R_B}}=\frac{4\pi\varepsilon_0 R_A R_B}{R_B-R_A}$$

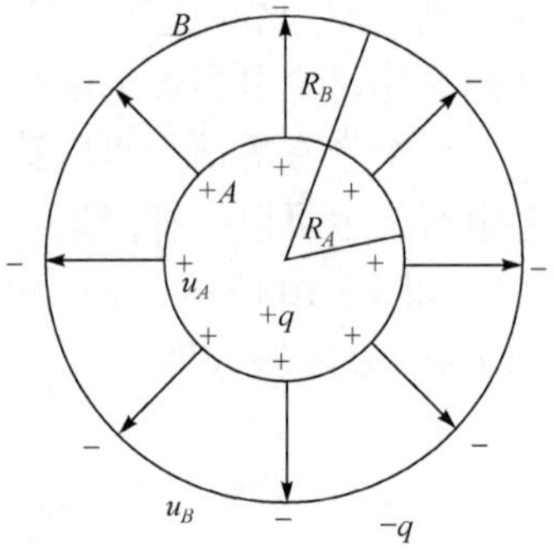

图 5.12

讨论 (1) 当 $|R_B-R_A|\ll R_A$ 时，有 $R_B\approx R_A$.令 $R_B-R_A=d$，则

$$C=\frac{q}{u_A-u_B}=\frac{4\pi\varepsilon_0 {R_A}^2}{d}=\frac{\varepsilon_0 S_A}{d}$$

即平行板电容器结果.

(2) A 为导体球或 A、B 均为导体球壳结果如何?

3. 圆柱形电容器

圆柱形电容器是由两个同轴柱面极板 A、B 构成的，如图 5.13 所示，设 A、B

半径为 R_A、R_B，电荷为 $+q$ 和 $-q$，除边缘外，电荷均匀分布在内外两圆柱面上，单位长柱面带电量 $\lambda = q/l$，l 是柱高. 由高斯定理知，A、B 内任一点 P 处 $\boldsymbol{E}$ 的大小为

$$E = \frac{\lambda}{2\pi\varepsilon_0 r}$$

$$u_A - u_B = \int_{R_A}^{R_B} \boldsymbol{E}\cdot \mathrm{d}\boldsymbol{r} = \int_{R_A}^{R_B} E\mathrm{d}r = \int_{R_A}^{R_B} \frac{\lambda}{2\pi\varepsilon_0 r}\mathrm{d}r = \frac{\lambda}{2\pi\varepsilon_0}\ln\frac{R_B}{R_A}$$

$$C = \frac{q}{u_A - u_B} = \frac{q}{\dfrac{\lambda}{2\pi\varepsilon_0}\ln\dfrac{R_B}{R_A}} = \frac{2\pi\varepsilon_0 l}{\ln\dfrac{R_B}{R_A}}$$

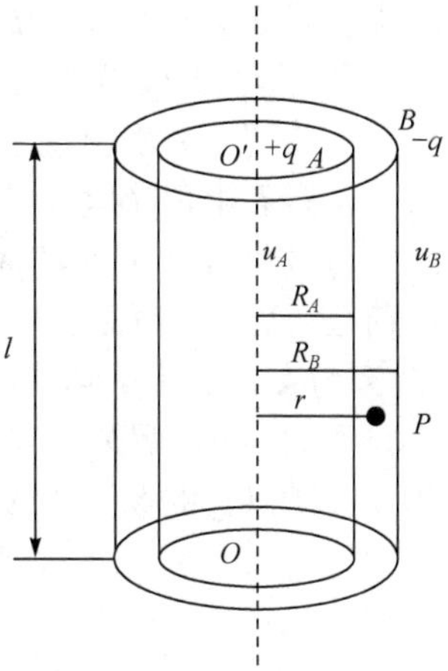

图 5.13

5.2.4　电介质对电容器电容的影响

以上所得结果是在电容器极间为真空的情况，若极间充满电介质，实验表明，此时电容 C 要比真空情况电容 C_0 大，可表示为

$$\frac{C}{C_0} = \varepsilon_r > 1，或 C = \varepsilon_r C_0$$

ε_r 与介质有关，称为介质的相对介电常数.

以上各类电容器若极间充满电介质，则有

球形电容器

$$C = \frac{4\pi\varepsilon_0\varepsilon_r R_A R_B}{R_B - R_A} = \frac{4\pi\varepsilon R_A R_B}{R_B - R_A}$$

平板电容器

$$C = \frac{\varepsilon_0\varepsilon_r S}{d} = \frac{\varepsilon S}{d}$$

柱形电容器

$$C = \frac{2\pi\varepsilon_0\varepsilon_r l}{\ln\dfrac{R_B}{R_A}} = \frac{2\pi\varepsilon l}{\ln\dfrac{R_B}{R_A}}$$

$\varepsilon = \varepsilon_0\varepsilon_r$ 称为介质的介电常数.

5.3　电介质的电极化

5.3.1　电极化

实验表明，充电后的电容器去掉电源，再插入某种电介质(如玻璃、硬橡胶等)，则极板间电压减小了. 由 $u = Ed$ 知，E 减小了. E 是如何减小的呢？从平板电容

场强公式 $E=\sigma/\varepsilon_0$ 知，E 的减小，意味着电介质与极板的接触处的电荷面密度 σ 减小了. 但是，极板上的电荷 q_0 没变，即电荷面密度 σ_0 没变，这种改变只能是电介质上的两个表面出现了图 5.14 所示的正、负电荷 $\pm q'$. 电介质在外电场 $\boldsymbol{E}_0$ 作用下，其表面出现净电荷的现象称为电介质的电极化.

电极化时电介质表面处出现的净电荷称为极化电荷(束缚电荷)，q_0 称为自由电荷. 可见，电荷面密度 $\sigma=\sigma_0$(自由电荷面密度)$-\sigma'$(极化电荷面密度)，即减小了(因为束缚电荷受到限制，所以束缚电荷量比自由电荷少得多，故 σ' 比 σ_0 少得多)，则 E 减小. 另外，可从图 5.14 看出，$\pm q'$ 产生的场强 $\boldsymbol{E}'$ 与 $\pm q_0$ 产生的场强 $\boldsymbol{E}_0$ 相反，所以它的场强为 $E=E_0-E'$，即减小了，这也可以解释实验结果.

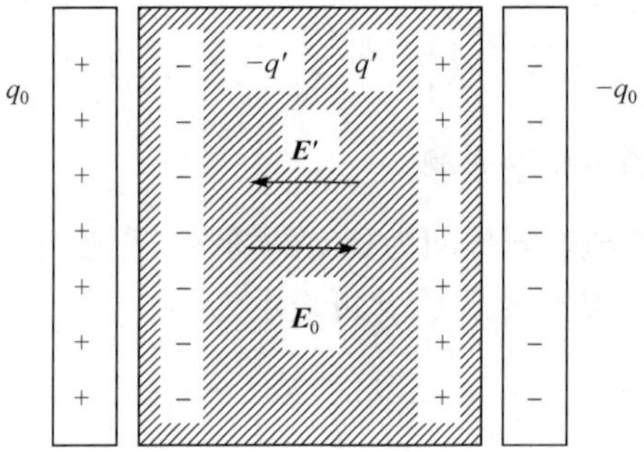

图 5.14

5.3.2　电极化的微观机理

电介质可以分为无极分子电介质和有极分子电介质. 无极分子电介质是指在无外电场时，分子正负电荷中心重合，如 H_2、He、CH_4 等. 有极分子电介质是指即使无外电场时，分子的正负电荷中心也不重合，如 HCl、NH_3、H_2O、CO 等. 分子正负电荷中心不重合时相当于一电偶极子.

无极分子在没有受到外电场作用时，它的正负电荷的中心是重合的，因而没有电偶极矩，如图 5.15(a)所示，但当外电场存在时，它的正负电荷的中心发生相对位移，形成一个电偶极子，其偶极矩 $\boldsymbol{p}$ 的方向沿外电场 $\boldsymbol{E}_0$ 方向，如图 5.15(b)所示. 对一块介质整体来说，由于电介质中每一个分子都成为电偶极子，所以它们在电介质中排列如图 5.15(c)所示，在电介质内部，相邻电偶极子正负电荷相互靠近，因而对于均匀电介质来说，其内部仍是电中性的，但在和外电场垂直的两个端面上就不同了. 由于电偶极子的负端朝向电介质一面，正端朝向另一面，所以电介质的一面出现负电荷，一面出现正电荷，显然这种正负电荷是不能分离的，故为束缚电荷.

结论　无极分子的电极化是由于分子的正负电荷的中心在外电场的作用下发生相对位移的结果，这种电极化称为位移电极化.

有极分子本身就相当于一个电偶极子，在没有外电场时，由于分子做不规则热运动，这些分子偶极子的排列是杂乱无章的，如图 5.16(a)所示，所以电介质内

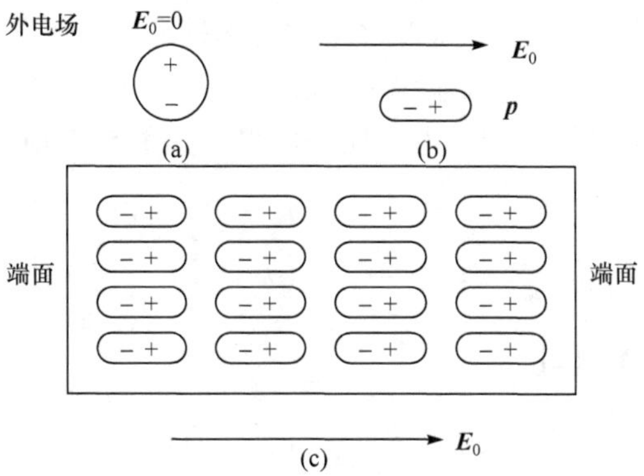

图 5.15

部呈电中性. 当有外电场时, 每一个分子都受到一个电力矩作用, 如图 5.16(b)所示, 这个力矩要使分子偶极子转到外电场方向, 只是由于分子的热运动, 各分子偶极子不能完全转到外电场的方向, 只是部分地转到外电场的方向, 即所有分子偶极子不是很整齐地沿着外电场 $\boldsymbol{E}_0$ 方向排列起来. 但随着外电场 $\boldsymbol{E}_0$ 的增强, 排列整齐的程度要增大, 如图 5.16(c)所示. 无论排列整齐的程度如何, 在垂直外电场的两个端面上都产生了束缚电荷.

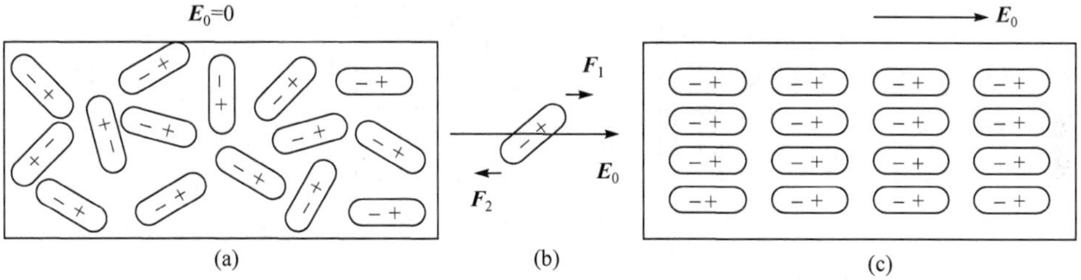

图 5.16

结论　有极分子的电极化是由于分子偶极子在外电场的作用下发生转向的结果, 故这种电极化称为转向电极化.

需要说明的是, 在静电场中两种电介质电极化的微观机理明显不同, 但是宏观结果却是一样的(即在电介质中出现束缚电荷), 故在宏观讨论中不必区分它们.

5.4　电介质中的电场　有介质时的高斯定理

5.4.1　电介质中的电场

从上节看到, 当电介质受外电场 $\boldsymbol{E}_0$ 作用而电极化时, 电介质出现极化电荷,极化电荷也要产生电场，所以，电介质中的电场是外电场 $\boldsymbol{E}_0$ 与极化电荷产生电场 $\boldsymbol{E}'$ 的叠加，即 $\boldsymbol{E}=\boldsymbol{E}_0+\boldsymbol{E}'$，大小为 $E=E_0-E'$.

下面以平行板电容器为例求电介质中场强，如图 5.17 所示.

由电容器定义，有

$$C_0=\frac{q_0}{u_0}\qquad (无介质)$$

其中 u_0 为电压，q_0 为电量.

$$C=\frac{q_0}{u}\qquad (有介质)$$

其中 u 为电压，q_0 为电量.

$$\frac{C}{C_0}=\frac{q_0/u}{q_0/u_0}=\frac{u_0}{u}=\frac{E_0 d}{Ed}=\frac{E_0}{E}\Rightarrow E=\frac{C_0}{C}E_0=\frac{1}{\varepsilon_r}E_0$$

$$E=\frac{E_0}{\varepsilon_r}=\frac{\sigma_0}{\varepsilon},\quad 其中\ \varepsilon=\varepsilon_0\varepsilon_r \tag{5-4}$$

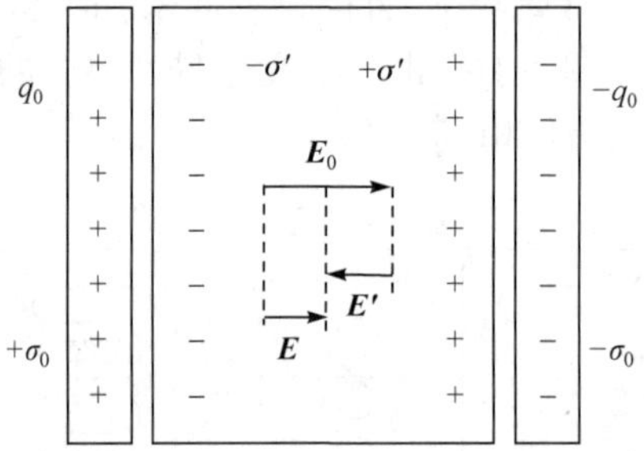

图 5.17

5.4.2 有介质时的高斯定理

根据真空中的高斯定理，通过闭合曲面 S 的电场强度通量为曲面所包围的电荷除以 q_0，即

$$\oint_S \boldsymbol{E}\cdot \mathrm{d}\boldsymbol{S}=\frac{1}{\varepsilon_0}\sum_S q$$

此处，$\sum\limits_S q$ 应理解为闭合面内一切正、负电荷的代数和，在无电介质存在时，$\frac{1}{\varepsilon_0}\sum\limits_S q=\frac{1}{\varepsilon_0}q$；在有介质存在时，$S$ 内既有自由电荷，又有极化电荷，$\sum\limits_S q$ 应是 S 内一切自由电荷与极化电荷的代数和，即

$$\oint_S \boldsymbol{E}\cdot \mathrm{d}\boldsymbol{S}=\frac{1}{\varepsilon_0}\sum_S q=\frac{1}{\varepsilon_0}\sum_S (q_0+q')$$

q_0、q' 分别表示自由电荷和极化电荷. 实际上，q' 难以测量和计算，故应设法消除. 由此我们定义

$$\boldsymbol{D}=\varepsilon\boldsymbol{E} \tag{5-5}$$

$\boldsymbol{D}$ 称为电位移矢量(注意此式只适用于各向同性电介质，对各向同性的均匀电介质，ε 为一常数). 有介质时的高斯定理表达式为

$$\oint_S \boldsymbol{D}\cdot \mathrm{d}\boldsymbol{S}=\sum_S q_0 \tag{5-6}$$

如同引进电场线一样，为描述方便，可引进电位移线. 规定电位移线的切线方向即为 $\boldsymbol{D}$ 的方向，电位移线的密度(通过与电位移线垂直的单位面积上的电位移线条数)等于该处 $\boldsymbol{D}$ 的大小. 所以，通过任一曲面上电位移线条数为 $\int_S \boldsymbol{D}\cdot \mathrm{d}\boldsymbol{S}$，称此为通过 S 的电位移通量；对闭合曲面，此通量为 $\oint_S \boldsymbol{D}\cdot \mathrm{d}\boldsymbol{S}$. 可见有介质存在时的高斯定理物理意义为：电场中通过某一闭合曲面的电位移通量等于该闭合曲面内包围的自由电荷的代数和. 其中 $\boldsymbol{D}$ 是辅助量，无真正的物理意义. 算出 $\boldsymbol{D}$ 后，可求 $\boldsymbol{E}$. 并且有电介质时的高斯定理，它是普遍成立的.

电位移线与电场线的区别：电位移线总是始于正的自由电荷，止于负的自由电荷；而电场线是可始于一切正电荷和止于一切负电荷，即包括极化电荷.

5.5　电场能量

5.5.1　电容器的电场能量

一个电中性的物体，周围没有电场，当把电中性物体的正、负电荷分开时，外力做了功，这时该物体周围建立了电场. 所以，通过外力做功可以把其他形式的能量转变为电能，贮藏在电场中. 下面以电容器为例进行讨论.

如图 5.18 所示，设 t 时刻，两极板上电荷分别为 $+q(t)$ 和 $-q(t)$，A、B 间电势差为

$$u_A(t)-u_B(t)=\frac{q(t)}{C}$$

在把电量 $\mathrm{d}q$ 从 B 移到 A 的过程中，外力做的功为

$$\mathrm{d}W=(u_A-u_B)\mathrm{d}q=\frac{q(t)}{C}\mathrm{d}q$$

当 A、B 上电量达到 $+Q$ 和 $-Q$ 时，外力做的总功为

$$W=\int \mathrm{d}W=\int_0^Q \frac{q(t)}{C}\mathrm{d}q=\frac{1}{2}\frac{Q^2}{C}=\frac{1}{2}C(u_A-u_B)^2=\frac{1}{2}Q(u_A-u_B)$$

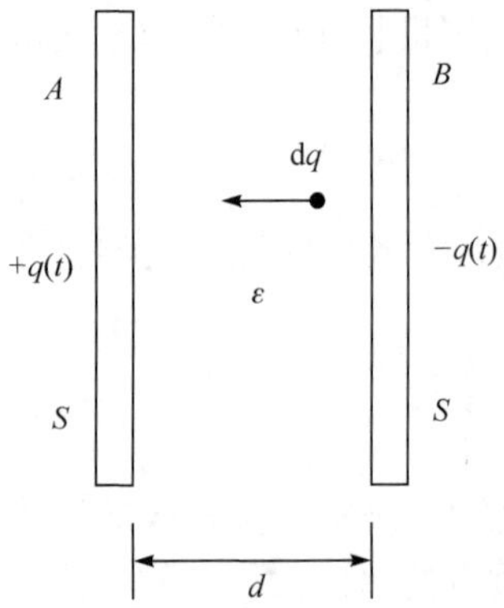

图 5.18

由于外力功全部转化为带电电容器贮藏的电能 W_e，因此电容器储存的电能为

$$W_e = \frac{1}{2}\frac{Q^2}{C} = \frac{1}{2}C(u_A - u_B)^2 = \frac{1}{2}Q(u_A - u_B) \quad (5\text{-}7)$$

5.5.2 电场能量的计算

对于平行板电容器，$u_A - u_B = Ed$，$C = \frac{\varepsilon S}{d}$. 由此可得

$$W_e = \frac{1}{2}\frac{\varepsilon S}{d}E^2 d^2 = \frac{1}{2}\varepsilon E^2 Sd = \frac{1}{2}\varepsilon E^2 V$$

其中，$V = Sd$ 为电容器的体积. 由上式可知，平行板电容器产生的电场能量与 E，V，ε 有关. 因为平行板电容器产生的电场为匀强电场，W_e 应均匀分布，所以单位体积内的电场能量，即能量密度为

$$w_e = \frac{W_e}{V} = \frac{1}{2}\varepsilon E^2 = \frac{1}{2}DE$$

即

$$w_e = \frac{1}{2}\varepsilon E^2 = \frac{1}{2}DE \quad (5\text{-}8)$$

上式适用于任何电容器以及任何电场. 对于任何一个带电系统，整个电场能量为

$$W_e = \int_V w_e \mathrm{d}V = \int_V \left(\frac{1}{2}DE\right)\mathrm{d}V = \int_V \frac{1}{2}\varepsilon E^2 \mathrm{d}V$$

电场能量究竟是电荷携带的还是电场携带的？在静电场中是无法判断的. 因为在静电场中，电场和电荷是不可分割地联系在一起的，有电场必有电荷，有电荷必有电场，而且电场与电荷之间有一一对应关系，因而无法判断能量是属于电场的还是属于电荷的. 但是，在电磁波情形下就不同了，电磁波是变化的电磁场的传播过程，变化的电场可以离开电荷而独立存在，没有电荷也可以有电场，而且场的能量能够以电磁波的形式传播，这一事实证实了能量是属于电场的，而不是属于电荷的.

例 5.5.1 真空中有一个均匀带电的导体球，电荷为 $+Q$，半径为 R，如图 5.19 所示. 试求电场能量.

解 由高斯定理知，场强为

$$E = \begin{cases} \dfrac{Q}{4\pi\varepsilon_0 R^3}r, & r < R \\ \dfrac{Q}{4\pi\varepsilon_0 r^2}, & r > R \end{cases}$$

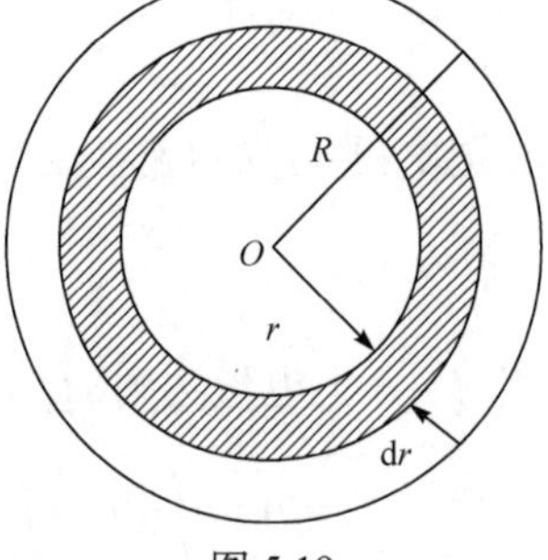

图 5.19

在半径为 r，厚为 $\mathrm{d}r$ 的球壳内的电场能量为

$$\mathrm{d}W_\mathrm{e} = w_\mathrm{e}\mathrm{d}V = w_\mathrm{e}4\pi r^2\mathrm{d}r$$
$$= \frac{1}{2}\varepsilon_0 E^2 \cdot 4\pi r^2 \mathrm{d}r = 2\pi\varepsilon_0 E^2 r^2 \mathrm{d}r$$

所求能量为

$$W_\mathrm{e} = \int_V w_\mathrm{e}\mathrm{d}V = \int_0^R 2\pi\varepsilon_0\left(\frac{Q}{4\pi\varepsilon_0 R^3}r\right)^2 r^2\mathrm{d}r + \int_R^\infty 2\pi\varepsilon_0\left(\frac{Q}{4\pi\varepsilon_0 r^2}\right)^2 r^2\mathrm{d}r$$
$$= \frac{Q^2}{8\pi\varepsilon_0 R^6}\int_0^R r^4\mathrm{d}r + \frac{Q^2}{8\pi\varepsilon_0}\int_R^\infty \frac{1}{r^2}\mathrm{d}r = \frac{Q^2}{40\pi\varepsilon_0 R^6}R^5 + \frac{Q^2}{8\pi\varepsilon_0 R} = \frac{1}{4\pi\varepsilon_0}\left(\frac{3Q^2}{5R}\right)$$

附录 5　电介质极化演示实验

【实验原理】

电偶极子在电场中受力矩作用，使电偶极子转到平行于电场的方向. 电介质内的有极分子在没有外加电场的情况下，由于热运动其分子电矩杂乱无章地取向，从宏观上看没有偶极矩. 当外加一电场后，在电场的作用下，每个偶极矩都趋向于与外场一致，宏观上表现出极化现象. 实验装置如图 5.20 所示. 随着外电场 $\boldsymbol{E}_0$ 的增强，排列整齐的程度要增大. 无论排列整齐的程度如何，在垂直外电场的两个端面上都产生了束缚电荷.

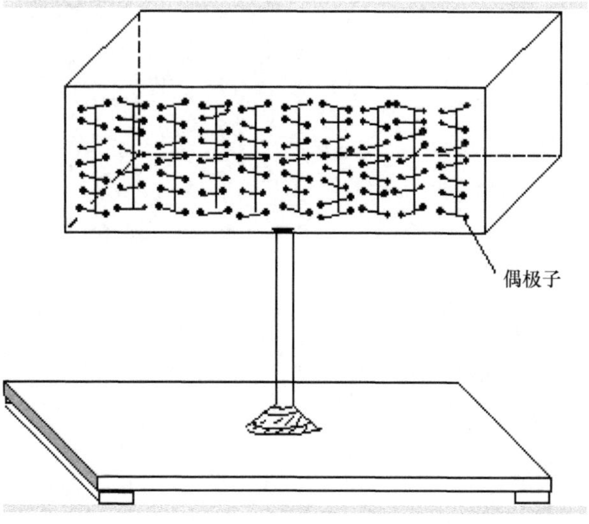

图 5.20

【实验内容】

将静电高压电源正、负极接在电介质极化演示仪的两极板上，此时电介质极化演示仪内模拟电偶极子的石蜡细棒排列方向是混乱状态(沿任意方向). 当接通电压，模拟偶极子极化使两端带上等量异号电荷，从而形成偶极子，并且由于极化和静电场作用，偶极子立即由混乱状况变为有向排列. 显示介质有极分子极化过程. 关闭电压，则偶极子又处于混乱状态.

习　题　5

5.1　相隔很远，半径分别为 R_1 和 R_2 的两个导体球，分别带有电荷 q 和 Q，用一细导线将两球连接. 试求：(1)两球所带电量各是多少？(2)两球表面电荷面密度之比；(3)两球外表面附近电场强度大小之比. [参考答案：(1) $\dfrac{R_1}{R_1+R_2}(q+Q)$，$\dfrac{R_2}{R_1+R_2}(q+Q)$；(2) $\dfrac{\sigma_1}{\sigma_2}=\dfrac{R_2}{R_1}$；(3) $\dfrac{E_1}{E_2}=\dfrac{R_2}{R_1}$]

5.2　均匀带电球体，带电量为 Q，半径为 R，求其电场所储存的能量，若是导体球结果又如何？[参考答案：$\dfrac{3Q^2}{4\pi\varepsilon_0 5R}$，$\dfrac{Q^2}{8\pi\varepsilon_0 R}$]

第 6 章　稳恒电流的磁场

人们对磁现象的研究是很早的，而且开始时是与电现象分开研究的. 发现电、磁现象之间存在着相互联系的事实，首先应归功于丹麦物理学家奥斯特. 他在实验中发现，通有电流的导线(也叫载流导线)附近的磁针，会受力而偏转. 1820 年 7 月 21 日，他在题为“电流对磁针作用的实验”文章里，宣布了这个发现. 这个事实表明电流对磁铁有作用力，电流和磁铁一样，也产生磁现象. 1820 年 8 月，奥斯特又发表了第二篇论文，他指出：放在马蹄形磁铁两极间的载流导线也会受力而运动. 这个实验说明了磁铁对运动的电荷有作用力. 1820 年 9 月,法国人安培报告了通有电流的直导线间有相互作用的发现,并在 1820 年底从数字上给出了两平行导线相互作用力公式. 这说明了两者的作用是通过它们产生的磁现象进行的. 综上可知，电流是一切磁现象的根源.

为了说明物质的磁性，1822 年安培提出了有关物质磁性的本性的假说，他认为一切磁现象的根源是电流，即电荷的运动，任何物体的分子中都存在着回路电流，成为分子电流. 分子电流相当于基元磁铁，由此产生磁效应. 安培假说与现代物质的电结构理论是符合的，分子中的电子除绕原子核运动外，电子本身还有自旋运动，分子中电子的这些运动相当于回路电流，即分子电流.

现在磁场的应用十分广泛，如电子射线、回旋加速器、质谱仪、真空开关等都利用了磁场.

6.1　磁场　磁感应强度　磁通量

6.1.1　磁场　磁感应强度

在运动电荷或电流的周围存在一种场，称为磁场. 我们一般把不随时间变化的电流称为稳恒电流,也叫直流电. 而由稳恒电流形成的磁场称为稳恒磁场. 磁场的主要表现为既对运动电荷或载流导体有作用力又对载流导体能做功. 实验表明磁场与电场一样，既有强弱，又有方向.

为了描述磁场的性质，如同在描述电场性质时引进电场强度一样，也引进一个描述磁场性质的物理量——磁感应强度.

下面从磁场对运动电荷的作用力角度来定义磁感应强度. 设 q 、$\boldsymbol{v}$ 、$\boldsymbol{F}$ 分别为运动电荷的电量、运动速度、受磁场力. 实验结果表明：

(1) $F\propto q$ ， $F\propto v$.

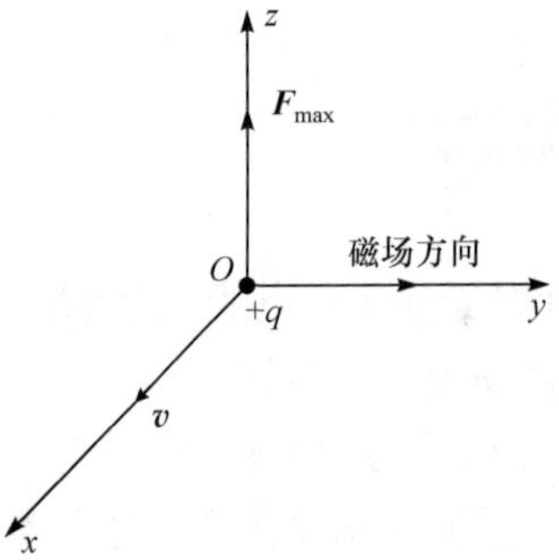

图 6.1

(2) $\boldsymbol{F}$ 与 $\boldsymbol{v}$ 同磁场方向的夹角有关，当 $\boldsymbol{v}$ 与磁场方向平行时， $\boldsymbol{F}=0$；当 $\boldsymbol{v}$ 与磁场方向垂直时， $F=F_{max}$. 如果 $\boldsymbol{v}$ 与磁场方向分别处于 x 轴正向、y 轴正向，则 F_{max} 处于 z 轴正向，如图 6.1 所示. 由此可知， $F_{max}\propto qv$ ，可写成

$$F_{max}=Bqv$$

其中 B 是与电荷无关而仅与考察点位置有关的量. 因此定义 $\boldsymbol{B}$ 为磁感应强度，其大小为 $B=\dfrac{F_{max}}{qv}$ ，方向沿 $\boldsymbol{F}_{max}\times\boldsymbol{v}$ 方向(规定为沿磁场方向).

说明 (1) $\boldsymbol{B}$ 是描绘磁场性质的物理量，它与电场中的 $\boldsymbol{E}$ 地相位当.

(2) $\boldsymbol{B}$ 的定义方法较多，例如也可以从线圈磁力矩角度定义等.

(3) 国际单位制中， $\boldsymbol{B}$ 单位为 T(特斯拉).

6.1.2 磁感线

在描述电场性质时，为了研究方便，曾经引进了电场线这一辅助概念. 与此相类似的在描述磁场性质时，我们也可以引进磁感线这一辅助概念.

我们规定 $\boldsymbol{B}$ 的方向为某点磁感线的切线方向，$\boldsymbol{B}$ 的大小为某处磁感线密度. 设 P 点面元 $\mathrm{d}\boldsymbol{S}$ 与 $\boldsymbol{B}$ 垂直，$\mathrm{d}\varPhi_m$ 为 $\mathrm{d}\boldsymbol{S}$ 上通过的磁感线条数，则磁感线密度为 $\dfrac{\mathrm{d}\varPhi_m}{\mathrm{d}S}$ ，即

$$\frac{\mathrm{d}\varPhi_m}{\mathrm{d}S}=B$$

由此可知，磁感线密的地方 $\boldsymbol{B}$ 较大；磁感线疏的地方 $\boldsymbol{B}$ 较小. 磁感线的性质为

(1) 磁感线是闭合的，这与静电场情况是截然不同的，因为磁场为涡旋场.

(2) 磁感线不能相交，因为各个场点 $\boldsymbol{B}$ 的方向唯一.

6.1.3 磁通量

通过某一面的磁感线条数称为通过该面的磁通量，用 $\varPhi_m$ 表示.

1. $\boldsymbol{B}$ 均匀情况

(1) 平面 $\boldsymbol{S}$ 与 $\boldsymbol{B}$ 垂直，如图 6.2 所示，可知

$$\varPhi_m=BS \quad (\text{根据磁感线密度定义}) \tag{6-1}$$

(2) 平面 $\boldsymbol{S}$ 与 $\boldsymbol{B}$ 有夹角 θ ，如图 6.3 所示，可知

$$\Phi_m = BS_{\perp} = BS\cos\theta = \boldsymbol{B}\cdot\boldsymbol{S} \quad (\text{其中}\boldsymbol{S} = S\boldsymbol{n})$$

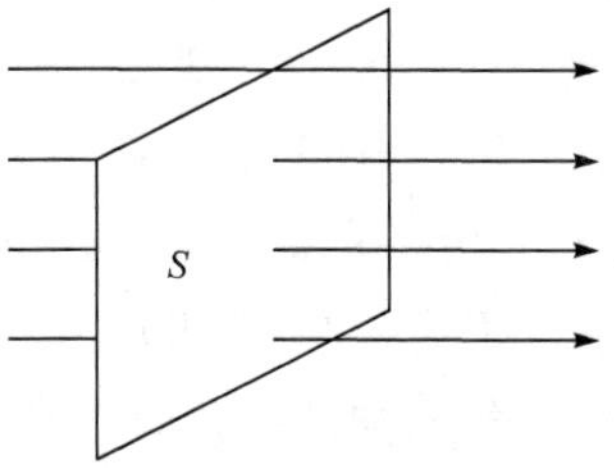

图 6.2

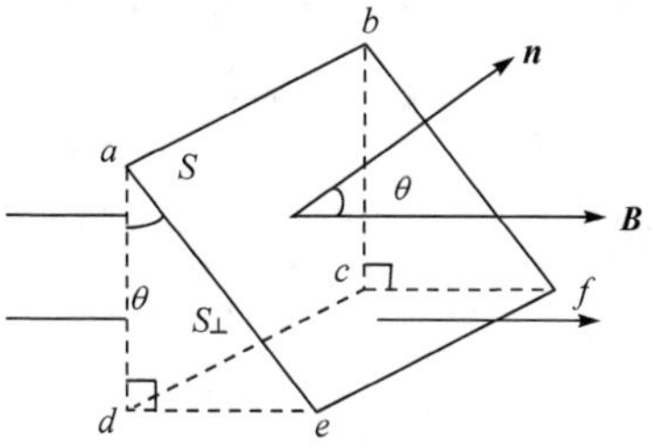

图 6.3

2. **B** 任意情况

如图 6.4 所示，在任意曲面 S 上取面元 $\mathrm{d}S$，$\mathrm{d}S$ 可视为平面，$\mathrm{d}S$ 上 $\boldsymbol{B}$ 的分布可看作均匀分布，$\boldsymbol{n}$ 为 $\mathrm{d}\boldsymbol{S}$ 法向单位矢量，通过 $\mathrm{d}\boldsymbol{S}$ 的磁通量为 $\Phi_m = \boldsymbol{B}\cdot\mathrm{d}\boldsymbol{S}$，通过 S 上的磁通量为

$$\Phi_m = \int \mathrm{d}\Phi_m = \int_S \boldsymbol{B}\cdot\mathrm{d}\boldsymbol{S} \tag{6-2}$$

对于闭合曲面，因为磁感线是闭合的，所以穿入闭合曲面和穿出闭合曲面的磁感线条数相等，故 $\Phi_m = 0$，即

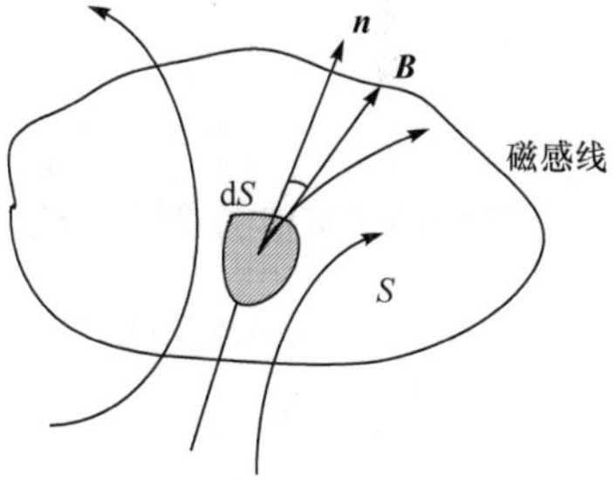

图 6.4

$$\oint_S \boldsymbol{B}\cdot\mathrm{d}\boldsymbol{S} = 0 \tag{6-3}$$

此式是表示磁场重要特性的公式，称为磁场中的高斯定理. 在这里，此定理只当做实验结果来接受，但是可以从磁场的基本定律和场的叠加原理严格证明. 磁通量的单位：国际单位制中为 Wb(韦伯).

6.2　毕奥-萨伐尔定律

在电学中曾经介绍过，求一个连续带电体的电场强度时，需要把连续带电体看成是由许多电荷元组成的，写出电荷元的场强表达式之后，然后用叠加法可求解整个带电体的电场强度. 求载流导线的磁感应强度的方法与此类似，把载流导线看作是由许多电流元组成的，如果已知电流元产生的磁感应强度，用叠加法(实验表明叠加法成立)，便可求出整个载流导线的磁感应强度. 电流元的磁感应强度由毕奥-萨伐尔定律给出，这条定律是拉普拉斯把毕奥、萨伐尔等人的实验资料加以分析和总结得出的，故亦称毕奥-萨伐尔-拉普拉斯定律.

假设在导线上沿电流方向取一带有方向的线元 $\mathrm{d}\boldsymbol{l}$，这个线元很短，可看作直线段. 又设导线中电流为 I，则 $I\mathrm{d}\boldsymbol{l}$ 称为电流元，如图 6.5 所示，电流元 $I\mathrm{d}\boldsymbol{l}$ 在 P 点产生的磁感应强度为 $\mathrm{d}\boldsymbol{B}$，实验发现：$\mathrm{d}\boldsymbol{B}$ 的大小与 $I\mathrm{d}\boldsymbol{l}$ 的大小成正比，与 $\mathrm{d}\boldsymbol{l}$ 和 $\boldsymbol{r}$ (从电流元 $I\mathrm{d}\boldsymbol{l}$ 到 P 点的矢量)夹角的正弦成正比，与 $\boldsymbol{r}$ 大小的平方成反比，即

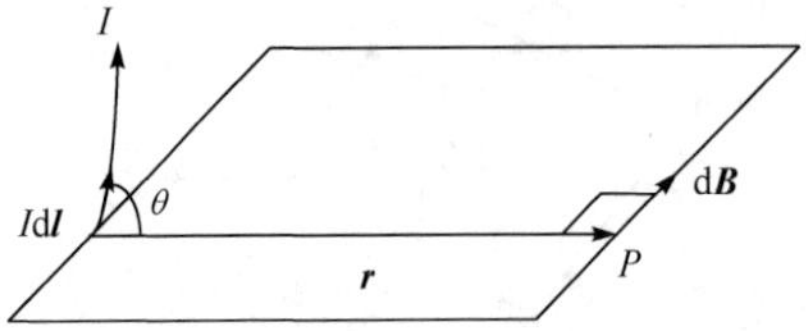

图 6.5

$$\mathrm{d}B \propto \frac{I\mathrm{d}l\sin\theta}{r^2}$$

可写成

$$\mathrm{d}B = K\frac{I\mathrm{d}l\sin\theta}{r^2}$$

K 与磁介质和单位制的选取有关. 相对于真空和国际单位制，$K=\dfrac{\mu_0}{4\pi}$，其中 $\mu_0 = 4\pi\times10^{-7}\ \mathrm{N/A^2}$ (称为真空磁导率)，即

$$\mathrm{d}B = \frac{\mu_0}{4\pi}\frac{I\mathrm{d}l\sin\theta}{r^2}$$

$\mathrm{d}\boldsymbol{B}$ 的方向：沿 $I\mathrm{d}\boldsymbol{l}\times\boldsymbol{r}$ 方向. 由此可得

$$\mathrm{d}\boldsymbol{B} = \frac{\mu_0}{4\pi}\frac{I\mathrm{d}\boldsymbol{l}\times\boldsymbol{r}}{r^3} \tag{6-4}$$

此式即为毕奥-萨伐尔定律的数学表达式.

说明　(1) 毕奥-萨伐尔定律是一条实验定律.

(2) $I\mathrm{d}\boldsymbol{l}$ 是矢量，方向沿电流方向.

(3) 在电流元的延长线上 $\mathrm{d}\boldsymbol{B}=0$.

(4) 实验表明：叠加原理对磁感应强度也适用. 整个导线在 P 点产生的 $\boldsymbol{B}$ 为

$$\boldsymbol{B} = \int \mathrm{d}\boldsymbol{B} = \int_l \frac{\mu_0}{4\pi}\frac{I\mathrm{d}\boldsymbol{l}\times\boldsymbol{r}}{r^3} \tag{6-5}$$

例 6.2.1　设有一段直载流导线，电流强度为 I，P 点距导线的距离为 a，求 P 点 $\boldsymbol{B}$ 的大小和方向.

解　如图 6.6 所示，在 AB 上距 O 点为 l 处取电流元 $I\mathrm{d}\boldsymbol{l}$，$I\mathrm{d}\boldsymbol{l}$ 在 P 点产生的 $\mathrm{d}\boldsymbol{B}$ 的大小为

$$dB = \frac{\mu_0}{4\pi}\frac{Idl\sin\theta}{r^2}$$

$d\boldsymbol{B}$ 的方向垂直指向纸面($Id\boldsymbol{l}\times\boldsymbol{r}$ 方向). 同样可知，AB 上所有电流元在 P 点产生的 $d\boldsymbol{B}$ 方向均相同，所以 P 点 $\boldsymbol{B}$ 的大小即等于下面的代数积分：

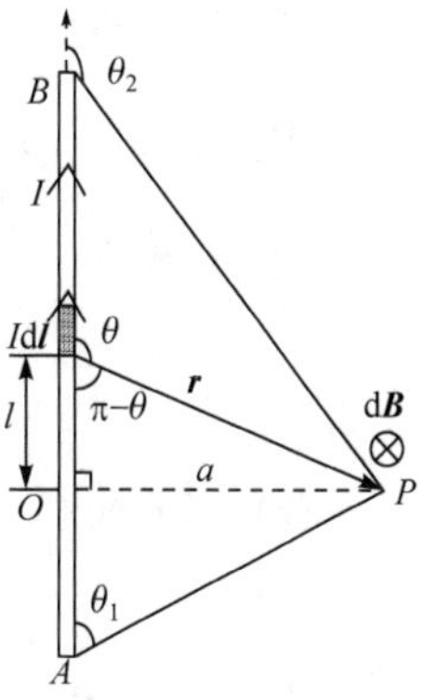

图 6.6

$$B = \int dB = \int_{AB}\frac{\mu}{4\pi}\frac{Idl\sin\theta}{r^2}$$

统一变量，由图 6.6 知

$$r = \frac{a}{\sin(\pi-\theta)} = \frac{a}{\sin\theta}$$

$$l = a\cdot\cot(\pi-\theta) = -a\cot\theta$$

$$dl = -a\cdot(-\csc^2\theta)d\theta = a\csc^2\theta d\theta = \frac{a}{\sin^2\theta}d\theta$$

则

$$B = \int_{\theta_1}^{\theta_2}\frac{\mu_0}{4\pi}\frac{I\dfrac{a}{\sin^2\theta}d\theta\cdot\sin\theta}{\dfrac{a^2}{\sin^2\theta}} = \frac{\mu_0 I}{4\pi a}\int_{\theta_1}^{\theta_2}\sin\theta d\theta = \frac{\mu_0 I}{4\pi a}(\cos\theta_1 - \cos\theta_2)$$

$\boldsymbol{B}$ 的方向为垂直指向纸面.

讨论　(1) 对于无限长载流直导线，$\theta_1 = 0$，$\theta_2 = \pi$，$B = \dfrac{\mu_0 I}{2\pi a}$.

(2) 对于半无限长载流直导线(A 在 O 处)，$\theta_1 = \dfrac{\pi}{2}$，$\theta_2 = \pi$，$B = \dfrac{\mu_0 I}{4\pi a}$.

强调　(1) $B = \dfrac{\mu_0 I}{4\pi a}(\cos\theta_1 - \cos\theta_2)$ 要记住，做题时关键找出 a、θ_1、θ_2.

(2) θ_1、θ_2 是电流方向与 P 点同 A、B 连线间的夹角.

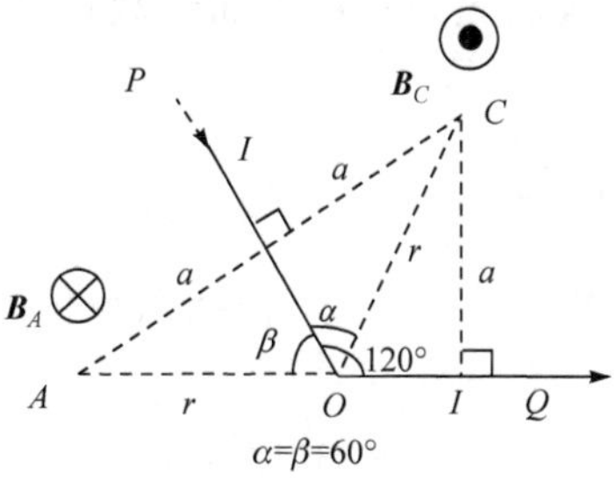

图 6.7

例 6.2.2　如图 6.7 所示，长直导线折成120°角，电流强度为 I，A 在一段直导线的延长线上，C 为120°角的平分线上一点，$AO=CO=r$，求 A、C 处的 $\boldsymbol{B}_A$ 和 $\boldsymbol{B}_C$.

解　任一点的 $\boldsymbol{B}$ 是由 PO 段和 OQ 段产生的磁感应强度 $\boldsymbol{B}_1$、$\boldsymbol{B}_2$ 的叠加，即 $\boldsymbol{B} = \boldsymbol{B}_1 + \boldsymbol{B}_2$，

(1) 求 A 处的 $\boldsymbol{B}_A$.

由于 A 在 OQ 延长线上，所以 $\boldsymbol{B}_2 = 0$. 即

$$\boldsymbol{B}_A = \boldsymbol{B}_1$$

$\boldsymbol{B}_A$ 的方向：垂直指向纸面.

$\boldsymbol{B}_A$ 的大小：$B_A = B_1 = \dfrac{\mu_0 I}{4\pi a}(\cos\theta_1 - \cos\theta_2)$，其中 $a = r\sin 60° = \dfrac{\sqrt{3}}{2}r$，$\theta_1$=0°，$\theta_2$=120°，则

$$B_A = \frac{\mu_0 I}{2\sqrt{3}\pi r}(\cos 0° - \cos 120°) = \frac{\sqrt{3}\mu_0 I}{4\pi r}$$

(2) 求 C 处的 $\boldsymbol{B}_C$.

$$\boldsymbol{B}_C = \boldsymbol{B}_1 + \boldsymbol{B}_2$$

由题知，$\boldsymbol{B}_1 = \boldsymbol{B}_2$ (大小和方向均相同)，有

$$\boldsymbol{B}_C = 2\boldsymbol{B}_2$$

$\boldsymbol{B}_C$ 的方向：垂直纸面向外.

$\boldsymbol{B}_C$ 大小：$B_C = 2B_1 = 2\cdot\dfrac{\mu_0 I}{4\pi a}(\cos\theta_1 - \cos\theta_2)$，其中 $a = r\sin 60° = \dfrac{\sqrt{3}}{2}r$，$\theta_1$=0°，$\theta_2$=120°，则

$$B_C = 2\cdot\frac{\sqrt{3}\mu_0 I}{4\pi r} = \frac{\sqrt{3}}{2\pi}\frac{\mu_0 I}{r}$$

例 6.2.3 如图 6.8 所示，一宽为 a 的薄金属板，其电流强度为 I 并均匀分布. 试求在板平面内距板一边为 b 的 P 点的 $\boldsymbol{B}$.

解 取 P 为原点，x 轴过平板所在平面且与板边垂直，在距 P 为 x 处取一宽为 dx 的小窄条，视为无限长载流导线，它在 P 点产生 d$\boldsymbol{B}$ 的方向为垂直纸面向外，大小为

$$\mathrm{d}B = \frac{\mu_0 \mathrm{d}I}{2\pi x} = \frac{\mu_0 \dfrac{I}{a}\mathrm{d}x}{2\pi x}$$

所有这样的窄条在 P 点的 d$\boldsymbol{B}$ 方向均相同，所以求 $\boldsymbol{B}$ 的大小可用下面代数积分进行：

$$B = \int \mathrm{d}B = \int_b^{a+b} \frac{\mu_0 I \mathrm{d}x}{2\pi a x} = \frac{\mu_0 I}{2\pi a}\mathrm{In}\frac{b+a}{b}$$

例 6.2.4 如图 6.9 所示，半径为 R 的载流圆线圈，电流为 I，求轴线上任一点 P 的磁感应强度 $\boldsymbol{B}$.

解 取 x 轴为线圈轴线，O 在线圈中心，电流元 $I\mathrm{d}\boldsymbol{l}$ 在 P 点产生的 d$\boldsymbol{B}$ 大小为

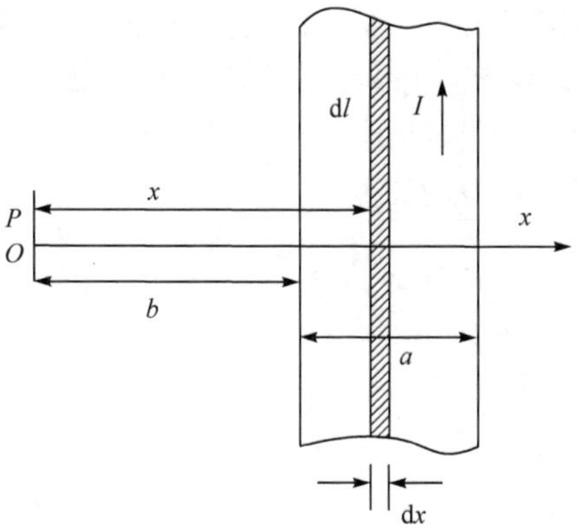

图 6.8

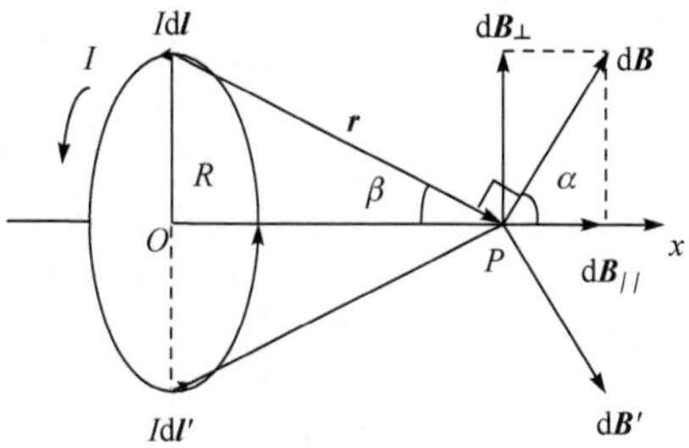

图 6.9

$$dB = \frac{\mu_0}{4\pi}\frac{Idl\sin\theta}{r^2} = \frac{\mu_0 Idl}{4\pi r^2} \quad \left(其中\theta = \frac{\pi}{2}\right)$$

设 d$\boldsymbol{l}$ 垂直于纸面，则 d$\boldsymbol{B}$ 在纸面内. d$\boldsymbol{B}$ 分成平行 x 轴分量 d$\boldsymbol{B}_{//}$ 与垂直 x 轴分量 d$\boldsymbol{B}_\perp$. 在与 Id$\boldsymbol{l}$ 在同一直径上的电流元 Id$\boldsymbol{l}'$ 在 P 点产生的 d$\boldsymbol{B}'_{//}$、d$\boldsymbol{B}'_\perp$，由对称性可知，d$\boldsymbol{B}'_\perp$ 与 d$\boldsymbol{B}_\perp$ 相抵消，可见，线圈在 P 点产生垂直 x 轴的分量由于两两抵消而为零，故只有平行 x 轴分量，即

$$\boldsymbol{B}_\perp = 0$$

$$\begin{aligned} B = B_{//} &= \int dB\cos\alpha = \int_0^{2\pi R}\frac{\mu_0 Idl}{4\pi r^2}\cos\alpha \\ &= \frac{\mu_0 I}{4\pi}\int_0^{2\pi R}\frac{dl}{r^2}\sin\beta = \frac{\mu_0 I}{4\pi}\int_0^{2\pi R}\frac{dl}{r^2}\cdot\frac{R}{r} \\ &= \frac{\mu_0 IR}{4\pi r^3}\cdot 2\pi R = \frac{\mu_0 IR^2}{2\left(x^2+R^2\right)^{\frac{3}{2}}} \end{aligned}$$

$\boldsymbol{B}$ 的方向沿 x 轴正向.

讨论　(1) 在 $x=0$ 处，$B = \dfrac{\mu_0 I}{2R}$.

(2) 当 $x \gg R$ 时，$B = \dfrac{\mu_0 R^2 I}{2x^3}$.

(3) 线圈左侧轴线上任一点 $\boldsymbol{B}$ 的方向仍向右. 对于 N 匝线圈有

$$B = \frac{\mu_0 R^2 NI}{2\left(x^2+R^2\right)^{\frac{3}{2}}}$$

例 6.2.5　单层密绕载流螺线管，已知导线中电流为 I，螺线管单位长度上有 n 匝线圈，求螺线管轴线上任一点的 $\boldsymbol{B}$.

解　螺线管的纵剖图如图6.10所示. 此剖面图设在纸面内. 在距P点为x处取长为dx的单位元，dx上含线圈数为ndx. 因为螺线管上线圈绕得很密，所以，dx段相当于一个圆电流，电流强度为$Indx$. 因此宽为dx的圆线圈产生的$d\boldsymbol{B}$大小为

$$dB=\frac{\mu_0}{2}\frac{R^2 dI}{(R^2+x^2)^{\frac{3}{2}}}=\frac{\mu_0}{2}\cdot\frac{R^2 Indx}{(R^2+x^2)^{\frac{3}{2}}}$$

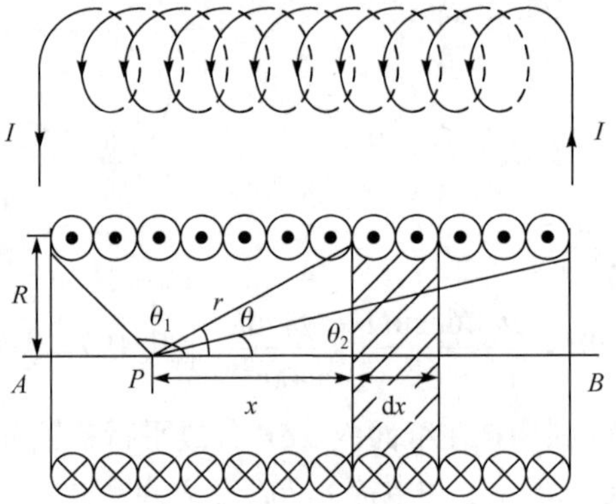

图 6.10

所有线圈在P点产生的$d\boldsymbol{B}$均向右，所以P点的B的大小为

$$B=\int dB=\int_{AB}\frac{\mu_0 R^2 In}{2}\cdot\frac{dx}{(x^2+R^2)^{\frac{3}{2}}}$$

$$=\frac{\mu_0 R^2 In}{2}\int_{AB}\frac{dx}{(x^2+R^2)^{\frac{3}{2}}}$$

由$x=R\cot\theta$，$dx=-R\csc^2\theta d\theta$，得

$$B=\frac{\mu_0 R^2 In}{2}\int_{\theta_1}^{\theta_2}\frac{-R\csc^2\theta d\theta}{R^3\csc^3\theta}=\frac{\mu_0 R^2 In}{2}\cdot\frac{-1}{R^2}\int_{\theta_1}^{\theta_2}\sin\theta d\theta$$

$$=\frac{\mu_0 In}{2}(\cos\theta_2-\cos\theta_1)$$

讨论　螺线管无限长时，$\theta_1=\pi$，$\theta_2=0$，$B=\mu_0 nI$；螺线管为半无限长时，如B在无穷远处，P在A点，有$\theta_1=\frac{\pi}{2}$，$\theta_2=0$，$B=\frac{1}{2}\mu_0 nI$.

例 6.2.6　如图 6.11 所示，在纸面上有一闭合回路，它由半径为R_1、R_2的半圆周及在直径上的两直线段组成，电流为I. 求：(1)圆心O处$\boldsymbol{B}_O$的大小和方向；(2)若小半圆绕AB转$180°$，如图 6.12 所示，此时O处$\boldsymbol{B}'_O$的大小和方向.

解　由磁场的叠加性知，任一点$\boldsymbol{B}$是由两半圆及直线段部分在该点产生的磁

感应强度矢量和. 此题中，因为 O 点在直线段的延长线上，故直线段在 O 点处不产生磁场.

(1) 求 $\boldsymbol{B}_O$ 的大小和方向.

小线圈在 O 点处产生的磁场大小为：$B_{O小}=\frac{1}{2}\frac{\mu_0 I}{2R_1}$(每长度相等的圆弧在 O 点处产生的磁场大小相同)；方向：垂直纸面向外.

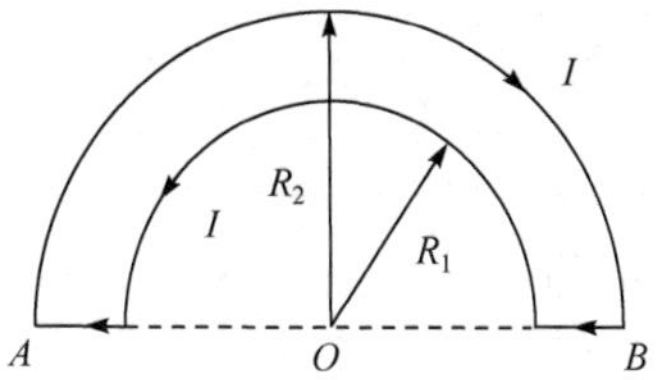

图 6.11

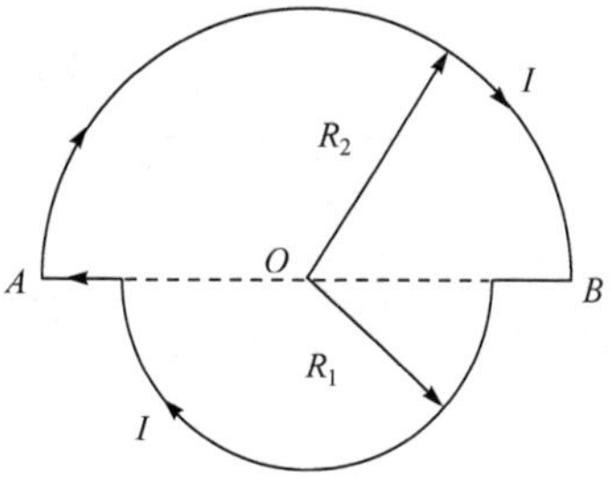

图 6.12

大线圈在 O 点处产生的磁场大小为：$B_{O大}=\frac{1}{2}\frac{\mu_0 I}{2R_2}$；方向：垂直纸面向里.

所以 B_O 的大小为

$$B_O=B_{O小}-B_{O大}=\frac{\mu_0 I}{4}\left(\frac{1}{R_1}-\frac{1}{R_2}\right)$$

方向：垂直纸面向外.

(2) 求 $\boldsymbol{B}'_O$ 的大小和方向.

可知

$$B'_{O小}=B_{O小}$$
$$B'_{O大}=B_{O大}$$

方向均垂直纸面向里. 故

$$B'_O=B'_{O小}+B'_{O大}=\frac{\mu_0 I}{4}\left(\frac{1}{R_1}+\frac{1}{R_2}\right)$$

方向：垂直纸面向里.

6.3　运动电荷的磁场

我们知道，电流是一切磁现象的根源，而电流是由于电荷定向运动形成的. 可见，电流的磁场本质上是由运动电荷产生的. 因此，我们可以从电流元所产生的磁场公式推导出运动电荷所产生的磁场公式.

如图 6.13 所示，有一段粗细均匀的直导线，电流强度为 I，横截面面积为 S，在其上取一电流元 $I\mathrm{d}\boldsymbol{l}$，它在空间某一点产生的磁感应强度为 $\mathrm{d}\boldsymbol{B}$，$\boldsymbol{r}$ 为电流元到 P 点的矢径，则

$$\mathrm{d}\boldsymbol{B}=\frac{\mu_0}{4\pi}\frac{I\mathrm{d}\boldsymbol{l}\times\boldsymbol{r}}{r^3}$$

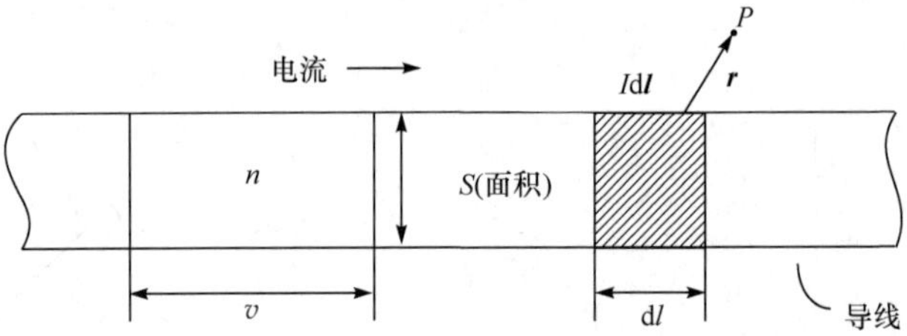

图 6.13

按照经典电子理论,金属导体中的电流是由大量自由电子的定向运动形成的，为研究方便，我们可等效地认为该电流是由正电荷产生的，正电荷的运动方向就是电流方向. 设电荷(正电荷，下同)的电量为 q，单位体积内有 n 个做定向运动的电荷，它们的运动速度均为恒矢 $\boldsymbol{v}$. 下面求 I 的大小.

在导线上取长为 v 的一柱体，那么在单位时间内通过此柱体右端面 S 的电荷数为 nvS，单位时间内通过此面的电量为 $qnvS$.

由电流强度定义有

$$I=qnvS$$

故

$$I\mathrm{d}\boldsymbol{l}=qnvS\mathrm{d}\boldsymbol{l}$$

由于 $\boldsymbol{v}$ 与 $\mathrm{d}\boldsymbol{l}$ 同向，所以 $I\mathrm{d}\boldsymbol{l}=qnS\mathrm{d}l\boldsymbol{v}$，则

$$\mathrm{d}\boldsymbol{B}=\frac{\mu_0}{4\pi}\frac{qnS\mathrm{d}l\boldsymbol{v}\times\boldsymbol{r}}{r^3}$$

因为该电流元内定向运动的电荷数目为 $\mathrm{d}N=n\cdot(S\mathrm{d}l)$，所以电流元内一个运动电荷产生的磁感应强度为

$$\boldsymbol{B}=\frac{\mathrm{d}\boldsymbol{B}}{\mathrm{d}N}=\frac{1}{nS\mathrm{d}l}\frac{\mu_0}{4\pi}\frac{qnS\mathrm{d}l\boldsymbol{v}\times\boldsymbol{r}}{r^3}=\frac{\mu_0}{4\pi}\frac{q\boldsymbol{v}\times\boldsymbol{r}}{r^3}\tag{6-6}$$

式中 $\boldsymbol{r}$ 是由运动电荷到考察点的矢量，并且对正、负电荷均成立，如图 6.14 所示.

$$\begin{cases}q>0:\boldsymbol{B}\text{与}\boldsymbol{v}\times\boldsymbol{r}\text{同向}\\q<0:\boldsymbol{B}\text{与}\boldsymbol{v}\times\boldsymbol{r}\text{反向}\end{cases}$$

研究运动电荷的磁场，在理论上就是研究毕奥-萨伐尔定律的微观意义.

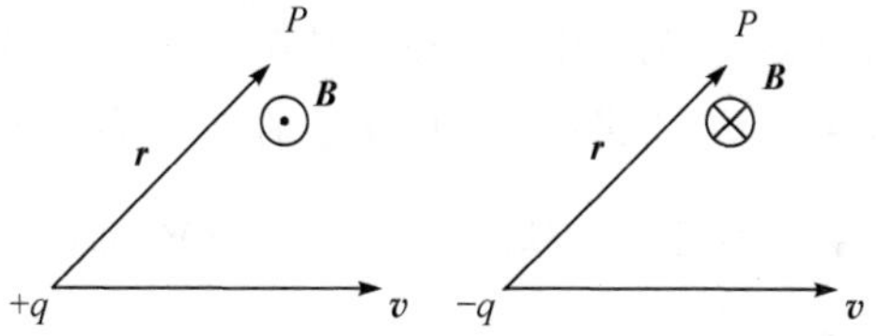

图 6.14

例 6.3.1　设电量为 $+q$ 的粒子，以角速度 ω 做半径为 R 的匀速圆周运动，求在圆心处产生的 $\boldsymbol{B}$.

解　(方法一)按 $\boldsymbol{B}=\dfrac{\mu_0}{4\pi}\dfrac{q\boldsymbol{v}\times\boldsymbol{r}}{r^3}$ ，运动电荷产生的 $\boldsymbol{B}$ 为

$$\boldsymbol{B}=\frac{\mu_0}{4\pi}\frac{q\boldsymbol{v}\times\boldsymbol{r}}{r^3}$$

$\boldsymbol{B}$ 的大小为：$B=\dfrac{\mu_0}{4\pi}\dfrac{qvr\sin\dfrac{\pi}{2}}{r^3}$ ，因为 $r=R$ ，$v=R\omega$ ，所以 $B=\dfrac{\mu_0}{4\pi}\dfrac{q\omega}{R}$.

方向：垂直纸面向外.

(方法二)用圆电流产生 $\boldsymbol{B}$ 的公式，由于电荷运动形成电流. 在此，$+q$ 形成的电流流向与 $+q$ 运动的轨迹(圆周)重合，且电流为逆时针方向，相当于一个平面圆形载流线圈. 可知，$\boldsymbol{B}$ 的方向垂直纸面向外，如图 6.15 所示. 根据平面圆形载流线圈在其中心产生 $\boldsymbol{B}$ 的大小公式，可求出 $\boldsymbol{B}$ 的大小. 设运动频率为 f ，可有

$$I=qf=q\frac{\omega}{2\pi}\Rightarrow B=\frac{\mu_0 I}{2R}=\frac{\mu_0 q\omega}{4\pi R}$$

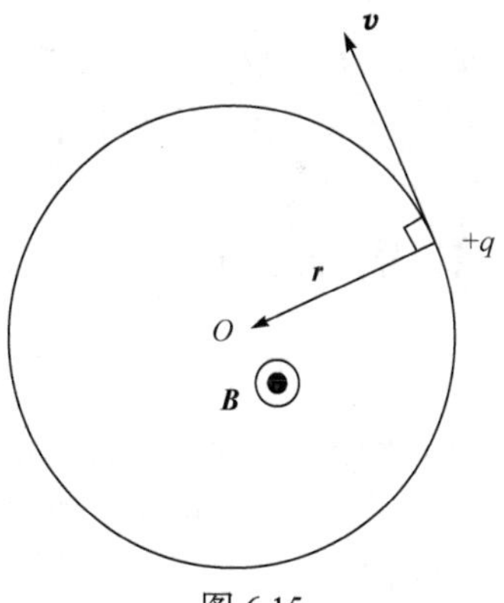

图 6.15

6.4　安培环路定理

在电场中，我们介绍了高斯定理，由它可求出满足一定对称性条件的场强，简化计算. 那么，在磁场中是否也有与电场中高斯定理地相位当的规律呢？回答是肯定的，这就是安培环路定理，下面分几种情况来阐述.

1.闭合曲线 L 内有无限长直载流导线情况

如图 6.16 所示，设 L 为平面闭合曲线，所在平面与纸面垂直，长直载流导线在纸面内并垂直 L 所在平面. 如图 6.17 所示，在 L 上取一线元 $\mathrm{d}\boldsymbol{l}$，a、b 为始点和终点，Oa 和 Ob 的夹角为 $\mathrm{d}\varphi$，$\overline{Oa}=r$，在 a 处 $\boldsymbol{B}$ 的大小为 $B=\dfrac{\mu_0 I}{2\pi r}$，$\boldsymbol{B}$ 的方向如图 6.17 所示，即 $\boldsymbol{B}$ 在纸面内.

$$\oint_L \boldsymbol{B}\cdot\mathrm{d}\boldsymbol{l}=\oint_L B\mathrm{d}l\cos\theta$$

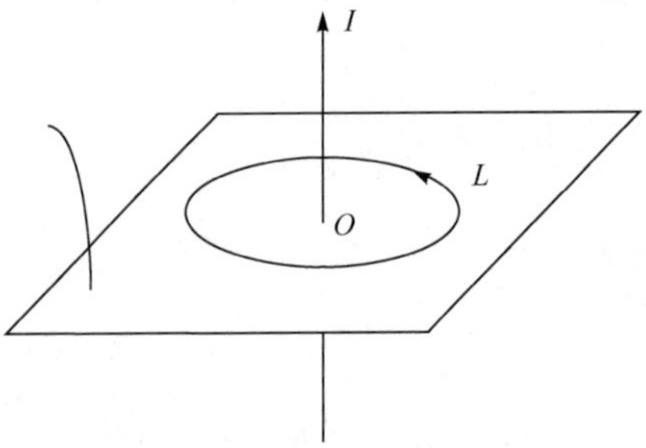

图 6.16

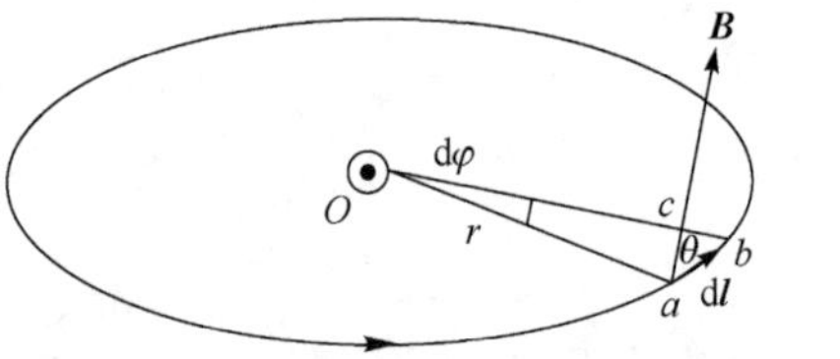

图 6.17

设 c 是 $\boldsymbol{B}$ 与 Ob 交点，所以 $\mathrm{d}\varphi$ 很小，$\angle acb=90°$，则

$$\oint_L \boldsymbol{B}\cdot\mathrm{d}\boldsymbol{l}=\int_0^{2\pi} Br\mathrm{d}\varphi=\int_0^{2\pi}\frac{\mu_0 I}{2\pi r}\cdot r\mathrm{d}\varphi=\mu_0 I$$

当积分方向反向时，$\oint_L \boldsymbol{B}\cdot\mathrm{d}\boldsymbol{l}=(-I)\mu_0$，即

$$\oint_L \boldsymbol{B}\cdot\mathrm{d}\boldsymbol{l}=\pm\mu_0 I$$

当积分绕向与 I 的流向遵守右手螺旋定则时，上式取“+”，此时可认为电流为正；当积分绕向与 I 的流向遵守左手螺旋定则时，上式取“–”，此时可认为电流为负.

2. 闭合曲线 L 不包含电流情况

把上面长直导线平移到 L 外，则如图 6.18 所示，仍有

$$\begin{aligned}\oint_L \boldsymbol{B}\cdot\mathrm{d}\boldsymbol{l}&=\int_L B\mathrm{d}l\cos\theta=\int_{角度} Br\mathrm{d}\varphi=\int_{角度}\frac{\mu_0 I}{2\pi r}r\mathrm{d}\varphi\\&=\frac{\mu_0 I}{2\pi}\int_{角度}\mathrm{d}\varphi=\frac{\mu_0 I}{2\pi}\left(\int_{角度 a\to d\to e}\mathrm{d}\varphi+\int_{角度 e\to f\to a}\mathrm{d}\varphi\right)=0\end{aligned}$$

结论　L 不包含电流时 $\oint_L \boldsymbol{B}\cdot\mathrm{d}\boldsymbol{l}=0$.

3. 在闭合曲线 L 中有 n 条平行导线情况

如图 6.19 所示，有

$$\begin{aligned}\oint_L \boldsymbol{B}\cdot \mathrm{d}\boldsymbol{l} &= \oint_L (\boldsymbol{B}_1+\boldsymbol{B}_2+\cdots+\boldsymbol{B}_n)\cdot \mathrm{d}\boldsymbol{l}\\ &= \oint_L \boldsymbol{B}_1\cdot \mathrm{d}\boldsymbol{l}+\oint_L \boldsymbol{B}_2\cdot \mathrm{d}\boldsymbol{l}+\cdots+\oint_L \boldsymbol{B}_n\cdot \mathrm{d}\boldsymbol{l}=\mu_0\sum_L I\end{aligned}$$

即

$$\oint_L \boldsymbol{B}\cdot \mathrm{d}\boldsymbol{l}=\mu_0\sum_L I \tag{6-7}$$

此式即为安培环路定理的表达式. 它表明：$\boldsymbol{B}$ 沿一个闭合回路积分等于此回路内包围电流的代数和的 μ_0 倍.

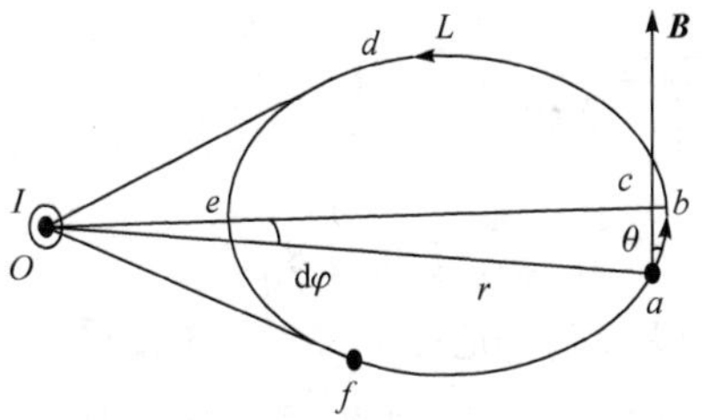

图 6.18

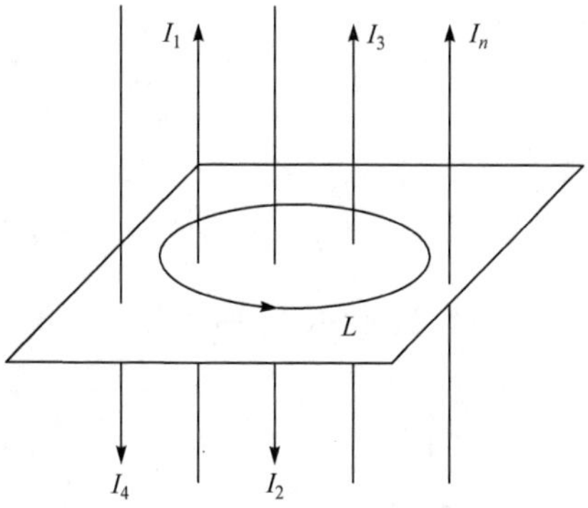

图 6.19

说明　(1) 通过证明可知，如果 L 不是平面曲线，载流导线不是直线，上式然成立.

(2) $\oint_L \boldsymbol{B}\cdot \mathrm{d}\boldsymbol{l}=\mu_0\sum_L I$ ，说明了磁场为非保守场(涡旋场).

(3) 安培环路定理只说明 $\oint_L \boldsymbol{B}\cdot \mathrm{d}\boldsymbol{l}$ 仅与 L 内电流有关，而与 L 外电流无关. 对于 $\boldsymbol{B}$ 还是 L 内、外所有电流产生的共同结果.

例 6.4.1　如图 6.20 所示，求该情况的 $\oint_L \boldsymbol{B}\cdot \mathrm{d}\boldsymbol{l}$.

解　由安培环路定理有

$$\oint_L \boldsymbol{B}\cdot \mathrm{d}\boldsymbol{l}=\mu_0\sum_L I=\mu_0\,(I_2-2I_1)$$

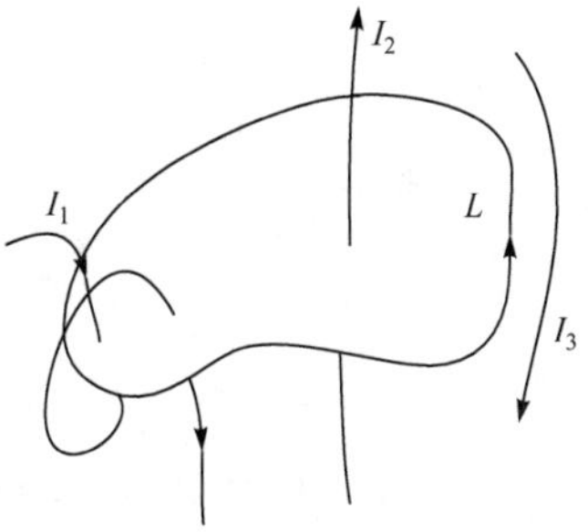

图 6.20

例 6.4.2　有一无限长均匀载流直导体，半径为 R ，电流为 I 且均匀分布，求 $\boldsymbol{B}$ 的分布.

解 由题意知，磁场是关于导体轴线对称的. 磁感线是在垂直于该轴平面上以此轴上点为圆心的一系列同心圆周，在每一个圆周上 $\boldsymbol{B}$ 的大小是相同的.

(1) 求导体内 P 点处的 $\boldsymbol{B}_P$.

如图 6.21 所示，过 P 点做以 O 为圆心、r_P 为半径的圆周 L_1，OP 与轴线垂直，由安培环路定理得

$$\oint_{L_1} \boldsymbol{B} \cdot \mathrm{d}\boldsymbol{l} = \mu_0 \sum_{L_1} I$$

可知

$$\oint_{L_1} \boldsymbol{B} \cdot \mathrm{d}\boldsymbol{l} = \oint_{L_1} B\mathrm{d}l\cos 0° = \oint_{L_1} B\mathrm{d}l = B\oint_{L_1} \mathrm{d}l = B \cdot 2\pi r_P$$

$$\mu_0 \sum_{L_1} I = \mu_0\left(\frac{I}{\pi R^2} \cdot \pi r_P^2\right) = \mu_0 I \frac{r_P^2}{R^2}$$

则

$$B \cdot 2\pi r_P = \mu_0 I \frac{r_P^2}{R^2} \Rightarrow B_P = \frac{\mu_0 I}{2\pi R^2} r_P$$

方向如图 6.21 所示(与轴线及 r_P 垂直).

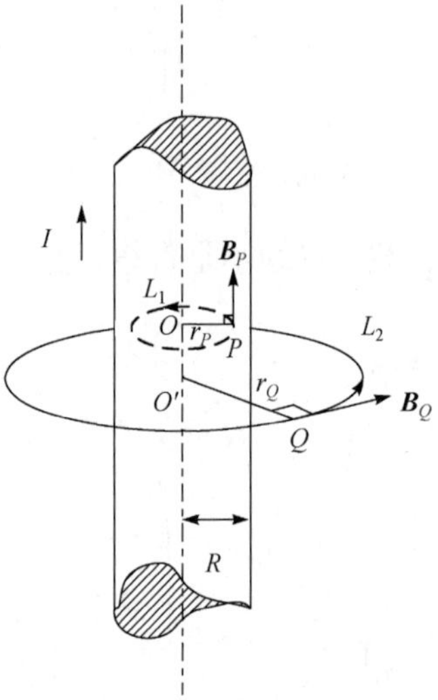

图 6.21

(2) 求导体外任一点 Q 处的 $\boldsymbol{B}_Q$.

过 Q 点做以 O'为圆心、r_Q 为半径的圆周 L_2，圆周平面垂直于导体轴线，由安培环路定理得

$$\oint_{L_2} \boldsymbol{B} \cdot \mathrm{d}\boldsymbol{l} = \mu_0 \sum_{L_2} I$$

可知

$$\oint_{L_2} \boldsymbol{B} \cdot \mathrm{d}\boldsymbol{l} = B \cdot 2\pi r_Q, \quad \mu_0 \sum_{L_2} I = \mu_0 I$$

则

$$B_Q = \frac{\mu_0 I}{2\pi r_Q}$$

方向如图 6.21 所示(与轴线及 r_Q 垂直).

例 6.4.3 如图 6.22 所示，导线均匀密绕在圆环上的一组圆形线圈，形成环形螺线管. 设环上导线共 N 匝，电流为 I，求环内任一点 $\boldsymbol{B}$.

解 如果螺线管上导线绕得很密，则全部磁场都集中在管内，磁感线是一系列圆周，圆心都在螺线管的对称轴上. 由于对称，在同一磁感线上各点 $\boldsymbol{B}$ 的大小是相同的. 螺线管过中心的剖面图，如图 6.23 所示.

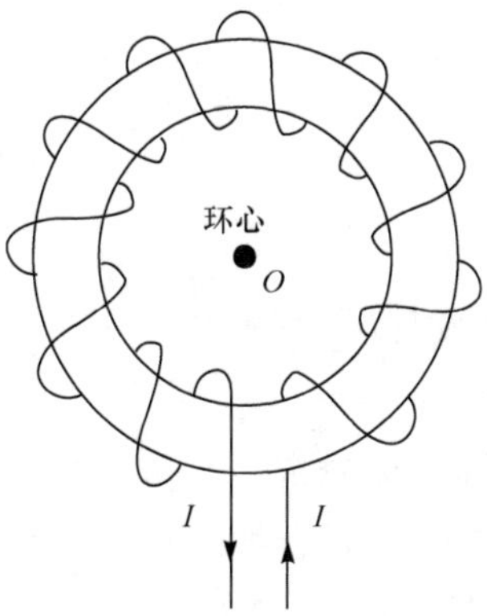

图 6.22

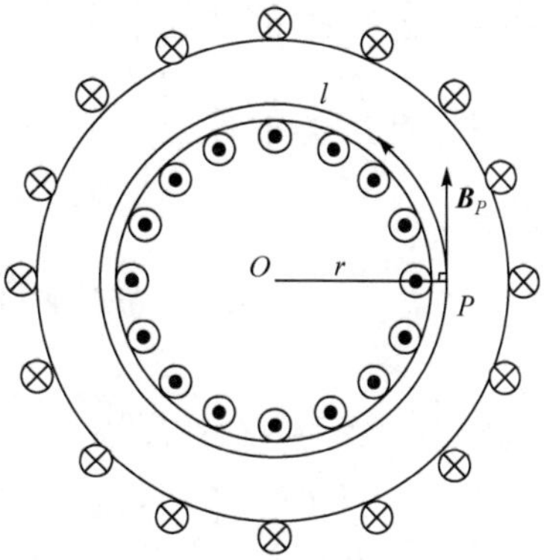

图 6.23

取 P 点所在磁感线为积分路径 l

$$\oint_l \boldsymbol{B}\cdot \mathrm{d}\boldsymbol{l}=\mu_0\sum_l I$$

可知

$$\oint_l \boldsymbol{B}\cdot \mathrm{d}\boldsymbol{l}=\oint_l B\mathrm{d}l\cos 0^\circ = B\oint_l \mathrm{d}l = Bl$$

$$\mu_0\sum_l I=\mu_0 NI$$

因此

$$Bl=\mu_0 NI \Rightarrow B=\frac{\mu_0 NI}{l}$$

故 $B_P=\dfrac{\mu_0 NI}{l}$，方向在纸面内垂直 OP.

讨论　(1) 因为 r 不同时，l 不同，所以不同半径 r 处 $\boldsymbol{B}$ 的大小不同.

(2) 当 L 表示环形螺线管中心线的周长时，则在此圆周上各点 $\boldsymbol{B}$ 的大小为 $B=\dfrac{\mu_0 NI}{L}=\mu_0 nI$，$n=\dfrac{N}{L}$ 为单位长度上的匝数.

(3) 如果环外半径与内半径之差远远小于环中心线的半径时，则可认为环内为匀强磁场，即大小均为 $B=\dfrac{\mu_0 NI}{L}=\mu_0 nI$，这时环形螺线管中结果与无限长直螺线管中心轴线上 $\boldsymbol{B}$ 的大小相同.

总结　与应用高斯定理求场强一样，并不能由安培环路定理求出任何情况下的磁感应强度，在具有一定对称性的条件下，适当选取积分回路，才能计算出 $\boldsymbol{B}$ 的值. 运用安培环路定理时的程序如下：

(1) 分析磁场的对称性；

(2) 适选闭合回路(含方向)；

(3) 求出$\oint_L \boldsymbol{B}\cdot \mathrm{d}\boldsymbol{l}$和$\mu_0\sum_L I$；

(4) 利用$\oint_L \boldsymbol{B}\cdot \mathrm{d}\boldsymbol{l}=\mu_0\sum_L I$，求出$\boldsymbol{B}$的值.

6.5 带电粒子在外磁场中受力

前面，从运动电荷在磁场中受力情况定义了$\boldsymbol{B}$. 实验可知：$\boldsymbol{v}//\boldsymbol{B}$时，电荷受力$\boldsymbol{F}=0$；$\boldsymbol{v}\perp\boldsymbol{B}$时，$\boldsymbol{F}=\boldsymbol{F}_{\max}$，$F_{\max}=Bqv$方向为$\boldsymbol{v}\times\boldsymbol{B}$，如图 6.24 所示.

现在讨论$\boldsymbol{v}$与$\boldsymbol{B}$夹角为任意情况. 如图 6.25 所示，取坐标y沿$\boldsymbol{B}$方向，$\boldsymbol{v}$在xOy平面内，将$\boldsymbol{v}$分解成平行于$\boldsymbol{B}$及垂直于$\boldsymbol{B}$方向的分量$\boldsymbol{v}_{//}$、$\boldsymbol{v}_{\perp}$，即

$$\boldsymbol{v}=\boldsymbol{v}_{//}+\boldsymbol{v}_{\perp}$$

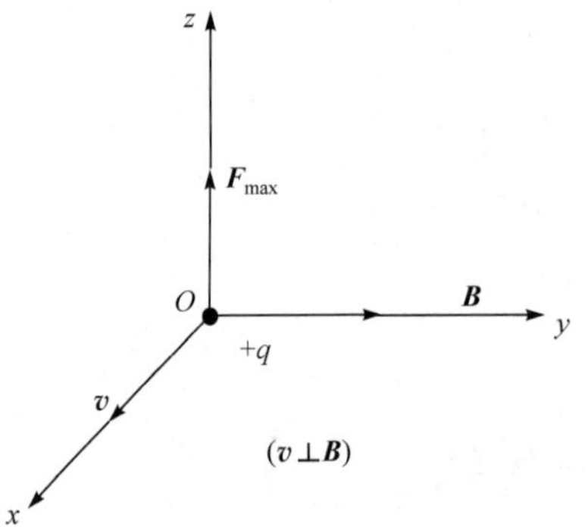

图 6.24

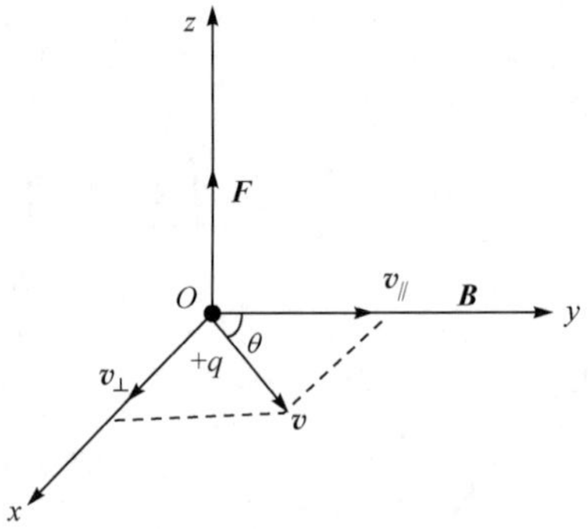

图 6.25

由于平行于$\boldsymbol{B}$方向运动不受$\boldsymbol{B}$作用，因此$\boldsymbol{B}$对带电粒子的作用仅是对垂直于$\boldsymbol{B}$方向运动的，受力为

$$\boldsymbol{F}=q\boldsymbol{v}\times\boldsymbol{B} \tag{6-8}$$

大小：$F=Bqv_{\perp}=Bqv\sin\theta$，方向：$\boldsymbol{v}\times\boldsymbol{B}$.

我们把运动电荷所受磁场力称为洛伦兹力. 它对正、负电荷都成立. $q>0$，$\boldsymbol{F}$沿$\boldsymbol{v}\times\boldsymbol{B}$方向；$q<0$，$\boldsymbol{F}$沿$\boldsymbol{v}\times\boldsymbol{B}$的反方向. 当$\boldsymbol{v}//\boldsymbol{B}$时，$\boldsymbol{F}=0$；$\boldsymbol{v}\perp\boldsymbol{B}$时，$|\boldsymbol{F}|=|q|vB=F_{\max}$. 因为$\boldsymbol{F}\perp\boldsymbol{v}$，所以$\boldsymbol{F}$对带电粒子不做功. 在均匀磁场中，$\boldsymbol{v}\perp\boldsymbol{B}$时电荷做圆周运动；$\boldsymbol{v}$与$\boldsymbol{B}$既不平行，也不垂直，则电荷做螺旋运动. 在电磁场中运动的电荷受力公式为

$$\boldsymbol{F}=q\boldsymbol{v}\times\boldsymbol{B}+q\boldsymbol{E}$$

6.6　磁场对载流导体的作用

6.6.1　安培定律

实验表明，载流导体在磁场中受磁场的作用力，而磁场对载流导体的这种作用规律是安培以实验总结出来的，故该力称为安培力，该作用规律称为安培定律.

6.6.2　安培定律的数学表述

如图 6.26 所示，AB 为一段直载流导线，横截面积为 S，电流为 I，电子定向运动速度为 $\boldsymbol{v}$，导体放在磁场中，在 C 处取电流元 $I\mathrm{d}\boldsymbol{l}$，$C$ 处磁感应强度为 $\boldsymbol{B}$，方向向右，电流元中一个电子受洛伦兹力为

$$\boldsymbol{f}=-e\boldsymbol{v}\times\boldsymbol{B}$$

设单位体积内有 n 个定向运动电子，则电流元内共有运动电子数为 $nS\mathrm{d}l$，电流元中电子受合力为

$$\begin{aligned}\mathrm{d}\boldsymbol{F}&=nS\mathrm{d}l\boldsymbol{f}=nS\mathrm{d}l(-e)\boldsymbol{v}\times\boldsymbol{B}\\&=enSv\mathrm{d}\boldsymbol{l}\times\boldsymbol{B}=I\mathrm{d}\boldsymbol{l}\times\boldsymbol{B}\end{aligned}$$

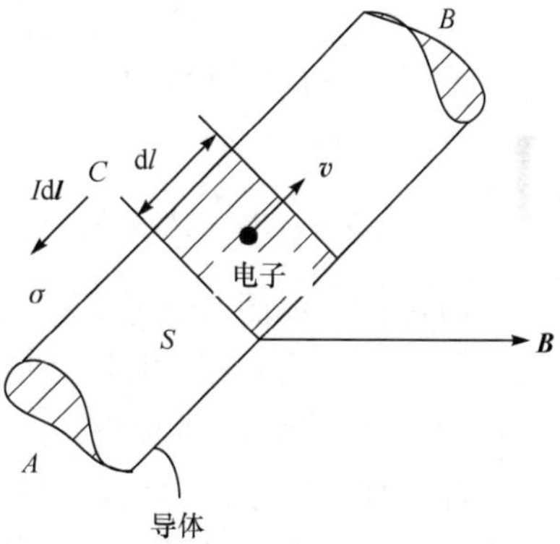

图 6.26

即电流元受力为

$$\mathrm{d}\boldsymbol{F}=I\mathrm{d}\boldsymbol{l}\times\boldsymbol{B}\tag{6-9}$$

此式为安培定律的数学表达式，其大小和方向为

大小：$\mathrm{d}F=IB\mathrm{d}l\sin\varphi$

方向：$\mathrm{d}\boldsymbol{F}$沿$\mathrm{d}\boldsymbol{l}\times\boldsymbol{B}$方向

说明　(1) 当磁场与线元方向垂直时，安培力可以取到最大值；当磁场与线元方向平行时，安培力可以取到最小值，即 $\mathrm{d}F=\begin{cases}BI\mathrm{d}l, & \mathrm{d}\boldsymbol{l}\perp\boldsymbol{B}\\0, & \mathrm{d}\boldsymbol{l}/\!/\boldsymbol{B}\end{cases}$.

(2) 式(6-9)对任意形状的载流导线和任意的磁场都成立，对于一段导线受力可表示为

$$\boldsymbol{F}=\int\mathrm{d}\boldsymbol{F}=\int_L I\mathrm{d}\boldsymbol{l}\times\boldsymbol{B}$$

6.6.3　计算举例

例 6.6.1　如图 6.27 所示，一段长为 L 的载流直导线，置于磁感应强度为 $\boldsymbol{B}$ 的匀强磁场中，$\boldsymbol{B}$ 的方向在纸面内，电流流向与 $\boldsymbol{B}$ 的夹角为 θ，求导线受力 $\boldsymbol{F}$ 的大

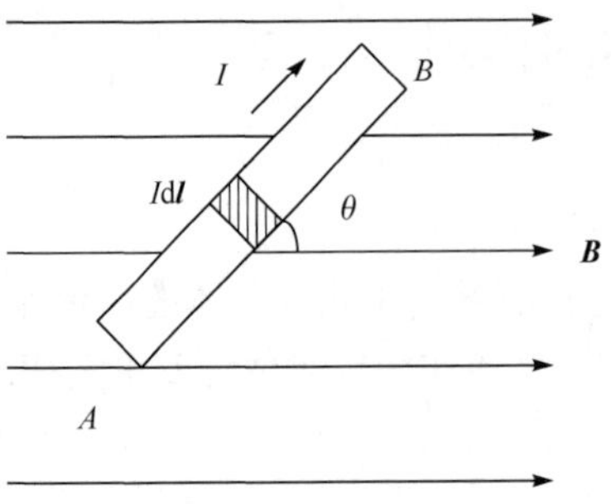

图 6.27

小和方向.

解　电流元受到的安培力为

$$\mathrm{d}\boldsymbol{F} = I\mathrm{d}\boldsymbol{l} \times \boldsymbol{B}$$

大小：$\mathrm{d}F = I\mathrm{d}lB\sin\theta$，方向：垂直指向纸面.

由于导线上所有电流元受力方向相同，故整个导线受到安培力为

$$\boldsymbol{F} = \int \mathrm{d}\boldsymbol{F}$$

$$F = \int_A^B IB\sin\theta \mathrm{d}l = \int_0^L IB\sin\theta \mathrm{d}l = BIL\sin\theta$$

$\boldsymbol{F}$ 的方向：垂直指向纸面.

讨论　(1) 当 $\theta = 0$ 时，$F = 0$.

(2) 当 $\theta = \dfrac{\pi}{2}$ 时，$F = F_{\max} = BIL$.

例 6.6.2　如图 6.28 所示，有一无限长载流直导线 AB，所载电流为 I_1，在它的一侧有一长为 l 的有限长载流导线 CD，其电流为 I_2，AB 与 CD 共面，且 $CD \perp AB$，C 端距 AB 的距离为 a. 求 CD 受到的安培力.

解　取 x 轴与 CD 重合，原点在 AB 上. 在距原点为 x 处取电流元 $I_2\mathrm{d}\boldsymbol{x}$，在 x 处 $\boldsymbol{B}$ 方向垂直纸面向里，大小为

$$B = \frac{\mu_0 I_1}{2\pi x}$$

$$\mathrm{d}F = \frac{\mu_0 I_1 I_2}{2\pi x}\mathrm{d}x\sin 90° = \frac{\mu_0 I_1 I_2}{2\pi x}\mathrm{d}x$$

$\mathrm{d}\boldsymbol{F}$ 的方向：沿 BA 方向.

由于 CD 上各电流元受到的安培力方向相同，故 CD 段受到安培力 $\boldsymbol{F} = \int \mathrm{d}\boldsymbol{F}$，可化为标量积分，有

$$F = \int \mathrm{d}F = \int_a^{a+l} \frac{\mu_0 I_1 I_2}{2\pi x}\mathrm{d}x = \frac{\mu_0 I_1 I_2}{2\pi}\ln\frac{a+l}{a}$$

$\boldsymbol{F}$ 的方向：沿 BA 方向.

注意　因为本题 CD 处于非均匀磁场中，所以 CD 受到的磁场力不能用例 6.11 中的受力公式计算，即不能用 $F = BIl$ 计算. 以上是载流直导线在磁场中的受力情况，实际上，载流导线不全是直的，这可以从例 6.6.3 中看出.

例 6.6.3　如图 6.29 所示，半径为 R、电流为 I 的平面载流线圈，放在匀强磁场中，磁感应强度为 $\boldsymbol{B}$，$\boldsymbol{B}$ 的方向垂直纸面向外，求半圆周 abc 和 cda 受到的安培力.

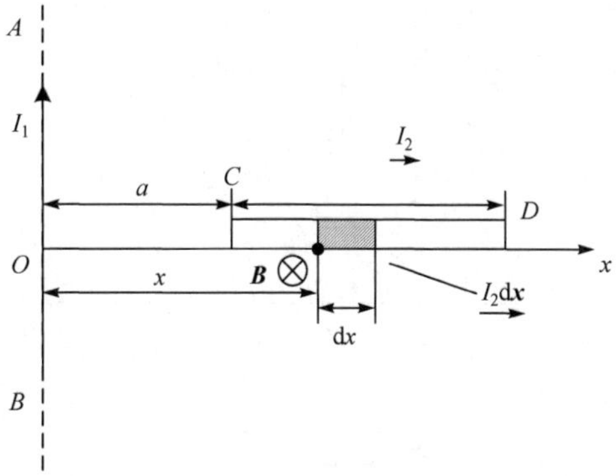

图 6.28

解　如图 6.29 所取坐标系，原点在圆心处，y 轴过 a 点，x 轴在线圈平面内.

(1) 求弧 abc 受到安培力 $\boldsymbol{F}_{\widehat{abc}}$ 大小和方向.

电流元 $I\mathrm{d}\boldsymbol{l}$ 受到的安培力 $\mathrm{d}\boldsymbol{F}=I\mathrm{d}\boldsymbol{l}\times B$，大小为 $\mathrm{d}F=BI\mathrm{d}l\sin\dfrac{\pi}{2}$，方向为沿半径向外.

由于弧 abc 各处电流元受力方向不同(均沿各自半径向外)，将 $\mathrm{d}\boldsymbol{F}$ 分解成 $\mathrm{d}\boldsymbol{F}_x$ 及 $\mathrm{d}\boldsymbol{F}_y$ 来进行叠加.

$$\mathrm{d}F_x=\mathrm{d}F\cos\theta=BI\mathrm{d}l\cos\theta$$

$$\Rightarrow F_x=\int\mathrm{d}F_x=\int_{\widehat{abc}}BI\mathrm{d}l\cos\theta=\int_{-\frac{\pi}{2}}^{\frac{\pi}{2}}BI(R\mathrm{d}\theta)\cos\theta=2BIR$$

$$\mathrm{d}F_y=\mathrm{d}F\sin\theta=BI\mathrm{d}l\sin\theta$$

$$\Rightarrow F_y=\int\mathrm{d}F_y=\int_{\widehat{abc}}BI\mathrm{d}l\sin\theta=\int_{-\frac{\pi}{2}}^{\frac{\pi}{2}}BI(R\mathrm{d}\theta)\sin\theta=0$$

实际上由受力对称性可直接得知 $F_y=0\Rightarrow\boldsymbol{F}_{\widehat{abc}}=2BIR\boldsymbol{i}$.

(2) 求弧 cda 受到安培为 $F_{\widehat{cda}}$ 的大小和方向.

考虑电流元 $I\mathrm{d}\boldsymbol{l}'$，它受到的安培力为 $\mathrm{d}\boldsymbol{F}'=I\mathrm{d}\boldsymbol{l}'\times\boldsymbol{B}$，大小为 $\mathrm{d}F'=I\mathrm{d}\boldsymbol{l}'B\sin\dfrac{\pi}{2}$，方向为沿半径向外.

由于弧 cda 上各电流元受力方向不同，故也将 $\mathrm{d}\boldsymbol{F}'$ 分解成 $\mathrm{d}\boldsymbol{F}'_x$、$\mathrm{d}\boldsymbol{F}'_y$ 处理.

$$\mathrm{d}F'_x=-\mathrm{d}F'\sin\varphi=-BI\mathrm{d}l'\sin\varphi$$

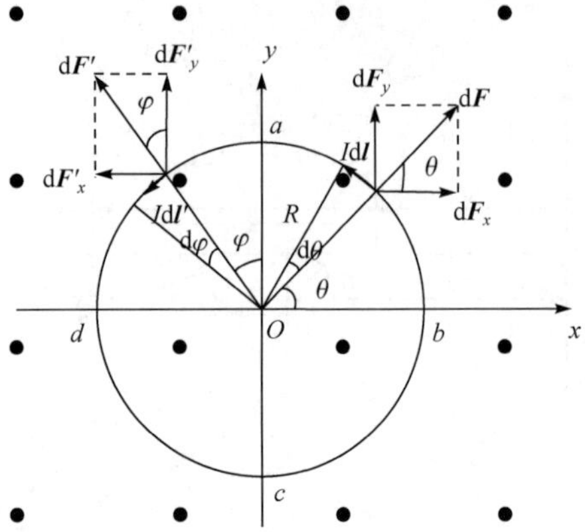

图 6.29

$$\Rightarrow F'_x = \int \mathrm{d}F'_x = \int_{\widehat{cda}} -BI\mathrm{d}l'\sin\varphi = \int_0^{\pi} -BI(R\mathrm{d}\varphi)\sin\varphi = -2BIR$$

$$\mathrm{d}F'_y = \mathrm{d}F'\cos\varphi = BI\mathrm{d}l'\cos\varphi$$

$$\Rightarrow F'_y = \int \mathrm{d}F'_y = \int_0^{\pi} BI(R\mathrm{d}\theta)\cos\varphi = 0$$

因此

$$\boldsymbol{F}_{\widehat{cda}} = -2BIR\boldsymbol{i}$$

讨论　(1) 各电流元受力方向不同时，应先求出 $\mathrm{d}\boldsymbol{F}_x$ 及 $\mathrm{d}\boldsymbol{F}_y$，之后再求 $\boldsymbol{F}_x$ 及 $\boldsymbol{F}_y$.

(2) 分析导线受力对称性. 如此题中，不用计算 F_y、F'_y 就能知道它们为 0.

(3) 由于 $\boldsymbol{F}_{\widehat{abc}} + \boldsymbol{F}_{\widehat{cda}} = 0$，故圆形平面线载流线圈在均匀磁场中受力为零.

推广　任意平面闭合线圈在均匀磁场中受安培力为零，这样某些问题计算得到简化.

6.7　磁场对载流线圈的作用

实验表明，当通电线圈悬挂在磁场中时，可发生旋转，这说明线圈受到了磁场对它施加力矩的作用，磁场对线圈产生的力矩称为磁力矩，下面来推导磁力矩公式.

6.7.1　匀强磁场中情况

设矩形线圈边长为 l_1、l_2，电流为 I，线圈法向为 $\boldsymbol{n}$（$\boldsymbol{n}$ 与电流流向满足右手螺旋关系)，$\boldsymbol{n}$ 与 $\boldsymbol{B}$ 夹角为 θ，$\overrightarrow{ab}\perp\boldsymbol{B}$，各边受力情况如图 6.30 所示.

(1)　$F_{ad} = BIl_2\sin(90°+\theta) = BIl_2\cos\theta$，方向：向上

$F_{bc} = BIl_2\sin(90°-\theta) = BIl_2\cos\theta$，方向：向下

可见，$\boldsymbol{F}_{ab}+\boldsymbol{F}_{bc}=0$，$ad$、$bc$ 边受合力为 0.

(2)　$F_{ab}=BIl_1$，方向：垂直纸面向外

$F_{cd}=BIl_1$，方向：垂直纸面向里

如图 6.31 所示，可见，ab、cd 边受力形成了一力矩，力矩大小为

$$M=F_{ab}d=BIl_1\cdot l_2\sin\theta=BIS\sin\theta$$

力矩方向 $b\rightarrow a$ 方向.

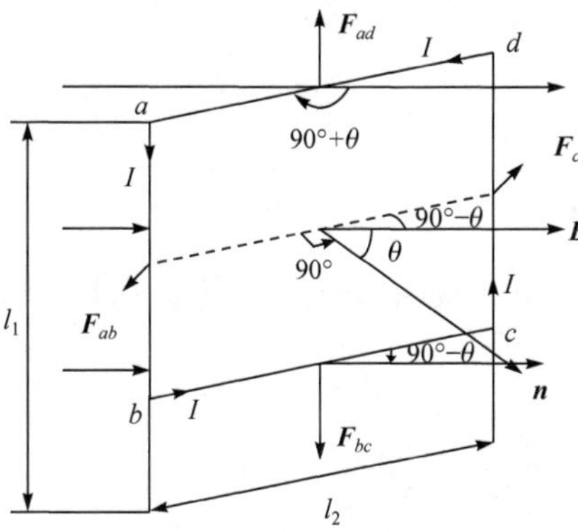

图 6.30

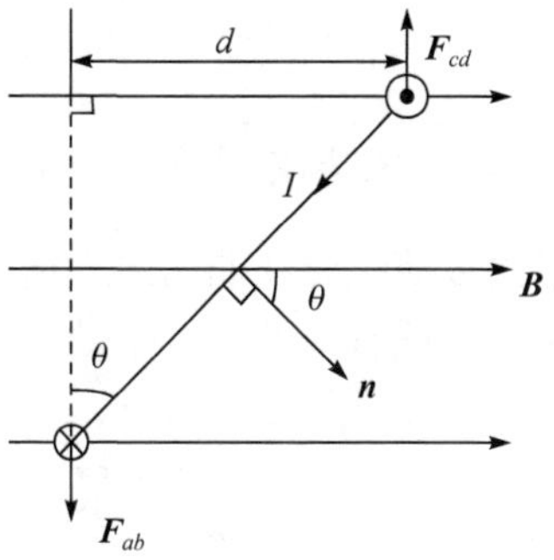

图 6.31

定义

$$\boldsymbol{P}_{\mathrm{m}}=IS\boldsymbol{n} \tag{6-10}$$

为线圈磁矩(它只与线圈有关)，由此可得出 $\boldsymbol{M}$ 的矢量式为

$$\boldsymbol{M}=\boldsymbol{P}_{\mathrm{m}}\times\boldsymbol{B} \tag{6-11}$$

对于 N 匝线圈，$\boldsymbol{P}_{\mathrm{m}}=NIS\boldsymbol{n}$. 当 $\boldsymbol{P}_{\mathrm{m}}\perp\boldsymbol{B}$ 时，$M=M_{\max}=P_{\mathrm{m}}B$；当 $\boldsymbol{P}_{\mathrm{m}}\,/\!/\,\boldsymbol{B}$ 时，$M=0$，即为平衡位置.

(1) $\theta=0$：稳定平衡位置.

如图 6.32 所示，当 θ 从 0 有一增量时(线圈受某种扰动)，线圈位置如虚线所示. 此时线圈受到一力矩作用，即结果是使线圈回到平衡位置，所以 $\theta=0$ 时称为稳定平衡.

(2) $\theta=\pi$：不稳定平衡位置.

如图 6.33 所示，当 $\theta=\pi$ 时，线圈受某一扰动后会偏离此位置，如虚线所示. 此时线圈受到一力矩作用，即结果是使线圈远离 $\theta=\pi$ 这一平衡位置，所以 $\theta=\pi$ 称为不稳定平衡位置.

由此可知，线圈在磁力矩的作用下，它总是趋于磁通量最大位置，即 $\boldsymbol{n}\rightarrow\boldsymbol{B}$ 方向位置. $\boldsymbol{M}=\boldsymbol{P}_{\mathrm{m}}\times\boldsymbol{B}$ 对任何平面线圈在匀强磁场中均成立.

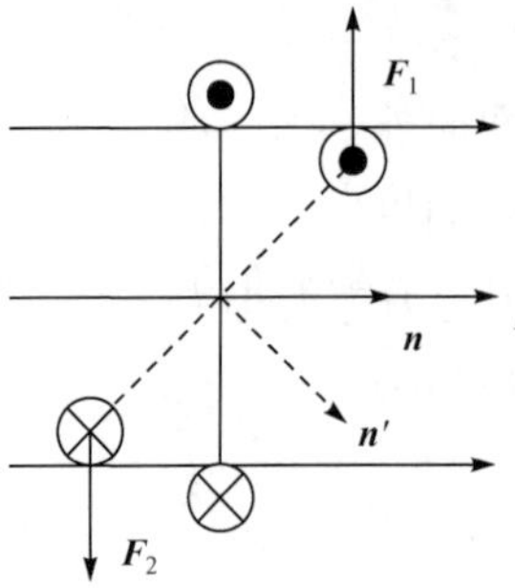

图 6.32

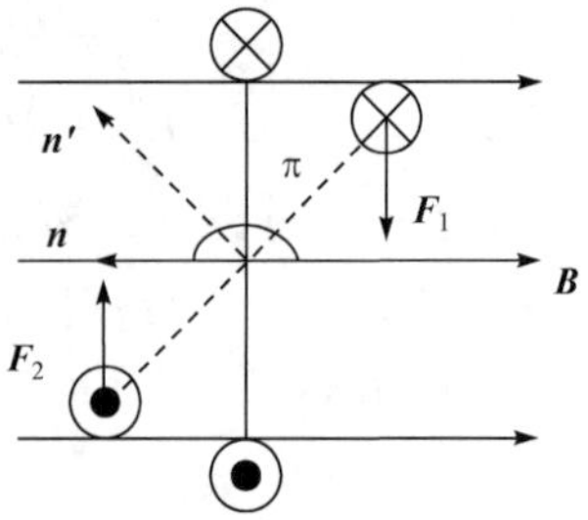

图 6.33

6.7.2 非匀强磁场中情况

平面载流线圈在非匀强磁场中，一般情况下，线圈所受的合磁力及合磁力矩均不为零，此时线圈即有平动又有转动.

附录 6 磁聚焦演示实验

【实验装置】

本实验装置如图 6.34 所示，包括示波管、聚焦线圈、磁场开关、电源开关、灰度调节、位移调节和线圈电源插座.

图 6.34

【实验原理】

现代科学研究中经常需要通过添加磁场使运动的带电粒子会聚到一起，这个技术手段称之为磁聚焦. 具体是多束发散角很小的带电粒子束，当它们在磁场的方向上具有大致相同的速度分量时，它们就具有相同的螺距. 经过一个周期它们将重新会聚在另一点，这种发散粒子束会聚到一点的现象与透镜将光束聚焦现象十分相似，因此叫磁聚焦.

【实验内容】

(1) 打开电源开关，预热 3 分钟，在示波管显示屏上出现电子束光斑. 记住光斑形状.

(2) 调节灰度及位移旋钮，使光斑位于显示屏中央且灰度适中.

(3) 打开聚焦线圈磁场开关，则观察到在线圈的磁场作用下，电子束光斑会聚于显示屏中间一点，并与关闭磁场开关时的电子束光斑比较.

(4) 移动聚焦磁场线圈，仔细观察，可以看到电子束的螺旋轨迹和光斑会聚过程.

(5) 关闭聚焦线圈电源即关闭磁场开关，外加一永久磁铁，将会观察到电子束在洛伦兹力的作用下产生偏转的现象.

习　题　6

6.1　一长直载流导线，沿 Oy 轴放置，电流方向沿 y 轴正向，在原点 O 处取一电流元 $I\mathrm{d}\boldsymbol{l}$，求该电流元在$(a,0,0)$，$(0,a,0)$，$(0,0,a)$，$(a,a,0)$，$(0,-a,a)$，$(a,a,a)$各点处的磁感应强度. [参考答案：$-\dfrac{\mu_0}{4\pi}\cdot\dfrac{I\mathrm{d}l}{a^2}\boldsymbol{k}$；0；$\dfrac{\mu_0}{4\pi}\cdot\dfrac{I\mathrm{d}l}{a^2}\boldsymbol{i}$；$-\dfrac{\sqrt{2}\mu_0}{16\pi}\cdot\dfrac{I\mathrm{d}l}{a^2}\boldsymbol{k}$；$\dfrac{\sqrt{2}\mu_0}{16\pi}\cdot\dfrac{I\mathrm{d}l}{a^2}\boldsymbol{i}$；$-\dfrac{\sqrt{3}\mu_0}{36\pi}\cdot\dfrac{I\mathrm{d}l}{a^2}(\boldsymbol{i}-\boldsymbol{k})$]

6.2　一长直导线在 A 点被折成 60°角，导线中通有电流 I，如图 6.35 所示，求角平分线上，离 A 点距离 x 的 P 点的磁感应强度. [参考答案：$1.87\dfrac{\mu_0 I}{\pi x}$，方向垂直纸面向里]

6.3　高为 h 的等边三角形的回路载有电流 I，试求该三角形的中心处的磁感应强度. [参考答案：$\dfrac{9\sqrt{3}\mu_0 I}{4\pi h}$]

6.4　无限长载流直导线弯成图 6.36 所示的形状，其中两段同心半圆弧的半径分别为 R_1 和 R_2，导线中的电流强度为 I.

(1) 求圆心 O 点处的磁感应强度；

(2) R_1 和 R_2 之间满足什么关系时，O 点的磁感应强度近似等于距 O 点为 R_1 的半无限长载流直导线单独存在时在 O 点产生的磁感应强度？

[参考答案：(1) $\dfrac{\mu_0 I}{4\pi R_1}+\dfrac{\mu_0 I}{4R_1}-\dfrac{\mu_0 I}{4R_2}$；(2) $\pi\left(R_2-R_1\right)\ll R_2$]

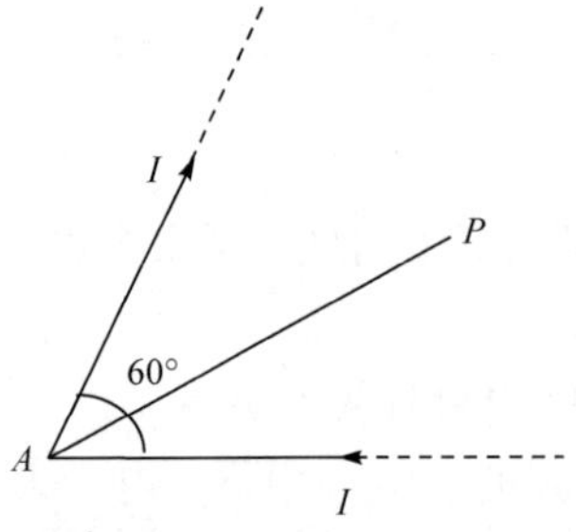

图 6.35

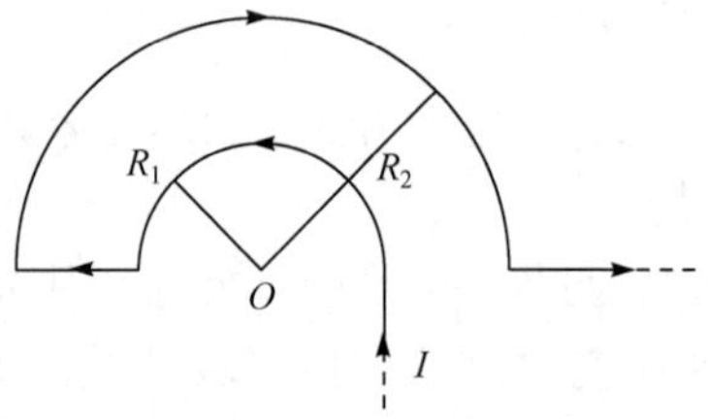

图 6.36

6.5　如图 6.37 所示，一均匀带电细棒，电荷线密度为 λ，长度为 b，一点 O 位于 BA 的延长线上，到 A 点的距离 a，细棒绕过 O 点且垂直于图面的轴以角速度 ω 匀速转动，转动过程中，O 点时刻位于 BA 延长线上. 试求 O 点处磁感应强度的大小. [参考答案：$\dfrac{\mu_0 \lambda\omega}{4\pi}\ln\dfrac{a+b}{a}$]

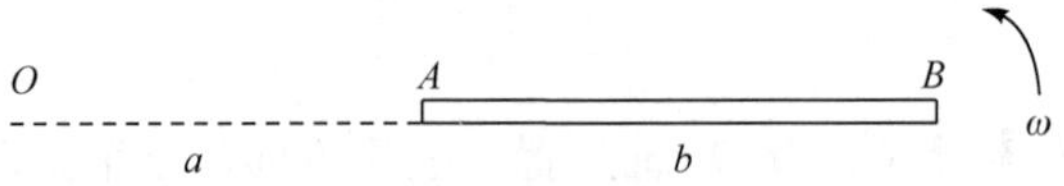

图 6.37

6.6　一个电子射入 $\boldsymbol{B}=\left(0.2\boldsymbol{i}+0.5\boldsymbol{j}\right)\text{T}$ 的均匀磁场中，当电子速度 $\boldsymbol{v}=5\times10^6\,\boldsymbol{j}\,\text{m/s}$ 时，求电子受的磁场力. [参考答案：$1.6\times10^{-13}\boldsymbol{k}$ N]

6.7　半径为 R 的圆形线圈载有电流 I_2，无限长直导线载有电流 I_1，并沿线圈直径方向放置. 求圆形线圈所受到的磁场力. [参考答案：$\mu_0 I_1 I_2$]

第 7 章　电 磁 感 应

前一章研究了不随时间变化的磁场，即稳恒磁场. 由此可知电与磁是有一定联系的，电流在其周围空间产生磁场，磁场又对电流有作用力. 既然电流能够产生磁场，那么反过来，利用磁场能不能产生电流呢？答案是肯定的. 1831 年，英国物理学家法拉第从实验中发现，当产生磁场的电流发生变化的时候，会在其周围另一导体回路中产生感应电流.

7.1　法拉第电磁感应定律

在丹麦物理学家奥斯特发现电流的磁效应之后，法拉第经过多次的反复试验和研究发现：不论用什么方法，只要使穿过闭合导体回路的磁通量发生变化，此回路中就会有电流产生，这一现象称为电磁感应现象，回路中产生的电流称为感应电流.

7.1.1　电磁感应现象 感应电动势

电磁感应现象可通过如下两类实验来说明：如图 7.1 所示，当线圈运动而磁场不变时，在线圈中会产生感应电流；而如图 7.2 所示，当线圈 A 与 B 相对位置不变但在把开关 K 打开或关闭的过程中，线圈 A 回路中会产生感应电流.

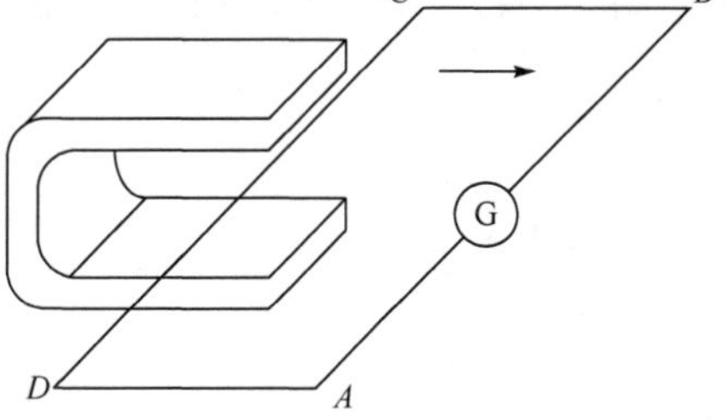

图 7.1

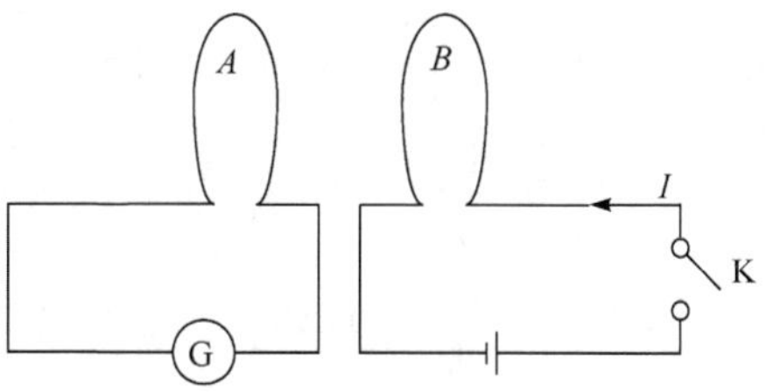

图 7.2

以上两个实验说明：当通过一个闭合导体回路的磁通量变化时，不管这种变化的原因如何(如线圈运动磁场不变或线圈不动磁场变化)，回路中就有电流产生，这种现象就是电磁感应现象，回路中产生的电流称为感应电流.

定义：把单位正电荷绕闭合回路移动一周时非静电力所做的功称为该回路的

电动势，即

$$\varepsilon = \oint_l \boldsymbol{K} \cdot \mathrm{d}\boldsymbol{l} \quad (\boldsymbol{K}\text{ 为非静电力}) \tag{7-1}$$

说明　(1) 由于非静电力只存在于电源内部，电源电动势又可表示为

$$\varepsilon = \int_-^+ \boldsymbol{K} \cdot \mathrm{d}\boldsymbol{l}$$

即电源电动势的大小等于把单位正电荷从负极经电源内部移到正极时非静电力所做的功.

(2) 闭合回路上处处有非静电力时，整个回路都是电源，这时电动势用普遍式表示，即

$$\varepsilon = \oint_l \boldsymbol{K} \cdot \mathrm{d}\boldsymbol{l} \quad (\boldsymbol{K}\text{ 为非静电力})$$

(3) 电动势和电势一样是标量，一般情况下把从负极经电源内部到正极的方向规定为电动势的方向.

7.1.2　法拉第电磁感应定律

在一个闭合回路上产生的感应电动势与通过回路所围面积的磁通量对时间的变化率成正比. 数学表达式为

$$\varepsilon_\mathrm{i} = -k\frac{\mathrm{d}\Phi}{\mathrm{d}t}$$

在国际单位制中，$k=1$；Φ的单位为Wb；ε_i的单位为V；t的单位为s，有

$$\varepsilon_\mathrm{i} = -\frac{\mathrm{d}\Phi}{\mathrm{d}t} \tag{7-2}$$

式中“−”号说明方向.

为了确定ε_i，首先在回路上取一个绕行方向. 规定回路绕行方向与回路所围面积的正法向满足右手螺旋关系. 在此基础上求出通过回路上所围面积的磁通量，根据$\varepsilon_\mathrm{i} = -\dfrac{\mathrm{d}\Phi}{\mathrm{d}t}$计算$\varepsilon_\mathrm{i}$，如图 7.3 所示.

当$\Phi > 0,\ \dfrac{\mathrm{d}\Phi}{\mathrm{d}t} > 0 \Rightarrow \varepsilon_\mathrm{i} < 0$，说明方向与$L$方向相反.

当$\Phi > 0,\ \dfrac{\mathrm{d}\Phi}{\mathrm{d}t} < 0 \Rightarrow \varepsilon_\mathrm{i} > 0$，说明方向与$L$方向相同.

此外，感应电动势的方向也可用楞次定律来判断. 楞次定律可表述为：闭合回路感应电流形成的磁场关系抵抗产生电流的磁通量变化. 实际上，法拉第电磁感应定律中的“−”号是楞次定律的数学表述，楞次定律是能量守恒定律的必然反映.

例 7.1.1　设有一矩形回路放在匀强磁场$\boldsymbol{B}$中，如图 7.4 所示，AB长L，可以左右滑动，设AB边以匀速v向右运动，求回路中产生的感应电动势.

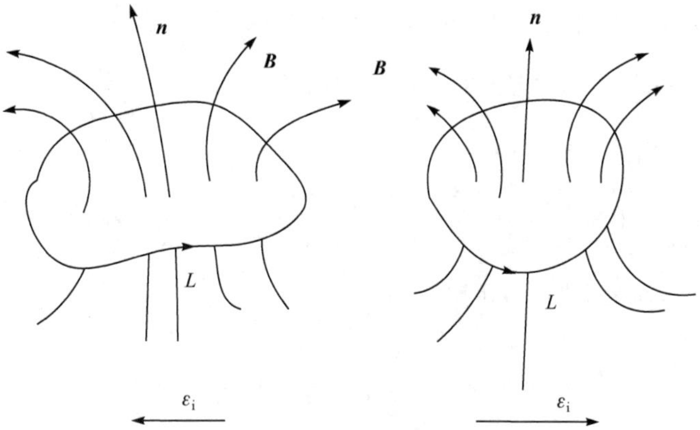

图 7.3

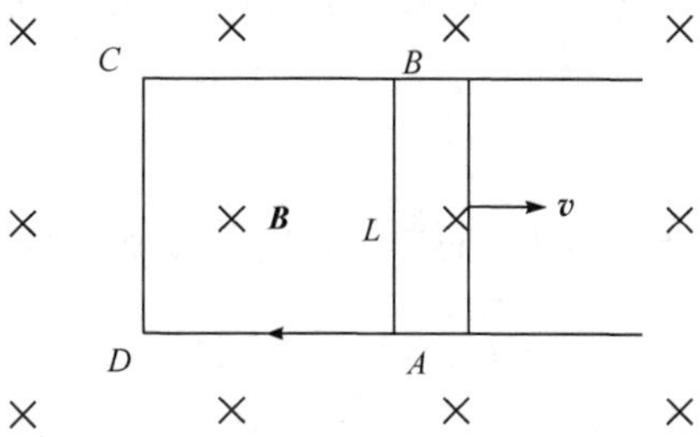

图 7.4

解　取 $ADCBA$ 回路顺时针绕行为正，$AB=L$, $AD=x$，则通过线圈的磁通量为

$$\Phi=\boldsymbol{B}\cdot\boldsymbol{S}=BS\cos 0°=BS=BLx$$

由法拉第电磁感应定律有

$$\varepsilon_{\mathrm{i}}=-\frac{\mathrm{d}\Phi}{\mathrm{d}t}=-BL\frac{\mathrm{d}x}{\mathrm{d}t}=-BLv$$

$v=\dfrac{\mathrm{d}x}{\mathrm{d}t}>0$, “−” 说明 ε_{i} 与回路绕行方向相反，即逆时针方向. 由楞次定律也能得知，ε_{i} 沿逆时针方向.

讨论　(1) 如果回路为 N 匝，则 $\Phi=N\varphi$ (φ 为单匝线圈磁通量).

(2) 例 7.1.1 中只有一个边切割磁感线，回路中的电动势即为其产生的电动势. 可见这个边就是回路电源. 该电源的电动势是如何形成的？或者说产生它的非静电力是什么？从图 7.4 中可知，运动时，其上自由电子受洛伦兹力作用，从而 B 端有过剩的正电荷，A 端有过剩的负电荷，形成了 B 端是电源正极，A 端为负极，在洛伦兹力作用下，电子从正极移向负极，或等效地说正电荷从负极移向正极. 可见，洛伦兹力正是产生动生电动势的非静电力.

(3) 设回路电阻为 R (视为常数)，感应电流 $I_i=\dfrac{\varepsilon_i}{R}=-\dfrac{1}{R}\dfrac{\mathrm{d}\Phi}{\mathrm{d}t}$ 在 $t_1\sim t_2$ 内通过回路任一横截面的电量为

$$q=\int_{t_1}^{t_2}I_i\mathrm{d}t=\int_{t_1}^{t_2}-\frac{1}{R}\frac{\mathrm{d}\Phi}{\mathrm{d}t}\mathrm{d}t=-\frac{1}{R}\int_{\Phi(t_1)}^{\Phi(t_2)}\mathrm{d}\Phi=-\frac{1}{R}\left[\Phi(t_2)-\Phi(t_1)\right]$$

可知 q 与($\Phi_2-\Phi_1$)成正比，与时间间隔无关.

7.2 动生电动势

根据上述讨论可知产生动生电动势的非静电力是洛伦兹力. 一个电子所受的洛伦兹力为

$$\boldsymbol{f}=(-e)\boldsymbol{v}\times\boldsymbol{B} \tag{7-3}$$

它是产生动生电动势的非静电力. 而单位正电荷受到的洛伦兹力为

$$\boldsymbol{K}=\frac{\boldsymbol{f}}{(-e)}=\boldsymbol{v}\times\boldsymbol{B} \tag{7-4}$$

根据电动势的定义，则动生电动势为

$$\begin{aligned}\varepsilon_i&=\oint_l\boldsymbol{K}\cdot\mathrm{d}\boldsymbol{l}\\&=\oint_l(\boldsymbol{v}\times\boldsymbol{B})\cdot\mathrm{d}\boldsymbol{l}\\&=\int_A^B(\boldsymbol{v}\times\boldsymbol{B})\cdot\mathrm{d}\boldsymbol{l}\end{aligned}$$

即

$$\varepsilon_i=\int_A^B(\boldsymbol{v}\times\boldsymbol{B})\cdot\mathrm{d}\boldsymbol{l} \tag{7-5}$$

ε_i 的方向为沿 $(\boldsymbol{v}\times\boldsymbol{B})$ 在 $\mathrm{d}\boldsymbol{l}$ 上分量的方向. 当 $\varepsilon_i>0$，即 ε_i 沿 $A\to B$ 方向时，B 点比 A 点电势高；当 $\varepsilon_i<0$，即 ε_i 沿 $B\to A$ 方向时，B 点比 A 点电势低.

用 $\varepsilon_i=\int_A^B(\boldsymbol{v}\times\boldsymbol{B})\cdot\mathrm{d}\boldsymbol{l}$ 可求出非闭合回路运动的动生电动势. 这时，AB 相当一个开路电源，其端电压与 ε_i 在数值上相等，但意义不同：u_B-u_A 是单位正电荷从 B 移到 A 时静电力做的功，ε_i 是单位正电荷从 A 移到 B 时非静电力(洛伦兹力)做的功.

例 7.2.1　用 $\varepsilon_{\mathrm{i}}=\int_A^B(\boldsymbol{v}\times\boldsymbol{B})\cdot\mathrm{d}\boldsymbol{l}$ 解例 7.1.1.

解　整个回路的电动势即由 AB 运动引起的动生电动势(其他部分 $\boldsymbol{v}=0$)，如图 7.5 所示.

$\mathrm{d}\boldsymbol{l}$ 段产生的动生电动势为

$$\begin{aligned}\mathrm{d}\varepsilon_{\mathrm{i}}&=(\boldsymbol{v}\times\boldsymbol{B})\cdot\mathrm{d}\boldsymbol{l}=|\boldsymbol{v}\times\boldsymbol{B}||\mathrm{d}\boldsymbol{l}|\cos 0^\circ\\&=\left[|\boldsymbol{v}||\boldsymbol{B}|\sin\frac{\pi}{2}\right]\mathrm{d}l\cos 0^\circ=vB\sin\frac{\pi}{2}\mathrm{d}l\\&=vB\mathrm{d}l\\&\Rightarrow\varepsilon_{\mathrm{i}}=\int\mathrm{d}\varepsilon_{\mathrm{i}}=\int_A^B vB\mathrm{d}l=vBL>0\end{aligned}$$

可知，ε_{i} 沿 $A\to B$ 方向，即 B 点比 A 点电势高.

例 7.2.2　如图 7.6 所示，长为 L 的细导体棒在匀强磁场中，绕过 A 处垂直于纸面的轴以角速度 ω 匀速转动. 求 AB 的 ε_{i}.

解　(方法一)用 $\varepsilon_{\mathrm{i}}=\int_A^B(\boldsymbol{v}\times\boldsymbol{B})\cdot\mathrm{d}\boldsymbol{l}$ 求解. 在 AB 上距 A 为 l 处取线元 $\mathrm{d}\boldsymbol{l}$，方向 $A\to B$.

$\mathrm{d}\boldsymbol{l}$ 段产生的动生电动势为

$$\mathrm{d}\varepsilon_{\mathrm{i}}=(\boldsymbol{v}\times\boldsymbol{B})\cdot\mathrm{d}\boldsymbol{l}$$

已知 $(\boldsymbol{v}\times\boldsymbol{B})$ 与 $\mathrm{d}\boldsymbol{l}$ 同向，因此

$$\mathrm{d}\varepsilon_{\mathrm{i}}=vB\mathrm{d}l=\omega Bl\mathrm{d}l$$

AB 棒产生的电动势为

$$\begin{aligned}\varepsilon_{\mathrm{i}}&=\int\mathrm{d}\varepsilon_{\mathrm{i}}=\int_A^B(\boldsymbol{v}\times\boldsymbol{B})\cdot\mathrm{d}\boldsymbol{l}\\&=\int_0^L\omega Bl\mathrm{d}l=\frac{1}{2}\omega BL^2\end{aligned}$$

因为 $\varepsilon_{\mathrm{i}}>0$，所以 ε_{i} 沿由 $A\to B$ 方向，即 B 点比 A 点电势高.

(方法二)用 $\varepsilon_{\mathrm{i}}=-\dfrac{\mathrm{d}\Phi}{\mathrm{d}t}$ 求解.

设 $t=0$ 时，细导体棒位于 AB' 位置，t 时刻转到 AB 位置，取 $AB'BA$ 为绕行方向($AB'BA$ 视为回路)，则通过此回路所围面积的磁通量为

$$\Phi=\boldsymbol{B}\cdot\boldsymbol{S}=BS\cos 0^\circ=B\cdot\frac{1}{2}\omega tL^2$$

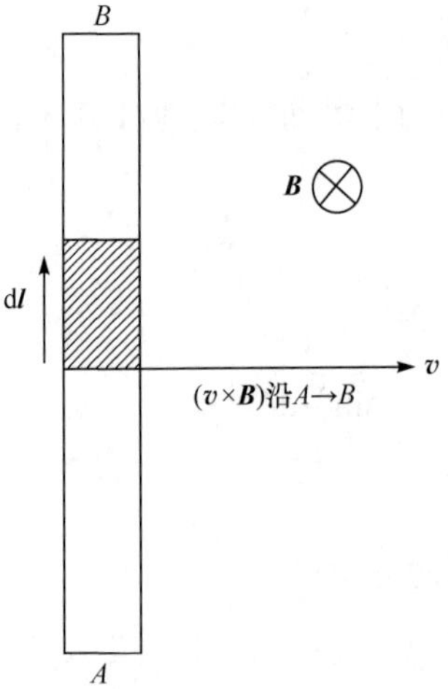

图 7.5

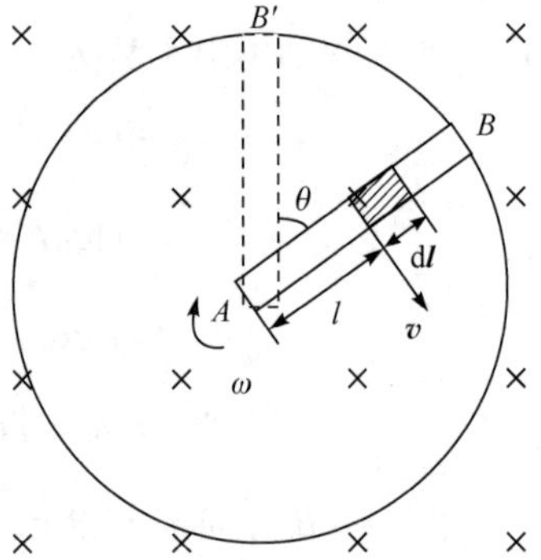

图 7.6

$$\Rightarrow \varepsilon_i = -\frac{d\Phi}{dt} = -\frac{1}{2}\omega BL^2$$

因为$\varepsilon_i < 0$，所以ε_i沿$A \to B \to B' \to A$方向.

由于回路中只有 AB 产生电动势，故 AB 段电动势值为$\varepsilon_i = \frac{1}{2}\omega BL^2$，$\varepsilon_i$沿$A \to B$方向.

注意　$\varepsilon_i = -\frac{d\Phi}{dt}$是相对整个回路而言的，而$\varepsilon_i = \int_A^B (\boldsymbol{v} \times \boldsymbol{B}) \cdot d\boldsymbol{l}$可用在非闭合回路上.

例 7.2.3　如图 7.7 所示，一无限长载流直导线 AB，电流为I，导体细棒 CD 与 AB 共面，并互相垂直，CD 长为l，C 距 AB 为a，CD 以匀速度$\boldsymbol{v}$沿$A \to B$方向运动，求 CD 中的ε_i.

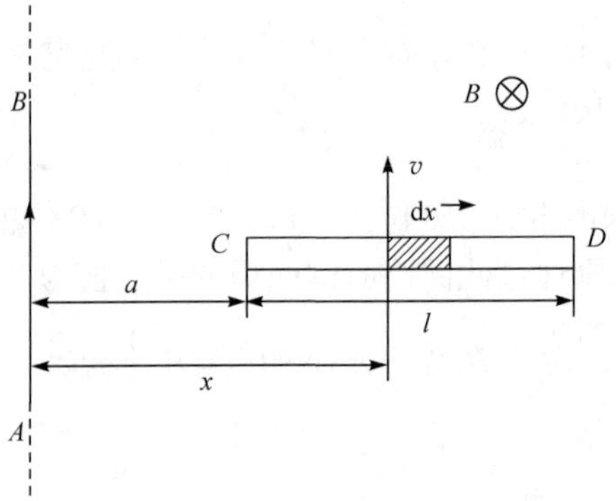

图 7.7

解　在 CD 上距 AB 为 x 处取线元 $\mathrm{d}\boldsymbol{x}$，方向 $C \to D$，$\mathrm{d}x$ 段产生的动生电动势为

$$\mathrm{d}\varepsilon_\mathrm{i} = (\boldsymbol{v} \times \boldsymbol{B}) \cdot \mathrm{d}\boldsymbol{x}$$

$\boldsymbol{B}$ 的方向垂直指向纸面. 因此 $\boldsymbol{v} \times \boldsymbol{B}$ 指向 $D \to C$ 方向，即与 $\mathrm{d}\boldsymbol{x}$ 反向. $\boldsymbol{v} \times \boldsymbol{B}$ 的大小为 vB.

$$\begin{aligned}\mathrm{d}\varepsilon_\mathrm{i} &= (\boldsymbol{v} \times \boldsymbol{B}) \cdot \mathrm{d}\boldsymbol{x} = vB\mathrm{d}x\cos\pi \\ &= -vB\mathrm{d}x = -v\frac{\mu_0 I}{2\pi x}\mathrm{d}x\end{aligned}$$

CD 中的 ε_i 为

$$\varepsilon_\mathrm{i} = \int \mathrm{d}\varepsilon_\mathrm{i} = -\int_a^{a+l} v\frac{\mu_0 I}{2\pi x}\mathrm{d}x = -\frac{\mu_0 I v}{2\pi}\ln\frac{a+l}{a}$$

由于 $\varepsilon_\mathrm{i} < 0$，$\varepsilon_\mathrm{i}$ 沿 $C \to D$，即 C 点比 D 点电势高.

例 7.2.4　如图 7.8 所示，平面线圈面积为 S，共 N 匝，在匀强磁场 $\boldsymbol{B}$ 中绕轴 OO' 以角速度 ω 匀速转动. OO' 轴与 $\boldsymbol{B}$ 垂直. $t=0$ 时，线圈平面法线 $\boldsymbol{n}$ 与 $\boldsymbol{B}$ 同向. 求：(1)线圈中的 ε_i；(2)当线圈电阻为 R 时的感应电流 I_i.

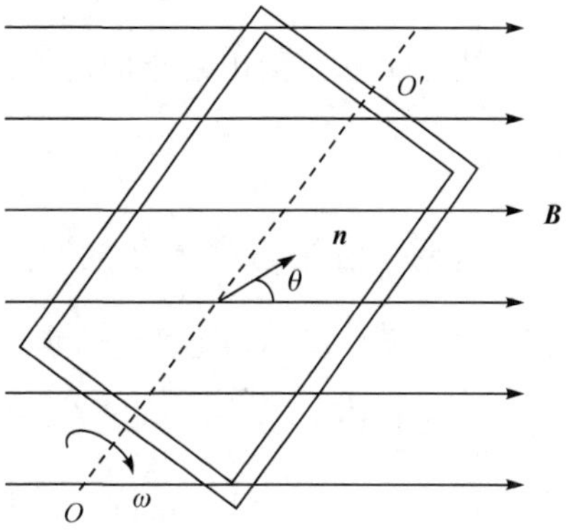

图 7.8

解　(1) 设 t 时刻，$\boldsymbol{n}$ 与 $\boldsymbol{B}$ 夹角为 θ，此时线圈磁通量为

$$\begin{aligned}\Phi &= N\varphi \\ &= N(\boldsymbol{B} \cdot \boldsymbol{S}) \\ &= NBS\cos\theta = NBS\cos\omega t\end{aligned}$$

由法拉第电磁感应定律知

$$\varepsilon_\mathrm{i} = -\frac{\mathrm{d}\Phi}{\mathrm{d}t} = NBS\omega\sin\omega t = \varepsilon_{\mathrm{i}0}\sin\omega t \quad (\text{其中}\ \varepsilon_{\mathrm{i}0} = NBS\omega = \varepsilon_{\mathrm{i}\max})$$

(2)

$$I_\mathrm{i} = \frac{\varepsilon_\mathrm{i}}{R} = \frac{\varepsilon_{\mathrm{i}0}}{R}\sin\omega t = I_0\sin\omega t$$

其中 $I_0 = \dfrac{\varepsilon_{\mathrm{i}0}}{R} = \dfrac{NBS\omega}{R} = I_{\mathrm{i}\max}$.

7.3　感生电动势　涡旋电场

导体在磁场中运动时，其内部的自由电子也跟随导体运动，因此受到磁场力

的作用. 我们已经知道，洛伦兹力是动生电动势产生的根源，即产生动生电动势的非静电力. 对于磁场随时间变化而线圈不动的情况，导体中电子不受洛伦兹力作用，但感生电动势和感应电流的出现都是事实. 那么感生电动势对应的非静电力是什么呢？麦克斯韦分析了这种情况以后提出了以下假说：

变化的磁场在它周围空间会产生电场，这种电场与导体无关，即使无导体存在，只要磁场变化，就有这种场的存在. 这种场称为感生电场或涡旋电场. 涡旋电场对电荷的作用力是产生感生电动势的非静电力(涡旋电场已被许多事实所证实，如电子感应加速器等).

涡旋电场与静电场有相同点也有不同点. 相同点是二者对电荷均有作用力. 不同点是涡旋电场是由变化的磁场产生的，电场线是闭合的，为非保守场. 而静电场是由电荷产生的，电场线是闭合的，为保守场.

由电动势定义可知，感生电动势为

$$\varepsilon_{\mathrm{i}} = \oint_l \boldsymbol{E}_{涡} \cdot \mathrm{d}\boldsymbol{l} \qquad (\boldsymbol{K} = \boldsymbol{E}_{涡}) \tag{7-6}$$

再根据法拉第电磁感应定律，可有

$$\varepsilon_{\mathrm{i}} = \oint_l \boldsymbol{E}_{涡} \cdot \mathrm{d}\boldsymbol{l} = -\frac{\mathrm{d}\Phi}{\mathrm{d}t} \tag{7-7}$$

说明 法拉第建立的电磁感应定律的原始形式 $\varepsilon_{\mathrm{i}} = -\frac{\mathrm{d}\Phi}{\mathrm{d}t}$ 只适用于导体构成的闭合回路情形；而麦克斯韦关于感生电场的假设所建立的电磁感应定律为 $\varepsilon_{\mathrm{i}} = \oint_l \boldsymbol{E}_{涡} \cdot \mathrm{d}\boldsymbol{l} = -\frac{\mathrm{d}\Phi}{\mathrm{d}t}$，则闭合回路与是否由导体组成无关，闭合回路在真空中或在介质中都适用. 这就是说，只要通过某一闭合回路的磁通量发生变化，那么感生电场沿此闭合回路的环流总是满足 $\varepsilon_{\mathrm{i}} = \oint_l \boldsymbol{E}_{涡} \cdot \mathrm{d}\boldsymbol{l} = -\frac{\mathrm{d}\Phi}{\mathrm{d}t}$. 只不过，对导体回路来说，有电荷定向运动，而形成感应电流；而对于非导体回路虽然无感应电流，但感应电动势还是存在的.

例 7.3.1 如图 7.9 所示，均匀磁场 $\boldsymbol{B}$ 被局限在半径为 R 的圆筒内，$\boldsymbol{B}$ 与筒轴平行，$\frac{\mathrm{d}B}{\mathrm{d}t} > 0$，求筒内外电场的大小和方向.

解 根据磁场分布的对称性，可知变化磁场产生的涡旋电场，其闭合的电场线是一系列同心圆周，圆心在圆筒的轴线处.

(1) 求筒内 P 点 $\boldsymbol{E}_{涡}$ 的大小和方向.

取过 P 点以 O 为圆心的圆周做闭合回路 l，绕行方向取为顺时针，可知

$$\oint_l \boldsymbol{E}_{涡} \cdot \mathrm{d}\boldsymbol{l} = -\frac{\mathrm{d}\Phi}{\mathrm{d}t}$$

$$\oint_l \boldsymbol{E}_{\text{涡}} \cdot \mathrm{d}\boldsymbol{l} = \oint_l E_{\text{涡}} \mathrm{d}l = E_{\text{涡}} \oint_l \mathrm{d}l = E_{\text{涡}} \cdot 2\pi r$$

$$\frac{\mathrm{d}\varPhi}{\mathrm{d}t} = \frac{\mathrm{d}}{\mathrm{d}t}(\boldsymbol{B} \cdot \boldsymbol{S}) = \frac{\mathrm{d}}{\mathrm{d}t}(BS\cos 0°) = \pi r^2 \frac{\mathrm{d}B}{\mathrm{d}t}$$

则

$$E_{\text{涡}} \cdot 2\pi r = -\pi r^2 \frac{\mathrm{d}B}{\mathrm{d}t} \Rightarrow E_{\text{涡}} = -\frac{1}{2} r \frac{\mathrm{d}B}{\mathrm{d}t}$$

因为$\frac{\mathrm{d}B}{\mathrm{d}t} > 0, E_{\text{涡}} < 0$，$\boldsymbol{E}_{\text{涡}}$ 的方向如图 7.9 所示，即电场线与 l 绕向相反(实际上，用楞次定律可方便地直接判断出电场线的绕行方向).

(2) 求筒外 Q 点 $\boldsymbol{E}'_{\text{涡}}$ 的大小和方向.

取过 Q 点以 O 为圆心的圆周 l' 为回路，绕行方向为顺时针. 由于

$$\oint_{l'} \boldsymbol{E}'_{\text{涡}} \cdot \mathrm{d}\boldsymbol{l}' = \oint_{l'} E'_{\text{涡}} \mathrm{d}\boldsymbol{l}' = E'_{\text{涡}} \oint_{l'} \mathrm{d}\boldsymbol{l}' = E'_{\text{涡}} 2\pi r'$$

$$\frac{\mathrm{d}\varPhi}{\mathrm{d}t} = \frac{\mathrm{d}}{\mathrm{d}t}(\boldsymbol{B} \cdot \boldsymbol{S}) = \frac{\mathrm{d}}{\mathrm{d}t}(BS\cos 0°) = \pi R^2 \frac{\mathrm{d}B}{\mathrm{d}t}$$

则

$$E'_{\text{涡}} 2\pi r' = -\pi R^2 \frac{\mathrm{d}B}{\mathrm{d}t} \Rightarrow E'_{\text{涡}} = -\frac{R^2}{2r'} \frac{\mathrm{d}B}{\mathrm{d}t}$$

因为$\frac{\mathrm{d}B}{\mathrm{d}t} > 0$，所以 $E'_{\text{涡}} < 0$, $\boldsymbol{E}'_{\text{涡}}$ 的方向如图 7.9 所示.

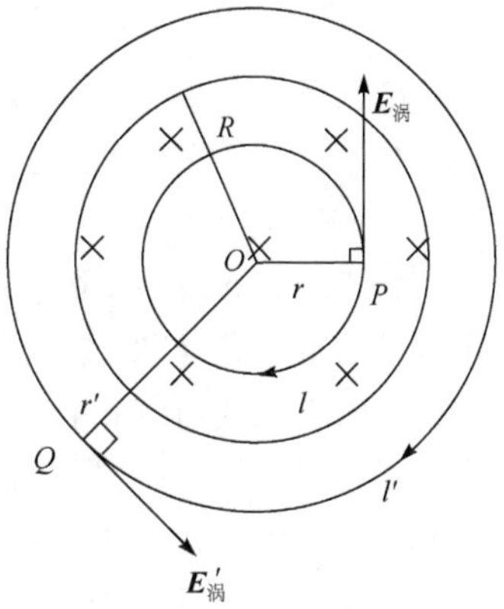

图 7.9

需要注意的地方是在筒外也存在电场，电场的方向也可用楞次定律判断. 另外，回路无导体时，只要$\frac{\mathrm{d}\boldsymbol{B}}{\mathrm{d}t} \neq 0$，则电场不为零.

7.4　自感现象与互感现象

7.4.1　自感现象

1. 自感现象

当某一回路中有电流时，必然要在自身回路中产生磁通量，当磁通量变化时，由法拉第电磁感应定律可知，在回路中要产生感应电动势. 由于回路中电流发生变化而在本身回路中引起感应电动势的现象称为自感现象，该电动势称为自感电动势(实际上，回路中电流不变，而形状改变，也会引起自感电动势).

2. 自感系数

设通过回路的电流为 I，由毕奥-萨伐尔定律可知，该电流在空间任意一点产生的 $\boldsymbol{B}$ 的大小与 I 成正比，所以通过回路本身的磁通量与 I 成正比，即

$$\Phi = LI \tag{7-8}$$

式中：L 定义为自感系数或自感，L 与回路的大小、形状、匝数以及磁介质有关(当回路无铁磁质时，L 与 I 无关)．在国际单位制中，L 的单位为亨利，记作 H.

自感电动势记为 ε_{L}，则

$$\varepsilon_{\mathrm{L}} = -\frac{\mathrm{d}\Phi}{\mathrm{d}t} = -\left(L\frac{\mathrm{d}I}{\mathrm{d}t} + I\frac{\mathrm{d}L}{\mathrm{d}t}\right)$$

当回路的形状、大小、匝数以及磁介质不变时，L 为常数，则

$$\varepsilon_{\mathrm{L}} = -L\frac{\mathrm{d}I}{\mathrm{d}t} \tag{7-9}$$

当线圈有 N 匝时，$\Phi = N\varphi$，φ 为一匝线圈磁通量，即自感系数扩大 N 倍，$N\varphi$ 称为磁通链匝数. (7-8)式、(7-9)式均可看作 L 的定义式，它们是等效的. L 的物理意义：由(7-8)式可知，自感系数 L 在数值上等于回路中电流为一个单位时通过回路的磁通量. 由(7-9)式可知，回路中自感系数在数值上等于电流随时间变化为一个单位时回路中自感电动势的大小.

例 7.4.1　如图 7.10 所示，长直螺线管长为 l，横截面积为 S，共 N 匝，均匀介质磁导率为 μ，求自感系数 L 的大小.

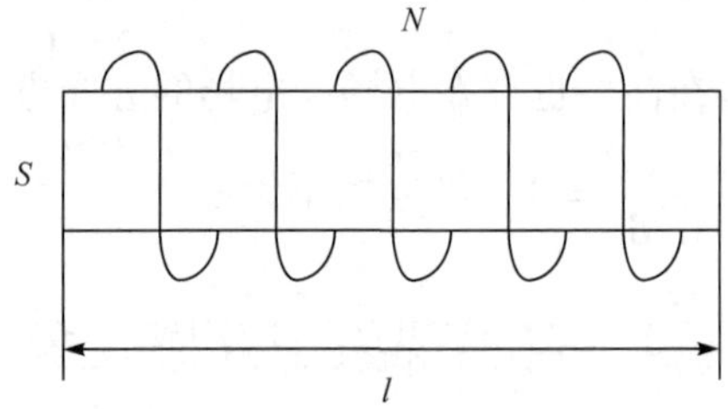

图 7.10

解　设线圈电流为 I，通过一匝线圈磁通量为

$$\varphi = BS = \mu nIS$$

通过 N 匝线圈磁通链数为

$$\Phi = N\varphi = N\mu nIS$$

由 $\Phi = LI$，有

$$L = N\mu nS = \frac{N}{l}\mu n(lS) = \mu n^2 V$$

其中 V 为螺线管的体积.

说明 (1) 由于计算中忽略了边缘效应，所以计算值是近似的，实际测量值比它要小.

(2) L 只与线圈大小、形状、匝数、磁介质有关.

例 7.4.2 如图 7.11 所示，同轴电缆半径分别为 a、b，电流从内筒端流入，经外筒端流出，筒间充满磁导率为 μ 的介质，电流为 I. 求单位长度同轴电缆的自感系数 L_0.

解 由安培环路定理知，筒间距轴 r 处 $\boldsymbol{H}$ 的大小为

$$H=\frac{I}{2\pi r} \Rightarrow B=\frac{\mu I}{2\pi r} \quad (B=\mu H)$$

取长为 h 的一段电缆来考虑，穿过阴影面积的磁通量为(取 $\mathrm{d}\boldsymbol{S}$ 向里)

$$\mathrm{d}\Phi=\boldsymbol{B}\cdot\mathrm{d}\boldsymbol{S}=B\mathrm{d}S=Bh\mathrm{d}r$$

$$\Phi=\int\mathrm{d}\Phi=\int_a^b\frac{\mu Ih}{2\pi r}\mathrm{d}r=\frac{\mu Ih}{2\pi}\ln\frac{b}{a}$$

$$L=\frac{\Phi}{I}=\frac{\mu h}{2\pi}\ln\frac{b}{a}$$

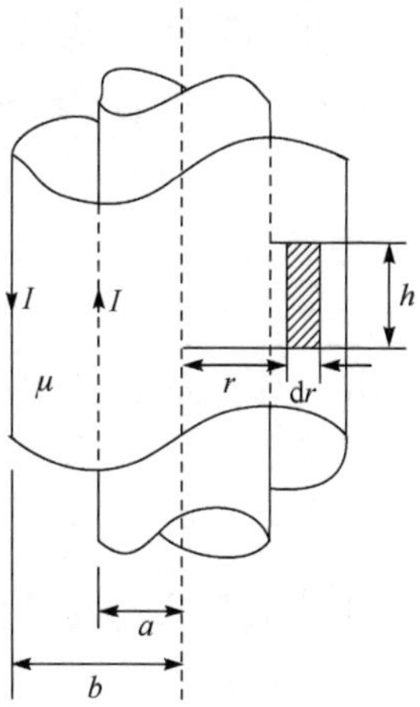

图 7.11

单位长度同轴电缆的自感系数为

$$L_0=\frac{L}{h}=\frac{\mu}{2\pi}\ln\frac{b}{a}$$

7.4.2 互感现象

1. 互感现象

假设有两个邻近的线圈 1、2，如图 7.12 所示，通过它们的电流分别为 I_1、I_2.

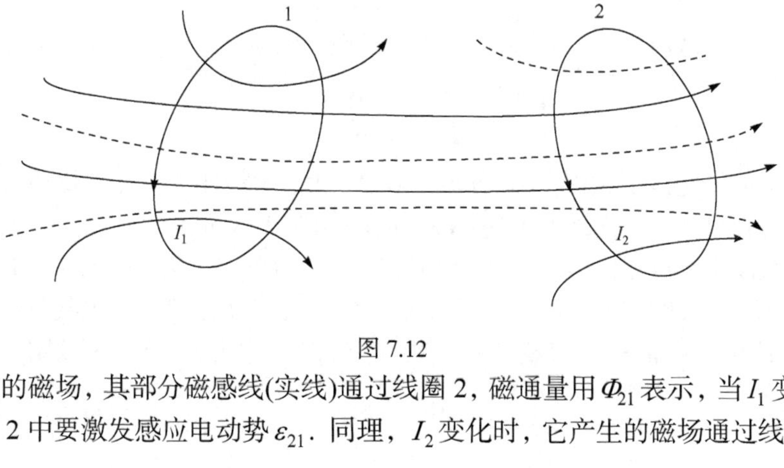

图 7.12

I_1 产生的磁场，其部分磁感线(实线)通过线圈 2，磁通量用 Φ_{21} 表示，当 I_1 变化时，在线圈 2 中要激发感应电动势 ε_{21}. 同理，I_2 变化时，它产生的磁场通过线圈 1 的

磁通量 Φ_{12} 也变化，在回路 1 中也要激发感应电动势 ε_{12}. 如上所述，一个回路的电流发生变化时，在另外一个回路中激发感应电动势的现象称为互感现象，该电动势称为互感电动势.

2. 互感系数

根据毕奥-萨伐尔定律，I_1 在空间任一点产生的磁感应强度大小与 I_1 成正比，所以，I_1 产生的磁场通过线圈 2 的磁通量 Φ_{21} 也与 I_1 成正比，即

$$\Phi_{21} = M_{21} I_1$$

同理

$$\Phi_{12} = M_{12} I_2$$

理论和实际都证明 $M_{21} = M_{12} = M$.

$$\left.\begin{aligned} \Phi_{21} &= MI_1 \\ \Phi_{12} &= MI_2 \end{aligned}\right\} \tag{7-10}$$

式中：M 定义为互感系数或互感. M 与回路的大小、形状、匝数、磁介质以及二者相对位置有关. 在国际单位制中，M 的单位为 H.

由法拉第电磁感应定律可知

$$\varepsilon_{21} = -\frac{\mathrm{d}\Phi_{21}}{\mathrm{d}t} = -\left(M\frac{\mathrm{d}I_1}{\mathrm{d}t} + I_1\frac{\mathrm{d}M}{\mathrm{d}t}\right)$$

当回路大小、形状、匝数、磁介质以及线圈相对位置不变时，M 为常数，则

$$\left.\begin{aligned} \varepsilon_{21} &= -M\frac{\mathrm{d}I_1}{\mathrm{d}t} \\ \varepsilon_{12} &= -M\frac{\mathrm{d}I_2}{\mathrm{d}t} \end{aligned}\right\} \tag{7-11}$$

当线圈 1、2 分别有 N_1 、N_2 匝数，磁通链数分别为

$$\left.\begin{aligned} \Phi_{21} &= N_2\varphi_{21} \\ \Phi_{12} &= N_1\varphi_{12} \end{aligned}\right\}$$

M 的物理意义：由(7-10)式可知，M 在数值上等于其中一个线圈通有一个单位电流时在另外一个线圈中通过的磁通量；由(7-11)式可知，M 在数值上等于其中一个线圈中电流变化率为一个单位时在另一个线圈中产生互感电动势的大小.

例 7.4.3 如图 7.13 所示，一螺线管长为 l，横截面积为 S，密绕导线 N_1 匝，在其中部再绕 N_2 匝另一导线线圈. 管内介质的磁导率为 μ，求此两线圈的互感系数 M.

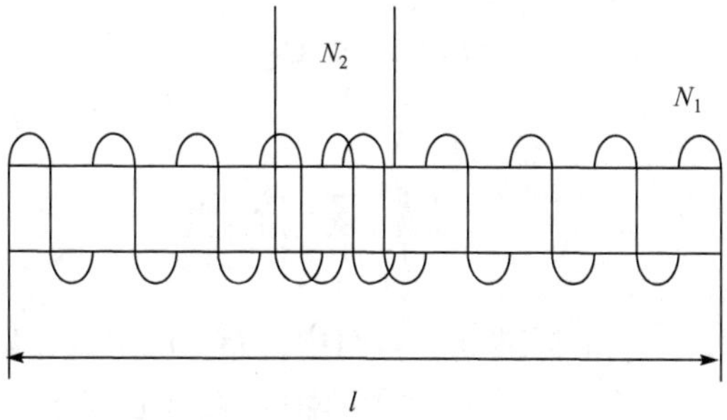

图 7.13

解 设长螺线管导线中电流为 I_1，它在中部产生 $\boldsymbol{B}_1$ 的大小为

$$B_1 = \mu \frac{N_1}{l} I_1$$

I_1 产生的磁场通过第二个线圈磁通链数为

$$\varPhi_{21} = N_2 \varphi_{21} = N_2 \boldsymbol{B}_1 \cdot \boldsymbol{S} = N_2 B_1 S = N_2 \mu \frac{N_1}{l} I_1 S$$

由 $M = \dfrac{\varPhi_{21}}{I_1}$，有

$$M = \mu \frac{N_1 N_2}{l} S$$

例 7.4.4 如图 7.14 所示，两圆形线圈共面，半径依次为 R_1、R_2，$R_1 >> R_2$，匝数分别为 N_1、N_2，求互感系数 M.

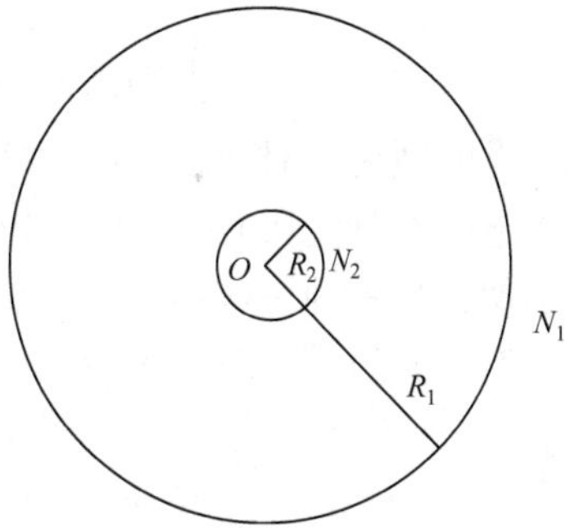

图 7.14

解 设大线圈通有电流 I_1，在其中心处产生磁场 $\boldsymbol{B}_1$ 的大小为

$$B_1 = \frac{\mu_0 I_1 N_1}{2R_1}$$

由于 $R_1 >> R_2$，故小线圈可视为处于均匀磁场中，$\boldsymbol{B}$ 在 O 处的值记为 $\boldsymbol{B}_1$，通过小线圈的磁通链数为

$$\begin{aligned}\varPhi_{21} &= N_2 \varphi_{21} = N_2 \boldsymbol{B}_1 \cdot \boldsymbol{S}_2 \\ &= N_2 B_1 S_2 \quad (\text{取}\boldsymbol{B}_1\text{与}\boldsymbol{S}_2\text{同向}) \\ &= N_2 \frac{\mu_0 I_1 N_1}{2R_1} \pi R_2^2\end{aligned}$$

由 $M = \dfrac{\varPhi_{21}}{I_1}$，有

$$M = \frac{\mu_0 N_1 N_2}{2R_1}\pi R_2^2$$

7.5 磁场能量

如图 7.15 所示，在一个标准 R-L 电路中，R 为电阻，L 为自感线圈，ε 为电源电动势，K 为电键. K 刚关闭(设此时 $t=0$)后，由闭合回路的欧姆定律得

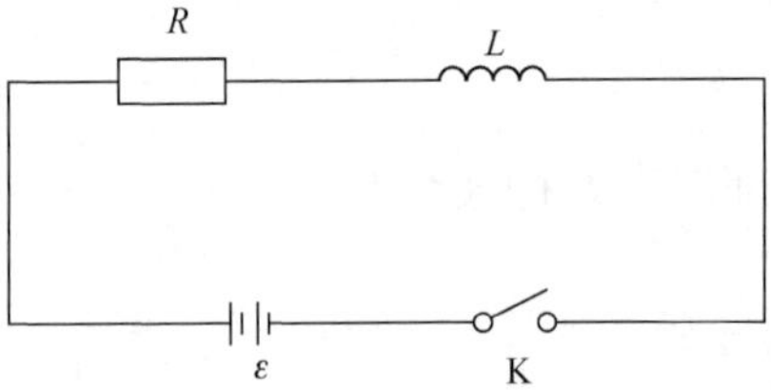

图 7.15

$$\varepsilon - |\varepsilon_L| = IR \qquad (\varepsilon_L 与 \varepsilon 反向)$$

上式两边同时乘以 $I\mathrm{d}t$，并对时间积分，有

$$\int_0^t \varepsilon I\mathrm{d}t - \int_0^t |\varepsilon_L| I\mathrm{d}t = \int_0^t I^2 R\mathrm{d}t$$

由于 $|\varepsilon_L| = L\frac{\mathrm{d}I}{\mathrm{d}t}$ 且 $\mathrm{d}I > 0$，在 $0 \sim t$ 时间内，

$$\int_0^t \varepsilon I\mathrm{d}t \quad - \quad \int_0^I LI\mathrm{d}I \quad = \quad \int_0^t I^2 R\mathrm{d}t$$

↓　　　　↓　　　　↓

电源做功　反抗自感电动势做功　电阻上的焦耳热

即电源做功一部分用来产生焦耳热，一部分用来克服自感电动势做功. 我们知道，当电路上电流从 $0 \to I$ 时，电路周围空间建立起来逐渐增强的磁场，磁场与电场类似，是一种特殊形态的物质，具有能量. 所以，电源反抗自感电动势做的功，必然转变为线圈的磁场能量. 所以磁场能量为

$$W_m = \int_0^I LI\mathrm{d}I = \frac{1}{2}LI^2 \tag{7-12}$$

此公式与电场能量相类似($W_e = \frac{1}{2}QU^2$)，下面以长直螺线管为例，求出磁场能量密度表达式. 长直螺线管磁场能量为

$$W_m = \frac{1}{2}LI^2 = \frac{1}{2}\mu n^2 V I^2 = \frac{1}{2}\frac{B^2}{\mu}V$$

式中 V 为螺线管体积，可得磁场能量密度为

$$w_m = \frac{W_m}{V} = \frac{1}{2}\frac{B^2}{\mu} = \frac{1}{2}BH \quad (B = \mu H) \tag{7-13}$$

此式与电场能量密度 $w_e = \frac{1}{2}\varepsilon E^2 = \frac{1}{2}DE$ 相类似.

经过证明可知，对于任意形状的线圈，$W_{\mathrm{m}}=\frac{1}{2}LI^2$ 均成立. 任意形式的磁场中，能量均可表示为

$$W_{\mathrm{m}}=\int_V w_{\mathrm{m}}\mathrm{d}V=\int_V \frac{B^2}{2\mu}\mathrm{d}V=\int_V \frac{1}{2}BH\mathrm{d}V$$

例 7.5.1　用磁场能量方法解例 7.4.2.

解　如图 7.16 所示，由安培环路定理知，

$$B=\begin{cases}0 & (\mathrm{I})\\ \dfrac{\mu I}{2\pi r} & (\mathrm{II})\\ 0 & (\mathrm{III})\end{cases}$$

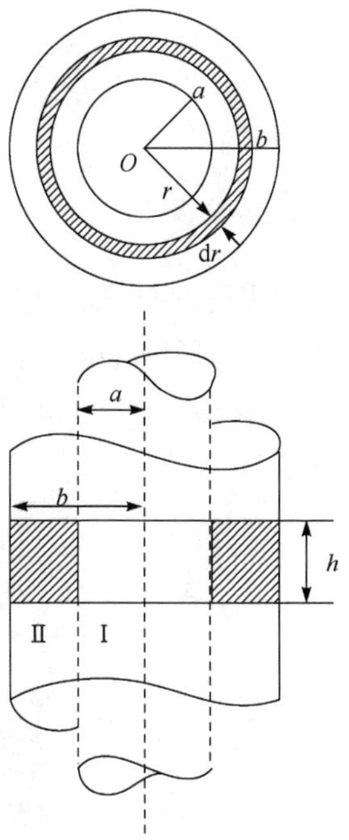

图 7.16

因此除两筒间外无磁场能量. 在筒间距轴线为 r 处，w_{m} 为

$$w_{\mathrm{m}}=\frac{1}{2\mu}B^2=\frac{\mu I^2}{8\pi^2 r^2}$$

在半径为 r 处、宽为 $\mathrm{d}r$ 、高为 h 的薄圆筒内的能量为

$$\mathrm{d}W_{\mathrm{m}}=w_{\mathrm{m}}\mathrm{d}V=\frac{\mu I^2}{8\pi^2 r^2}2\pi r\mathrm{d}rh=\frac{\mu h I^2}{4\pi r}\mathrm{d}r$$

在筒间能量为

$$W_{\mathrm{m}}=\int \mathrm{d}W_{\mathrm{m}}=\int_a^b \frac{\mu h I^2}{4\pi r}\cdot\mathrm{d}r=\frac{\mu h I^2}{4\pi}\ln\frac{b}{a}$$

由于

$$W_{\mathrm{m}}=\frac{1}{2}LI^2$$

故

$$L=\frac{\mu h}{2\pi}\ln\frac{b}{a}$$

单位长度同轴电缆的自感系数为

$$L_0=\frac{L}{h}=\frac{\mu}{2\pi}\ln\frac{b}{a}$$

附录 7 阻尼摆与非阻尼摆演示实验

【实验装置】

阻尼摆与非阻尼摆演示仪的结构装置如图 7.17 所示，其中包括：直流电源接线柱、矩形磁轭(当线圈中通有直流电源时，可在磁轭两极缝隙中间产生很强的磁场)、撑架、摆架、非阻尼摆、横梁、阻尼摆、线圈、底座.

图 7.17

【实验原理】

处在交变电磁场中的金属块，由于受变化电磁场产生的感生电动势作用，将在金属块内引起涡旋状的感生电流，把这种电流称为涡电流. 在实验装置中，当金属摆在两磁极间摆动时，由于受切割磁感线运动产生的动生电动势的作用，也将在金属摆内出现涡电流. 根据安培定律，当金属摆进入磁场时，磁场对环状电流的上、下两段的作用力之和为零；对环状电流的左、右两段的作用力的合力起阻碍金属摆块摆进的作用. 当金属块摆出磁场时，磁场对环状电流的左、右两段的作用力的合力则起阻碍金属摆块摆出的作用. 因此，金属摆总是受到一个阻尼力的作用，就像在某种黏滞介质中摆动一样，很快地停止下来，这种阻尼起源于电磁感应，故称电磁阻尼. 若将装置中的金属摆换成带有许多间隙的金属摆，则结果使得涡电流大为减小，从而对金属摆的阻尼作用不明显，金属摆在两磁极间要摆动较长时间才会停止下来. 电磁阻尼摆在各种仪表中被广泛应用，电气机车和电车中的电磁制动器就是根据此原理而制造的.

【实验内容】

(1) 把稳压电源输出的正负极连接到阻尼摆与非阻尼摆演示仪的直流电源接线柱上，阻尼摆按要求接好.

(2) 打开稳压电源电源开关，先不要打开稳压电源的“输出”开关，即不通励磁电流，让阻尼摆在两极间自由摆动，可观察到阻尼摆经过相当长的时间才停止下来(不考虑阻力).

(3) 再打开稳压电源的“输出”开关，电压指示为 28V，此时在磁轭两极间产生很强的磁场. 当阻尼摆在两极间前后摆动时，阻尼摆会迅速停止下来，说明了两极间有很强的磁阻尼. 解释现象.

(4) 将带有间隙的类似梳子的非阻尼摆代替阻尼摆做上述(2)和(3)的实验，可以观察到不论通电与否，其摆动都要经过较长的时间才停止下来.

习　题　7

7.1　一电阻为 $R=1.9\Omega$ 的闭合回路，处于变化的磁场中，通过回路的磁通量 $\varPhi=\left(5t^2+8t+2\right)\times10^{-3}\text{Wb}$，式中 t 以秒计. 求 t=2s 时回路中的感应电动势及 2～3s 内通过回路任一截面的电量. [参考答案：$-2.8\times10^{-2}\text{V}$；$1.74\times10^{-2}\text{C}$]

7.2　如图 7.18 所示，一电荷线密度为 λ 的无限长均匀带电直线与一正方形线圈共面且与其一边平行，该直线以变速度 $v=v(t)$ 沿着其长度方向向上运动. 试求：线圈中的感应电动势与时间 t 的关系. [参考答案：$-\dfrac{\mu_0 a\lambda}{2\pi}\ln\dfrac{\mathrm{d}v(t)}{\mathrm{d}t}$]

7.3　在长为 60cm，直径为 5.0cm 的空心纸筒上绕多少匝导线才能得到自感为 $6.0\times10^3\text{H}$ 的线圈？[参考答案：1.2×10^3 匝]

7.4　已知一个空心密绕的螺绕环，其平均半径为 0.10m，横截面积为 6cm^2，总匝数为 250，(1)求螺绕环的自感；(2)若线圈中通有电流 3A，求线圈中的磁通量及磁链数. [参考答案：(1) $7.5\times10^{-5}\text{H}$；(2) $9.0\times10^{-7}\text{Wb}$，$2.25\times10^{-4}\text{Wb}$]

7.5　如图 7.19 所示，一无限长直导线旁有一长为 b、宽为 a 的矩形导线框，线框与导线共面，长度为 b 的边与导线平行且与导线相距为 d. 试求：线框与导线之间的互感系数. [参考答案：$\dfrac{\mu_0 b}{2\pi}\ln\dfrac{d+a}{d}$]

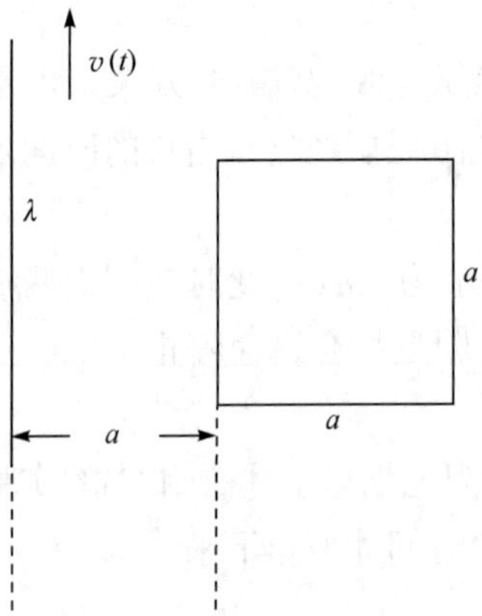

图 7.18

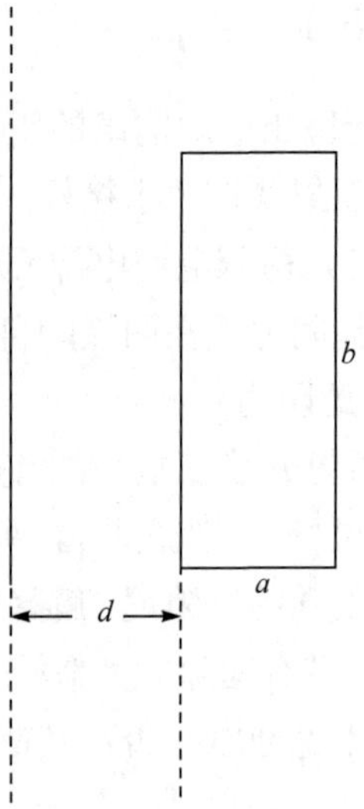

图 7.19

第 8 章 机 械 振 动

机械振动是指物体在某固定位置附近的往复运动，它是物体基本运动的一种普遍形式. 例如琴弦的振动、活塞的往复运动、心脏的跳动、钟摆的摆动等都是机械振动. 广义的说，任何一个物理量在某一量值附近随时间做周期性变化都可以叫做振动. 例如交流电中的电流、电压，振荡电路中的电场强度和磁场强度等均随时间做周期性的变化，因此都可以称之为振动. 这种振动虽然和机械振动有本质的不同，但它们都具有相同的数学特征和运动规律. 所以，振动不仅是声学、地震学、建筑学、机械制造等必需的基础知识，也是电学、光学、无线电学的基础. 本章主要讨论简谐振动和同方向简谐振动的合成.

8.1 简 谐 振 动

简谐振动，简称谐振动，即周期性的直线振动. 简谐振动是最简单、最基本的振动，通常能用余弦或正弦函数来描述. 并且，任何复杂的振动都可视为若干简谐振动的合成. 我们以弹簧振子为例来讨论简谐振动.

8.1.1 弹簧振子运动

如图 8.1 所取坐标，原点 O 在平衡位置. 现将 m 略向右移到 A，然后放开，此时，由于弹簧伸长而出现指向平衡位置的弹性力. 在弹性力的作用下，物体向左运动，当通过位置 O 时，作用在 m 上弹性力等于 0，但是由于惯性作用，m 将

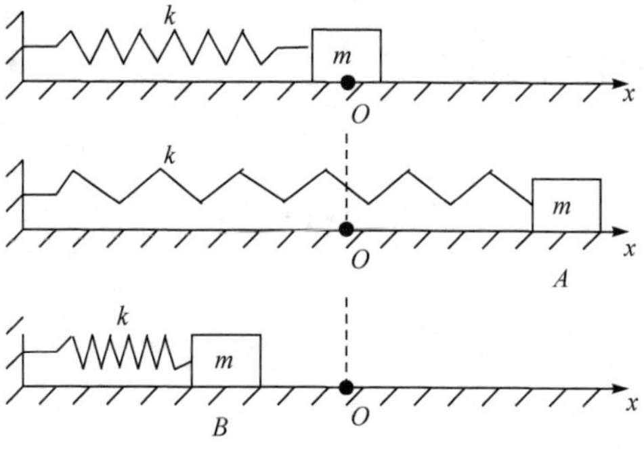

图 8.1

继续向左边运动，使弹簧压缩. 此时，由于弹簧被压缩，而出现了指向平衡位置的弹性力并将阻止物体向左运动，使 m 的速率减小，直至物体静止于 B(瞬时静止)，之后物体在弹性力作用下改变方向，向右运动. 这样在弹性力作用下物体左右往复运动，即做机械振动.

8.1.2 简谐振动的运动方程

由上述分析可知，m 的位移为 x(相对平衡点 O)时，它受到弹性力为

$$F = -kx \tag{8-1}$$

式中：当 $x>0$ 即位移沿 $+x$ 时，F 沿 $-x$，即 $F<0$；当 $x<0$ 即位移沿 $-x$ 时，F 沿 $+x$，即 $F>0$．k 为弹簧的劲度系数，“$-$”号表示力 F 与位移 x(相对 O 点)反向.

当物体受力与位移成正比且反向时的振动称为简谐振动. 由定义知，弹簧振子做简谐振动. 由牛顿第二定律知，m 的加速度为

$$a = \frac{F}{m} = -\frac{kx}{m}$$

因为 $a = \dfrac{\mathrm{d}^2x}{\mathrm{d}t^2}$，所以 $\dfrac{\mathrm{d}^2x}{\mathrm{d}t^2} + \dfrac{k}{m}x = 0$．又因为 k 、m 均大于 0，可令 $\dfrac{k}{m} = \omega^2$，则

$$\frac{\mathrm{d}^2x}{\mathrm{d}t^2} + \omega^2 x = 0 \tag{8-2}$$

式(8-2)是简谐振动物体的微分方程. 它是一个常系数的齐次二阶的线性微分方程，它的解为

$$x = A\sin(\omega t + \varphi') \tag{8-3}$$

或

$$x = A\cos(\omega t + \varphi) \tag{8-4}$$

式(8-3)或式(8-4)即为简谐振动的运动方程. 因此，我们也可以说位移是时间 t 的正弦或余弦函数的运动是简谐运动. 本书中用余弦形式表示简谐振动方程.

8.1.3 简谐振动的速度和加速度

物体位移

$$x = A\cos(\omega t + \varphi)$$

速度

$$v = \frac{\mathrm{d}x}{\mathrm{d}t} = -\omega A\sin(\omega t + \varphi) \tag{8-5}$$

加速度

$$a = \frac{\mathrm{d}^2x}{\mathrm{d}t^2} = -\omega^2 A\cos(\omega t + \varphi) = -\omega^2 x \tag{8-6}$$

可知

$$\begin{cases} v_{max} = \omega A \\ a_{max} = \omega^2 A \end{cases}$$

$x-t$ 、$v-t$ 、$a-t$ 曲线如图 8.2 和图 8.3 所示.

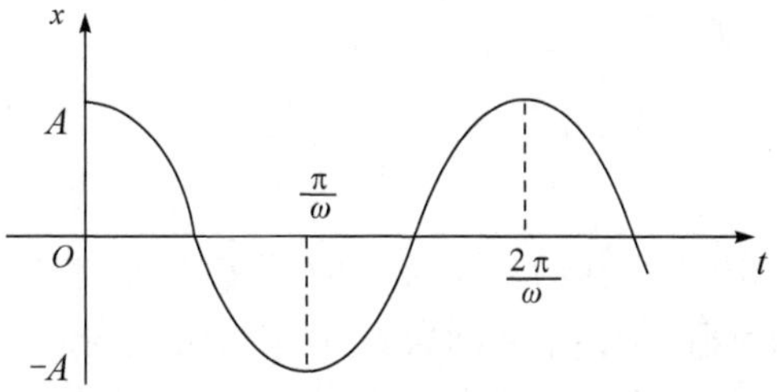

图 8.2

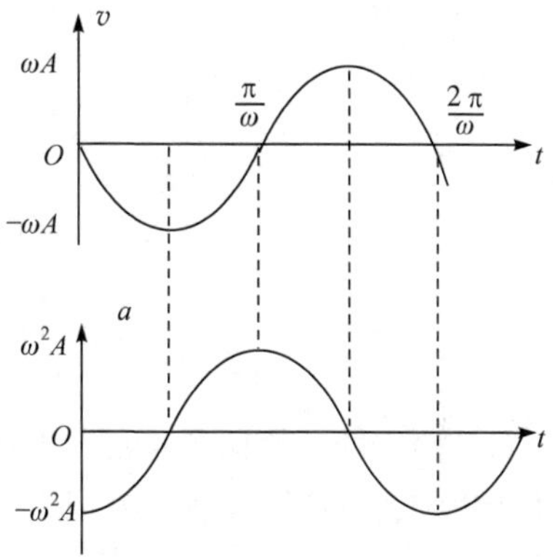

图 8.3

说明　(1) $F=-kx$ 是简谐振动的动力学特征；

(2) $a=-\omega^2 x$ 是简谐振动的运动学特征；

(3) 做简谐振动的物体通常称为谐振子.

8.2　简谐振动的振幅　角频率　相位

上节我们得出了简谐振动的运动方程 $x = A\cos(\omega t+\varphi)$，现在来说明式中各量的物理意义.

做谐振动的物体离开平衡位置最大位移的绝对值称为振幅，记做 A. A 反映了振动的强弱.

为了定义角频率. 首先定义周期和频率. 物体做一次完全振动所经历的时间叫做振动的周期，用 T 表示；在单位时间内物体所做的完全振动次数叫做频率，用 ν 表示.

综上可知

$$\nu = \frac{1}{T} \quad 或 \quad T = \frac{1}{\nu} \tag{8-7}$$

因为 T 为周期，所以

$$x = A\cos(\omega t+\varphi) = A\cos\left[\omega(t+T)+\varphi\right]$$

又因为从 t 时刻经过 1 个周期时，物体又首次回到原来 t 时刻状态，所以

$\omega T = 2\pi$(余弦函数周期为2π)，则

$$\omega = \frac{2\pi}{T} = 2\pi\nu \tag{8-8}$$

可见，ω表示在2π秒内物体所做的完全振动次数，ω称为角频率(圆频率). 由于

$$\omega = \sqrt{\frac{k}{m}}$$

故

$$\begin{cases} T = \dfrac{2\pi}{\omega} = 2\pi\sqrt{\dfrac{m}{k}} \\ \nu = \dfrac{\omega}{2\pi} = \dfrac{1}{2\pi}\sqrt{\dfrac{k}{m}} \end{cases} \tag{8-9}$$

对于给定的弹簧振子，m、k都是一定的，所以T、ν完全由弹簧振子本身的性质所决定，与其他因素无关. 因此，这种周期和频率又称为固有周期和固有频率.

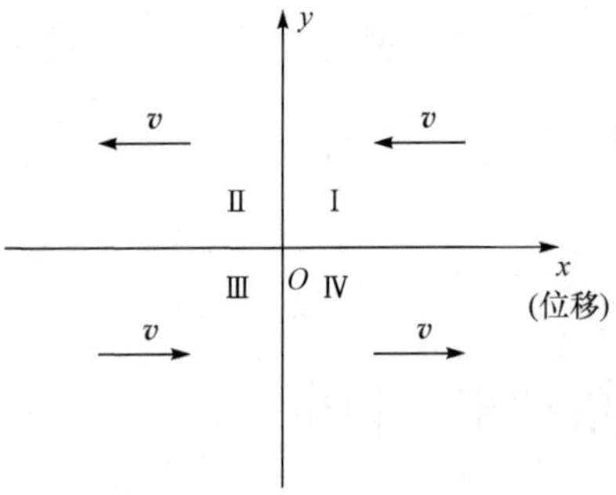

图 8.4

在力学中，物体在某一时刻的运动状态由位置坐标和速度来决定，振动中，当A、ω给定后，物体的位置和速度取决于$(\omega t+\varphi)$，$(\omega t+\varphi)$称为相位. 由上可见，相位是决定振动物体运动状态的物理量. φ是$t=0$时的相位，称为初相.

对于给定的系统，ω已知，初始条件给定后可求出A、φ. 若初始条件为：$t=0$时$x=x_0$，$v=v_0$，由x、v表达式有

$$\begin{cases} x_0 = A\cos\varphi \\ v_0 = -\omega A\sin\varphi \end{cases}$$

可得

$$\tan\varphi = -\frac{v_0}{\omega x_0}$$

因此

$$\varphi = \arctan\left(-\frac{v_0}{\omega x_0}\right) \tag{8-10}$$

$$A = \sqrt{x_0^2 + \frac{v_0^2}{\omega^2}} \tag{8-11}$$

如图 8.4 所示，判断φ值所在象限为

(1) $x_0>0$，$v_0<0$：φ在第Ⅰ象限.

(2) $x_0<0$，$v_0<0$：φ在第Ⅱ象限.

(3) $x_0<0$，$v_0>0$：φ在第Ⅲ象限.

(4) $x_0>0$，$v_0>0$：φ在第Ⅳ象限.

设物体1和2的简谐振动方程分别为

$$x_1 = A_1\cos(\omega_1 t+\varphi_1)$$
$$x_2 = A_2\cos(\omega_2 t+\varphi_2)$$

任意t时刻两者相位差为

$$\Delta\varphi=\left[(\omega_2 t+\varphi_2)-(\omega_1 t+\varphi_1)\right]=(\omega_2-\omega_1)t+(\varphi_2-\varphi_1)$$

则

$$\begin{cases}\Delta\varphi>0\text{: 2的相位比1超前}\\ \Delta\varphi=0\text{: 2、1同相位}\\ \Delta\varphi<0\text{: 2的相位比1落后}\end{cases}$$

例 8.2.1 如图8.5所示，一弹簧振子在光滑水平面上，已知$k=1.60\text{N/m}$，$m=0.40\text{kg}$，试求下列情况下m的振动方程：

(1) 将m从平衡位置向右移到$x=0.10\text{m}$处由静止释放；

(2) 将m从平衡位置向右移到$x=0.10\text{m}$处并给以m向左的速率为0.20m/s.

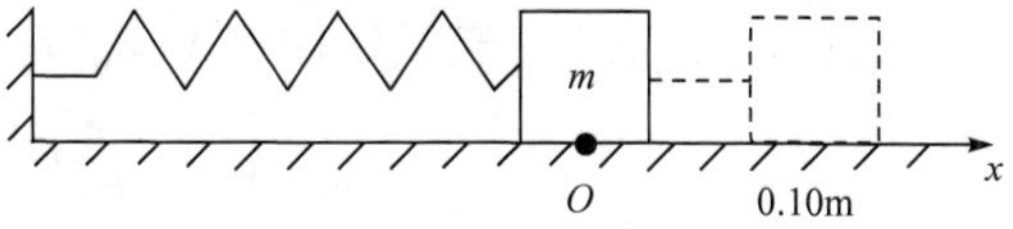

图8.5

解 (1) m的运动方程为

$$x=A\cos(\omega t+\varphi)$$

由题意知

$$\omega=\sqrt{\frac{k}{m}}=\sqrt{\frac{1.60}{0.40}}\text{rad/s}=2\text{rad/s}$$

初始条件为，$t=0$时，$x_0=0.10\text{m}$，$v_0=0$. 可得

$$A=\sqrt{x_0^2+\frac{v_0^2}{\omega^2}}=\sqrt{0.10^2+0}\text{m}=0.10\text{m}$$

$$\varphi=\arctan\left(-\frac{v_0}{\omega x_0}\right)=\arctan 0$$

因为$x_0>0$，$v_0=0$，所以$\varphi=0$，则

$$x = 0.10\cos(2t)\text{m}$$

(2) 初始条件为，$t=0$ 时，$x_0 = 0.10\text{m}$，$v_0 = -0.20\text{m/s}$.

$$A = \sqrt{x_0^2 + \frac{v_0^2}{\omega^2}} = \sqrt{0.10^2 + \frac{(-0.20)^2}{2^2}}\text{m} = 0.1\sqrt{2}\text{m}$$

$$\varphi = \arctan\left(-\frac{v_0}{\omega x_0}\right) = \arctan\left(-\frac{-0.20}{2\times 0.10}\right) = \arctan 1$$

因为 $x_0 > 0$，$v_0 < 0$，所以 $\varphi = \frac{\pi}{4}$，则

$$x = 0.10\sqrt{2}\cos\left(2t + \frac{\pi}{4}\right)\text{m}$$

可见，对于给定的系统，如果初始条件不同，则振幅和初相就有相应的改变.

例 8.2.2 如图 8.6 所示，一根不可以伸长的细绳上端固定，下端系一小球，使小球稍偏离平衡位置释放，小球即在铅直面内平衡位置附近做振动，这一系统称为单摆.

(1) 证明：当摆角 θ 很小时小球做简谐振动；

(2) 求小球振动周期.

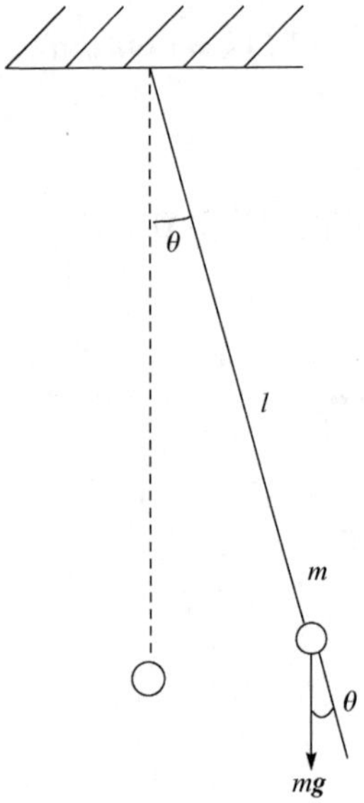

图 8.6

证明 (1) 设摆长为 l，小球质量为 m，某时刻小球悬线与铅直线夹角为 θ，选悬线在平衡位置右侧时，角位移 θ 为正，由转动定律知 $M = J\alpha$，有

$$-mgl\sin\theta = ml^2\frac{\mathrm{d}^2\theta}{\mathrm{d}t^2}$$

即

$$\frac{\mathrm{d}^2\theta}{\mathrm{d}t^2} + \frac{g}{l}\sin\theta = 0$$

因为 θ 很小，所以 $\sin\theta \approx \theta$，则

$$\frac{\mathrm{d}^2\theta}{\mathrm{d}t^2} + \frac{g}{l}\theta = 0$$

由于上式是简谐振动的微分方程(或 α 与 θ 正比反向)，因此小球在做简谐振动.

(2) 振动周期

$$T = \frac{2\pi}{\omega} = \frac{2\pi}{\sqrt{\frac{g}{l}}} = 2\pi\sqrt{\frac{l}{g}}$$

8.3　简谐振动的旋转矢量表示法

为了更直观、更方便地研究三角函数，曾经引进了单位圆的图示法. 同样，为了更直观、更方便地研究简谐振动，我们引进旋转矢量的图示法.

8.3.1　旋转矢量

如图 8.7 所示，自 Ox 轴的原点 O 作一矢量 $\boldsymbol{A}$，其模为简谐振动的振幅 A，并使 $\boldsymbol{A}$ 在图面内绕 O 点逆时针转动，角速度大小为谐振动角频率 ω，矢量 $\boldsymbol{A}$ 称为旋转矢量.

8.3.2　简谐振动的旋转矢量表示法

(1) 旋转矢量 $\boldsymbol{A}$ 的矢端 M 在 x 轴上的投影坐标可表示为 x 轴上的简谐振动，振幅为 $|A|$.

(2) 旋转矢量 $\boldsymbol{A}$ 以角速度 ω 旋转一周，相当于简谐振动物体在 x 轴上做一次完全振动，即旋转矢量旋转一周，所用时间与简谐振动的周期相同.

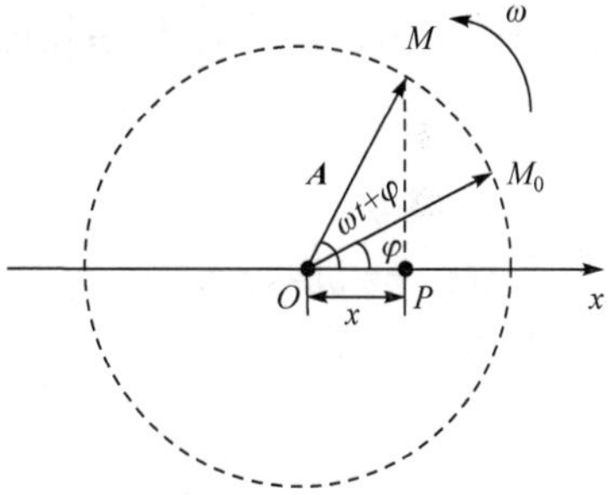

图 8.7

(3) $t=0$ 时刻，旋转矢量与 x 轴夹角 φ 为简谐振动的初相，t 时刻旋转矢量与 x 轴夹角 $(\omega t+\varphi)$ 为 t 时刻简谐振动的相位.

说明　(1) 旋转矢量是研究简谐振动的一种直观、简便的方法.

(2) 必须注意，旋转矢量本身并不在做简谐振动，而是它矢端在 x 轴上的投影点在 x 轴上做简谐振动.

旋转矢量与简谐振动 x-t 曲线的对应关系如图 8.8 所示(设 $\varphi=0$).

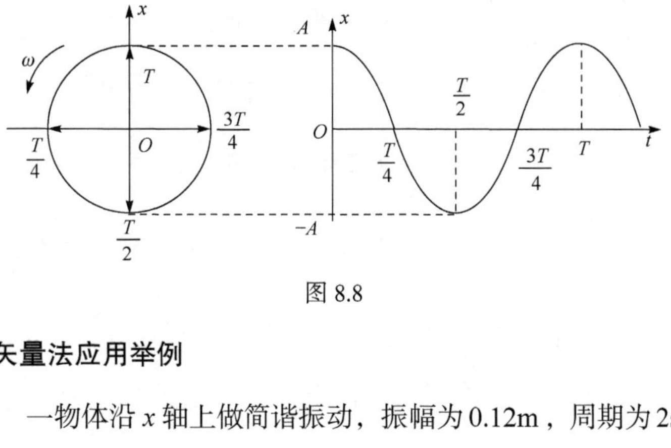

图 8.8

8.3.3　旋转矢量法应用举例

例 8.3.1　一物体沿 x 轴上做简谐振动，振幅为 $0.12\mathrm{m}$，周期为 $2\mathrm{s}$. $t=0$ 时，

位移为0.06m，且向 x 轴正向运动.

(1) 求物体振动方程；

(2) 设 t_1 时刻为物体第一次运动到 $x=-0.06\text{m}$ 处，试求物体从 t_1 时刻运动到平衡位置所用最短时间.

解　(1) 设物体的谐振动方程为 $x=A\cos(\omega t+\varphi)$，由题意知

$$\begin{cases} A=0.12\text{m} \\ \omega=\dfrac{2\pi}{T}=\dfrac{2\pi}{2}=\pi\text{rad/s} \end{cases}$$

(方法一)用数学公式求 φ.

已知 $x_0=A\cos\varphi$，因为 $A=0.12\text{m}$，$x_0=0.06\text{m}$，所以

$$\cos\varphi=\frac{1}{2}\Rightarrow\varphi=\pm\frac{\pi}{3}$$

又因为 $v_0=-\omega A\sin\varphi>0$，所以 $\varphi=-\dfrac{\pi}{3}$，因此

$$x=0.12\cos\left(\pi t-\frac{\pi}{3}\right)\text{m}$$

(方法二)用旋转矢量法求 φ.

根据题意，有图 8.9 所示的结果，则

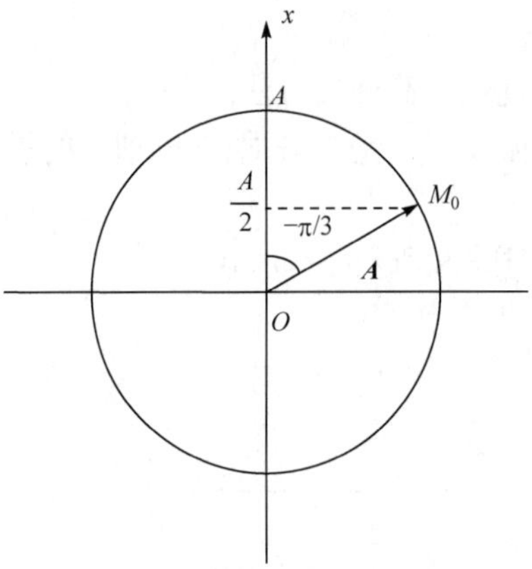

图 8.9

$$\varphi=-\frac{\pi}{3}$$

$$x=0.12\cos\left(\pi t-\frac{\pi}{3}\right)\text{m}$$

由上可见，方法二简单.

(2) (方法一)用数学式子求 Δt.

由题意有

$$-0.06=0.12\cos\left(\pi t_1-\frac{\pi}{3}\right)$$

(因为 $\omega t_1<\omega T=2\pi$，所以 $\omega t_1-\dfrac{\pi}{3}<2\pi$)

$$\pi t_1-\frac{\pi}{3}=\frac{2}{3}\pi\text{或}\frac{4}{3}\pi$$

由于此时 $v_1=-\omega A\sin\left(\pi t_1-\dfrac{\pi}{3}\right)<0$，故 $\pi t_1-\dfrac{\pi}{3}=\dfrac{2}{3}\pi$，则

$$t_1=1\text{s}$$

设 t_2 时刻物体从 t_1 时刻运动后首次到达平衡位置，有

$$0=0.12\cos\left(\pi t_2-\frac{\pi}{3}\right)$$

$$\pi t_2-\frac{\pi}{3}=\frac{\pi}{2}\text{或}\frac{3}{2}\pi \quad (\text{因为 } \omega t_2<2\pi\text{，所以 } \omega t_2-\frac{\pi}{3}<2\pi)$$

由于 $v_2=-\omega A\sin\left(\pi t_2-\frac{\pi}{3}\right)>0$，故 $\pi t_2-\frac{\pi}{3}=\frac{3\pi}{2}$，则

$$t_2=\frac{11}{6}\text{s}$$

$$\Delta t=t_2-t_1=\frac{11}{6}\text{s}-1\text{s}=\frac{5}{6}\text{s}$$

(方法二)用旋转矢量法求 Δt.

由题意知，有图 8.10 所示结果，M_1 为 t_1 时刻 $\boldsymbol{A}$ 末端位置，M_2 为 t_2 时刻 $\boldsymbol{A}$ 末端位置. 从 t_1～t_2 时间内 $\boldsymbol{A}$ 转角为

$$\Delta\varphi=\omega(t_2-t_1)=\angle M_1OM_2=\frac{\pi}{3}+\frac{\pi}{2}=\frac{5}{6}\pi$$

$$\Delta t=t_2-t_1=\frac{\frac{5}{6}\pi}{\omega}=\frac{5}{6}\frac{\pi}{\pi}\text{s}=\frac{5}{6}\text{s}$$

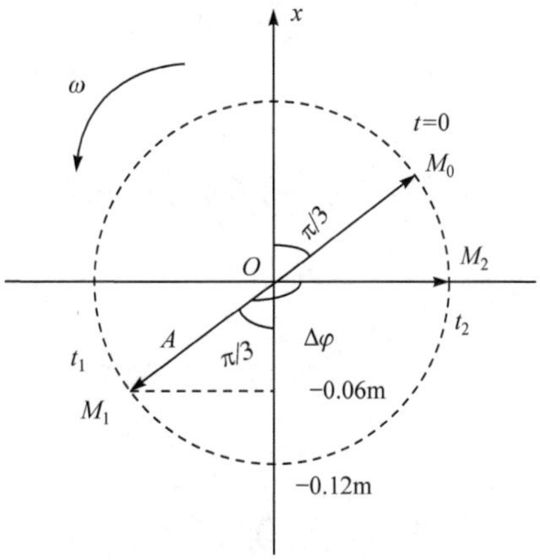

图 8.10

例 8.3.2　如图 8.11 所示为某质点做简谐振动的 x-t 曲线，求振动方程.

解　设质点的振动方程为 $x=A\cos(\omega t+\varphi)$，由图 8.11 知

$$\begin{cases}A=10\text{cm}\\ \omega=\frac{2\pi}{T}=\frac{2\pi}{2}=\pi\text{rad/s}\end{cases}$$

用旋转矢量法可知，$\varphi=-\frac{\pi}{2}$(或$\frac{3\pi}{2}$)，则

$$x=10\cos\left(\pi t-\frac{\pi}{2}\right)\text{cm}$$

例 8.3.3　弹簧振子在光滑的水平面上做简谐振动，A 为振幅，$t=0$ 时刻的情况如图 8.12(a)所示. O 为原点，试求图 8.12 所示情况下的初相.

解　图 8.12 所示情况的初相如图 8.13 所示.

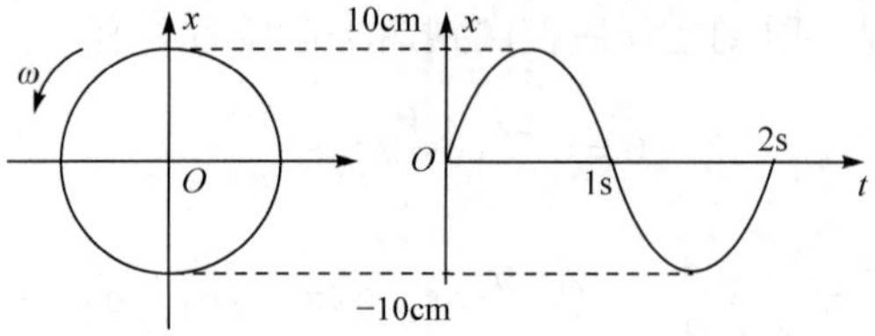

图 8.11

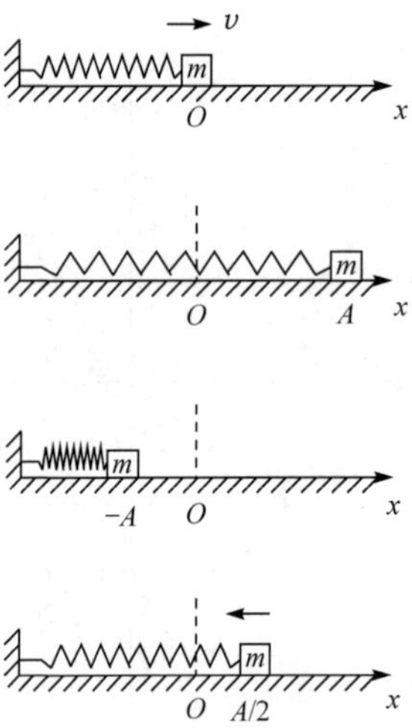

图 8.12

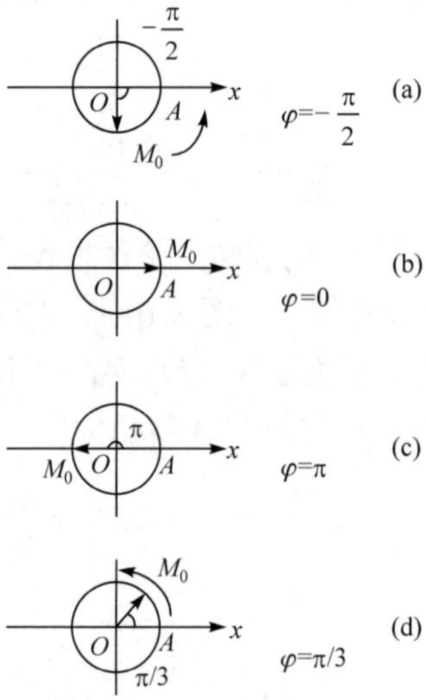

图 8.13

8.4　简谐振动的能量

对于弹簧振子，系统的能量

$$E = E_{\mathrm{k}}\,(\text{物体动能}) + E_{\mathrm{p}}\,(\text{弹簧势能})$$

已知

$$\begin{cases} \text{物体位移} x = A\cos(\omega t + \varphi) \\ \text{物体速度} v = -\omega A\sin(\omega t + \varphi) \end{cases}$$

则

$$
\begin{aligned}
E &= E_k + E_p = \frac{1}{2}mv^2 + \frac{1}{2}kx^2 \\
&= \frac{1}{2}m\left[-\omega A\sin(\omega t+\varphi)\right]^2 + \frac{1}{2}k\left[A\cos(\omega t+\varphi)\right]^2 \\
&= \frac{1}{2}m\omega^2 A^2\sin^2(\omega t+\varphi) + \frac{1}{2}kA^2\cos^2(\omega t+\varphi) \\
&= \frac{1}{2}kA^2\left[\sin^2(\omega t+\varphi)+\cos^2(\omega t+\varphi)\right] \\
&= \frac{1}{2}kA^2
\end{aligned}
$$

$$
E = \frac{1}{2}kA^2 = \frac{1}{2}m\omega^2A^2 \tag{8-12}
$$

说明　(1) 虽然 E_k 、E_p 均随时间变化，但总能量 $E = E_k + E_p$ 为常数. 原因是系统只有保守力做功，机械能要守恒.

(2) E_k 与 E_p 互相转化.

例 8.4.1　一物体连在弹簧一端在水平面上做简谐振动，振幅为 A . 试求 $E_k = \frac{1}{2}E_p$ 的位置.

解　设弹簧的劲度系数为 k ，系统总能量为

$$
E = E_k + E_p = \frac{1}{2}kA^2
$$

在 $E_k = \frac{1}{2}E_p$ 时，有

$$
E_k + E_p = \frac{3}{2}E_p = \frac{3}{2}\cdot\frac{1}{2}kx^2 = \frac{3}{4}kx^2 = \frac{1}{2}kA^2
$$

因此

$$
x = \pm\sqrt{\frac{2}{3}}A
$$

8.5　同方向同频率两个简谐振动的合成

一个物体可以同时参与两个或两个以上的振动. 如：在有弹簧支撑的车厢中，人坐在车厢的弹簧垫子上，当车厢振动时，人便参与两个振动，一个为人对车厢的振动，另一个为车厢对地的振动. 又如：两个声源发出的声波同时传播到空气中某点时，由于每一声波都在该点引起一个振动，所以该质点同时参与两个振动.

在此，我们考虑一质点同时参与两个在同一直线的同频率的振动.

取振动所在直线为 x 轴，平衡位置为原点，则振动方程为

$$\begin{cases} x_1 = A_1\cos(\omega t+\varphi_1) \\ x_2 = A_2\cos(\omega t+\varphi_2) \end{cases}$$

式中，A_1、A_2 分别表示第一个振动和第二个振动的振幅；φ_1、φ_2 分别表示第一个振动和第二个振动的初相；ω 是两振动的角频率.

由于 x_1、x_2 表示同一直线上距同一平衡位置的位移，所以合成振动的位移 x 在同一直线上，而且等于上述两分振动位移的代数和，即

$$x = x_1 + x_2$$

为简单起见，用旋转矢量法求分振动. 如图 8.14 所示，$t=0$ 时，两振动对应的旋转矢量为 $\boldsymbol{A}_1$、$\boldsymbol{A}_2$，合矢量为 $\boldsymbol{A}=\boldsymbol{A}_1+\boldsymbol{A}_2$. 由于 $\boldsymbol{A}_1$、$\boldsymbol{A}_2$ 以相同角速度 ω 转动，故转动过程中 $\boldsymbol{A}_1$ 与 $\boldsymbol{A}_2$ 间夹角不变，可知 $\boldsymbol{A}$ 的大小不变，并且 $\boldsymbol{A}$ 也以 ω 转动. 如图 8.15 所示，任意时刻 t，$\boldsymbol{A}$ 矢端在 x 轴上的投影为

$$x = x_1 + x_2$$

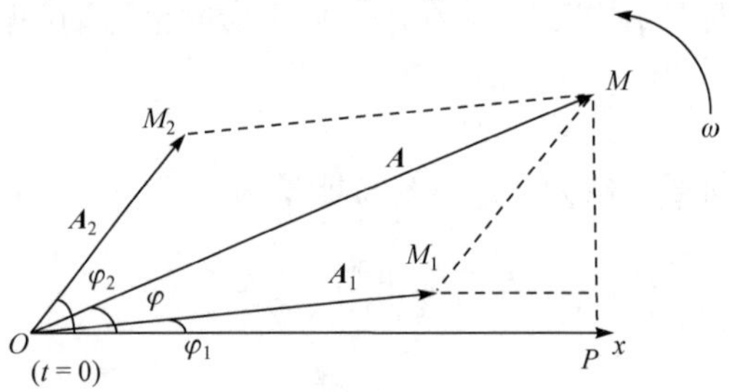

图 8.14

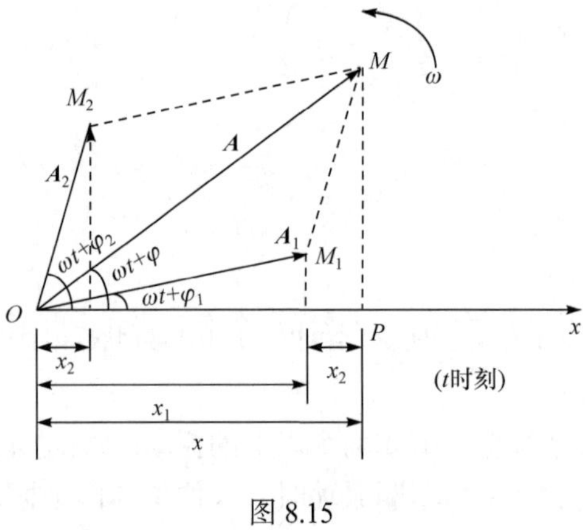

图 8.15

因此，合矢量 $\boldsymbol{A}$ 即为合振动对应的旋转矢量，A 为合振动振幅，φ 为合振动初相. 合振动方程为

$$x = A\cos(\omega t + \varphi)\text{(仍为谐振动)}$$

由图 8.14 中三角形 OM_1M_2 知

$$A = \sqrt{A_1^2 + A_2^2 + 2A_1A_2\cos(\varphi_2 - \varphi_1)} \tag{8-13}$$

由图 8.14 中三角形 OMP 知

$$\tan\varphi = \frac{A_1\sin\varphi_1 + A_2\sin\varphi_2}{A_1\cos\varphi_1 + A_2\cos\varphi_2} = \frac{\overline{PM}}{\overline{OP}} \tag{8-14}$$

讨论　(1) $\varphi_2 - \varphi_1 = 2k\pi\ (k = 0, \pm 1, \pm 2, \cdots)$ 时(称为相位相同) $\Rightarrow A = A_1 + A_2$；

(2) $\varphi_2 - \varphi_1 = (2k+1)\pi\ (k = 0, \pm 1, \pm 2, \cdots)$ 时(称为相位相反) $\Rightarrow A = |A_1 - A_2|$.

例 8.5.1　有两个同方向同频率的简谐振动，其合成振动的振幅为 0.2m，与第一振动的相位差为 $\pi/6$，若第一振动的振幅为 $\sqrt{3}\times 10^{-1}$m，用旋转矢量法求第二振动的振幅及第一、第二两振动相位差.

解　(1)

$$\begin{aligned} A_2 &= \sqrt{A_1^2 + A^2 - 2A_1A\cos\frac{\pi}{6}} \\ &= \sqrt{\left(\sqrt{3}\times 10^{-1}\right)^2 + 0.2^2 - 2\times\sqrt{3}\times 10^{-1}\times 0.2\cos\frac{\pi}{6}}\text{m} \\ &= 0.1\text{m} \end{aligned}$$

(2) 由于 $A^2 = A_1^2 + A_2^2$，如图 8.16 所示，故

$$\varphi_2 - \varphi_1 = \frac{\pi}{2}$$

例 8.5.2　一质点同时参与三个同方向同频率的简谐振动,它们的振动方程分别为 $x_1 = A\cos\omega t$，$x_2 = A\cos\left(\omega t + \frac{\pi}{3}\right)$，$x_3 = A\cos\left(\omega t + \frac{2\pi}{3}\right)$，试用旋转矢量方法求合振动方程.

解　如图 8.17 所示，$\varphi = \frac{\pi}{3}$ ($\boldsymbol{A}_1$、$\boldsymbol{A}_2$、$\boldsymbol{A}_3$、$\boldsymbol{A}$ 构成一等腰梯形)

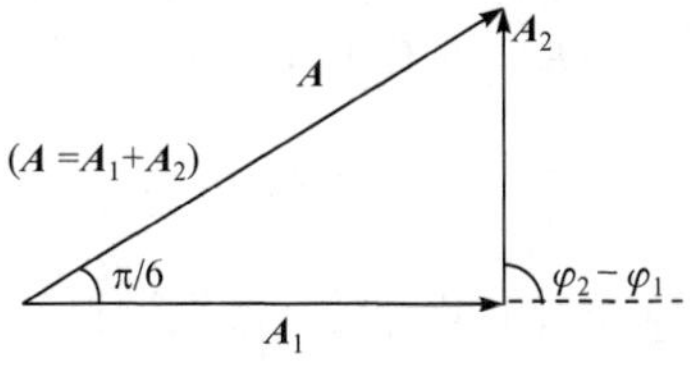

图 8.16

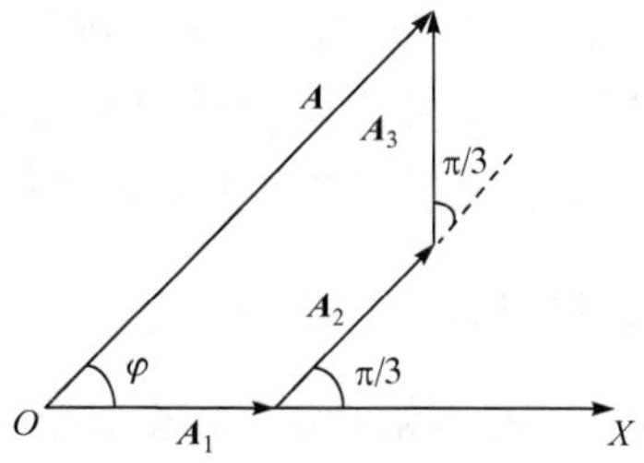

图 8.17

$$A = 2A_1\cos\varphi + A_2 = 2A\cos\frac{\pi}{3} + A = 2A$$

$$x = 2A\cos\left(\omega t + \frac{\pi}{3}\right)$$

附录 8　共振现象演示实验

【实验装置】

共振演示仪如图 8.18 所示. 四个劲度系数不同的弹簧，其下端均固定在水平振动面上，上端固定了一个小玩偶. 振源是固定在喇叭上的振动膜，频率调节范围是 15～160Hz，并且由 5 位数码管显示其频率.

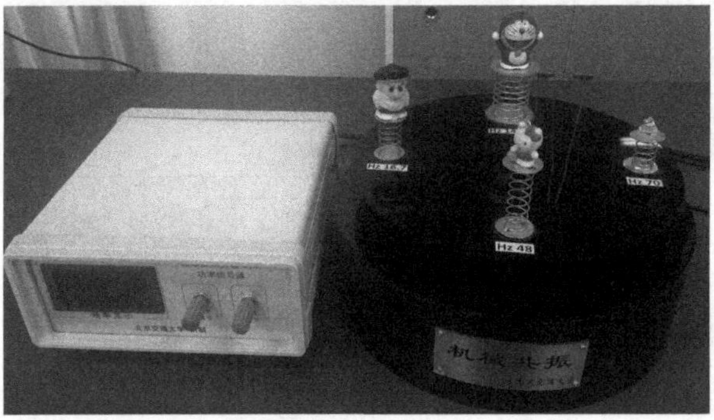

图 8.18

【实验原理】

由于每一根弹簧的劲度系数不同，小玩偶的质量也略有不同，所以 3 个弹簧振子的固有频率都不同. 由振动理论可知，弹簧振子的固有频率为

$$\omega_0 = \sqrt{k/m}$$

式中，m 是振子的质量，k 是弹簧的劲度系数.

振源发生振动时，固定在振源上的弹簧振子(小玩偶)将做受迫振动. 当振源的振动频率接近于弹簧振子的固有频率时，弹簧振子将发生共振现象.

【实验内容】

(1) 先把振幅旋钮和频率旋钮均调至最小，再开启电源开关，使振源开始振动.

(2) 适当增大振幅，并使振动频率十分缓慢地增大，观察各弹簧振子的振动情况. 实验发现，当振源的振动频率十分缓慢地由低逐渐变高时，3 个弹簧振子依次逐个产生共振. 在某一弹簧振子发生共振时，再适当调整一下振源的振幅，可使共振现象更加明显.

(3) 演示完毕，关闭电源，整理仪器.

习 题 8

8.1　一质量为 0.1kg 的物体做简谐振动，频率为 5Hz. 在 $t=0$ 时刻，该物体的位移为 10cm，速度为 π m/s. 求：(1)振动的振幅和初相；(2)物体的运动方程. [参考答案：(1) 0.141m，$-\dfrac{\pi}{4}$；(2) $x=0.141\cos\left(10\pi t-\dfrac{\pi}{4}\right)$m]

8.2　一物体沿 x 轴做简谐振动，振幅 $A=0.12\text{m}$，周期 $T=2\text{s}$. 当 $t=0$ 时，物体的位移 $x=0.06\text{m}$，且向 x 轴正方运动，求：(1) 此简谐运动方程；(2) $t=\dfrac{T}{4}$ 的物体的位置、速度和加速度；(3) 物体从 $x=-0.06\text{m}$ 的位置向 x 轴负方向运动，第一次回到平衡位置所需要的时间. [参考答案：(1) $x=0.12\cos\left(\pi t-\dfrac{\pi}{3}\right)\text{m}$；(2) 0.104m，−0.19m/s，$-1.03\text{m/s}^2$；(3) 0.83s]

8.3　一质点做简谐振动，振动方程为 $x=0.1\cos\left(\pi t-\dfrac{\pi}{3}\right)\text{m}$，试求：质点从 $t=0$ 时的位置运动到 $x=-0.05\text{m}$ 处，且向 x 轴负方向运动所需要的最短时间. [参考答案：1s]

8.4　一质点沿 x 轴做简谐振动，振动曲线如图 8.19 所示，试求其振动方程. [参考答案：$x=4\cos\left(\dfrac{\pi}{3}t+\dfrac{4\pi}{3}\right)\text{cm}$]

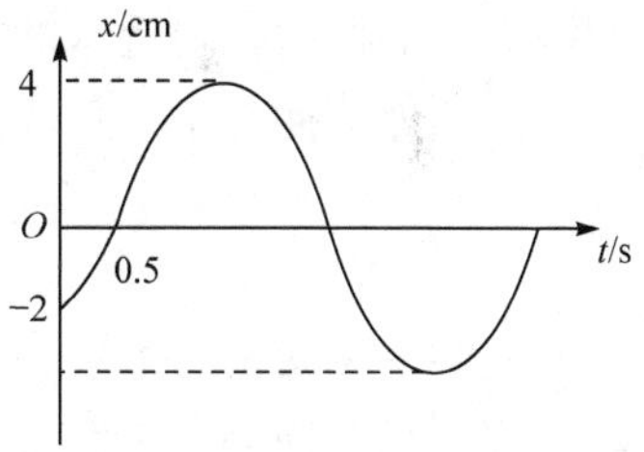

图 8.19

第 9 章　机　械　波

如果在空间某处发生振动，并以有限的速度向四周传播，则这种传播着的振动称为波. 机械振动在连续介质内的传播叫做机械波；电磁振动在真空或介质中的传播叫做电磁波. 近代物理指出，微观粒子以及任何物体都具有波动性，这种波叫做物质波. 不同性质的波虽然产生机制各不相同，但它们在空间的传播规律却具有共性. 本章以机械波为例，讨论波动的基本运动规律.

9.1　机械波的产生和传播

9.1.1　常见的机械波现象

1. 水面波

把一块石头投在静止的水面上，可见到石头落水处水发生振动，此处振动引起附近水的振动，附近水的振动又引起更远处水的振动，这样水的振动就从石头落点处向外传播开了，形成了水面波.

2. 绳波

绳的一端固定，另一端用手拉紧并使之上下振动，这端的振动引起邻近点振动，邻近点的振动又引起更远点的振动，这样振动就由绳的一端向另一端传播，形成了绳波.

3. 声波

当音叉振动时，它的振动引起附近空气的振动，附近空气的振动又引起更远处空气的振动，这样振动就在空气中传播，形成了声波.

9.1.2　机械波产生的条件

1. 波源

上述水面波波源是石头落水处的水；绳波波源是手拉绳的振动端；声波波源是音叉.

2. 传播介质

水面波的传播介质是水；绳波的传播介质是绳；声波的传播介质是空气.

说明 波动不是物质的传播而是振动状态的传播.

9.1.3 横波与纵波

1. 横波

振动方向与波动传播方向垂直的波叫横波，如：绳波.

2. 纵波

振动方向与波动传播方向平行的波叫纵波，如：声波.

说明 (1) 气体、液体内只能传播纵波，而固体内既能传播纵波又能传播横波.

(2) 水面波是一种复杂的波，使振动质点回复到平衡位置的力不是一般弹性力，而是重力和表面张力.

(3) 一般复杂的波可以分解成横波和纵波一起研究.

9.1.4 关于波动的几个概念

1. 波线

沿波传播方向带箭头的线叫做波线.

2. 同相面(波面)

振动相位相同点连成的曲面叫做同相面(波面). 同一时刻，同相面有任意多个.

3. 波阵面(波前)

某一时刻，波源最初振动状态传播到的各点连成的面称为波阵面或波前，显然它是同相面的一个特例，它是离波源最远的那个同相面(或传播在最前面的那个同相面)，任一时刻只有一个波阵面.

4. 平面波与球面波

(1) 平面波：波阵面为平面.

(2) 球面波：波阵面为球面.

注意 在各向同性的均匀介质中波线与波阵面垂直.

关于波动的几个概念具体如图 9.1 所示.

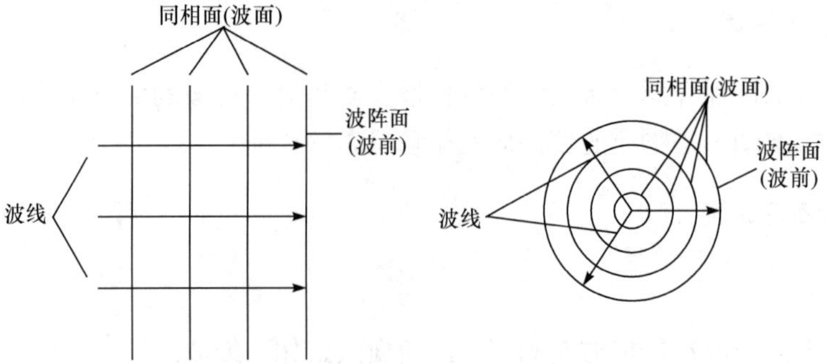

图 9.1

9.2　波长　波的周期和频率　波速

波长、波的周期、波的频率、波速是波动过程中的重要物理量，分述如下.

9.2.1　波长

同一波线上相位差为 2π 的两质点间的距离(即一完整波的长度)称为波长，用 λ 表示. 在横波情况下，波长可用相邻波峰或相邻波谷之间的距离表示，如图 9.2 所示. 在纵波情况下，波长可用相邻的密集部分中心或相邻的稀疏部分中心之间的距离表示.

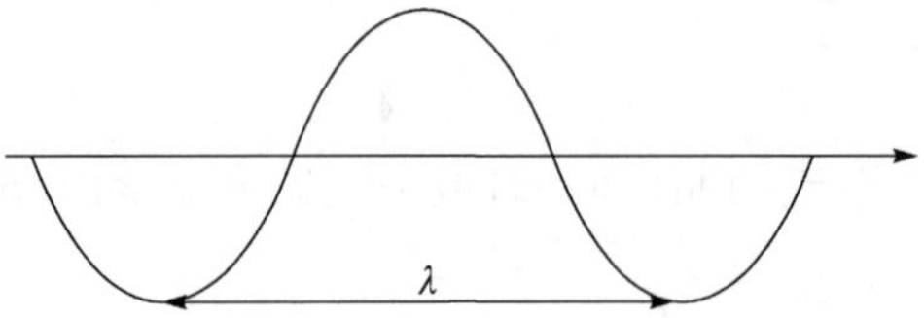

图 9.2

9.2.2　波的周期和频率

波前进一个波长距离所用的时间(或一个完整波形通过波线上某点所需要的时间)称为波的周期，用 T 表示. 单位时间内前进的距离中包含的完整波形数目称为波动频率，用 ν 表示，因此可有

$$\nu = \frac{1}{T} \tag{9-1}$$

说明　由波的形成过程可知，振源振动时，经过一个振动周期，波沿波线传出一个完整的波形，所以，波的传播周期(或频率)等于波源的振动周期(或频率). 由此可知，波在不同的介质中其传播周期(或频率)不变.

9.2.3　波速

某一振动状态在单位时间内传播的距离(单位时间内波传播的距离)称为波速，用 u 表示，可有

$$u = \nu\lambda = \frac{\lambda}{T} \tag{9-2}$$

对弹性波而言，波的传播速度取决于介质的惯性和弹性，具体地说，就是取决于介质的质量密度和弹性模量，而与波源无关.

横波在固体中传播速度为

$$u = \sqrt{\frac{N}{\rho}}$$

纵波速度为

$$u = \sqrt{\frac{B}{\rho}} \quad \text{(液、气、固体中)}$$

对大多数金属，$B \approx Y$，故

$$u = \sqrt{\frac{Y}{\rho}}$$

式中，N 表示固体切变弹性模量，B 表示介质的体积弹性模量，Y 表示杨氏模量，ρ 表示介质质量密度.

9.3　平面简谐波的波动方程

9.3.1　简谐波及波动方程

当波源做简谐振动时，介质中各点也都做简谐振动，此时形成的波称为简谐波，又叫余弦波或正弦波.

一般地说，介质中各质点振动是很复杂的，所以由此产生的波动也是很复杂的，但是可以证明，任何复杂的波都可以看作是由若干个简谐波叠加而成的. 因此，讨论简谐波就有着特别重要的意义.

设任一质点坐标为 x，t 时刻位移为 y，则 $y = f(x,t)$ 函数关系称为简谐波的波动方程.

9.3.2　波动方程的建立

如图 9.3 所示，谐振动沿+x 方向传播，因为与 x 轴垂直的平面均为同相面，所以任一个同相面上质点的振动状态可用该平面与 x 轴交点处的质点振

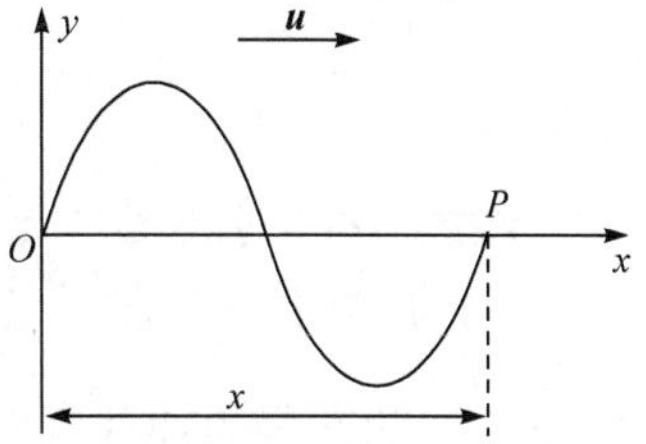

图 9.3

动状态来描述，因此整个介质中质点的振动研究可简化成只研究 x 轴上质点的振动了，设原点处的质点振动方程为

$$y_0 = A\cos(\omega t + \varphi)$$

式中，A 为振幅，ω 为角频率，φ 为初相.

设振动传播过程中振幅不变(即介质是均匀无限大的、无吸收的)，为了找出波动过程中任一质点任意时刻的位移，我们在 Ox 轴上任取一点 P，坐标为 x，显然，当振动从 O 处传播到 P 处时，P 处质点将重复 O 处质点振动. 因为振动从 O 点传播到 P 点所用时间为 $\frac{x}{u}$，所以，P 点在 t 时刻的位移与 O 点在 $\left(t-\frac{x}{u}\right)$ 时刻的位移相等，由此 t 时刻 P 处质点位移为

$$y_P = A\cos\left[\omega\left(t-\frac{x}{u}\right)+\varphi\right] \tag{9-3}$$

同理，当波沿 $-x$ 方向传播时，t 时刻 P 处质点位移为

$$y_P = A\cos\left[\omega\left(t+\frac{x}{u}\right)+\varphi\right] \tag{9-4}$$

利用

$$\omega = 2\pi\nu$$

$$u/\nu = \lambda\left(\text{或}\frac{\nu}{u}=\frac{1}{\lambda}\right)$$

由式(9-3)、式(9-4)有

$$\begin{aligned} y &= A\cos\left[\omega\left(t\mp\frac{x}{u}\right)+\varphi\right] \\ y &= A\cos\left[2\pi\left(\nu t\mp\frac{x}{\lambda}\right)+\varphi\right] \\ y &= A\cos\left[2\pi\left(\frac{t}{T}\mp\frac{x}{\lambda}\right)+\varphi\right] \end{aligned} \tag{9-5}$$

式(9-5)中，“−”表示波沿 $+x$ 方向传播；“+”表示波沿 $-x$ 方向传播. 式(9-5)称为平面简谐波方程. 根据相位(或 $\omega = 2\pi\nu$)关系，式(9-5)又可化为

$$y = A\cos\left[\omega t+\varphi\pm\frac{2\pi}{\lambda}x\right] \tag{9-6}$$

注意　(1) 原点处质点的振动初相 φ 不一定为 0；

(2) 波源不一定在原点，因为坐标是任取的.

9.3.3　波动方程的物理意义

(1) x、t 均变化时，$y = y(x,t)$ 表示波线上各个质点在不同时刻的位移.

$y=y(x,t)$ 为波动方程.

(2) $x=x_0$ 时，$y=y(x_0,t)$ 表示 x_0 处质点在任意 t 时刻的位移. 波动方程 $y=y(x,t)$ 变成了 x_0 处质点振动方程 $y=y(t)$.

(3) $t=t_0$ 时，$y=y(x,t_0)$ 表示 t_0 时刻波线上各个质点的位移. 波动方程 $y=y(x,t)$ 变成了 t 时刻的波形方程 $y=y(x)$.

(4) x 、t 均一定，$y=y(x_0,t_0)$ 表示 t_0 时刻坐标为 x_0 处质点位移.

例 9.3.1 横波在弦上传播，波动方程为

$$y=0.02\cos\pi(200t-5x)\quad \text{(SI)}$$

求：(1) A、λ、ν、T、u；

(2) 画出 $t=0.0025\text{s}$ 和 0.005s 时的波形图.

解 (1) $y=A\cos\omega\left(t-\dfrac{x}{u}\right)=A\cos2\pi\left(\nu t-\dfrac{x}{\lambda}\right)=A\cos2\pi\left(\dfrac{t}{T}-\dfrac{x}{\lambda}\right)$

此题波动方程可化为

$$y=0.02\cos200\pi\left(t-\frac{x}{40}\right)=0.02\cos2\pi\left(100t-\frac{x}{0.4}\right)=0.02\cos2\pi\left(\frac{t}{0.01}-\frac{x}{0.4}\right)$$

由上比较知

$$\begin{cases}A=0.02\,\text{m}\\u=40\,\text{m/s}\\\nu=100\,\text{Hz}\\\lambda=0.4\,\text{m}\\T=0.01\text{s}\end{cases}$$

另外，求 u、λ 可从物理意义上求，具体如下.

(a) λ 为同一波线上相位差为 2π 的两质点间距离.

设两质点的坐标为 x_1 、x_2 (设 $x_2>x_1$)，有

$$\pi(200t-5x_1)-\pi(200t-5x_2)=2\pi$$

得

$$\lambda=x_2-x_1=\frac{2}{5}\text{m}=0.4\,\text{m}$$

(b) u 为某一振动状态在单位时间内传播的距离.

设 t_1 时刻某振动状态在 x_1 处，t_2 时刻该振动状态传到 x_2 处，有

$$\pi(200t_1-5x_1)=\pi(200t_2-5x_2)$$

即

$$5(x_2-x_1)=200(t_2-t_1)$$

则

$$u=\frac{x_2-x_1}{t_2-t_1}=\frac{200}{5}\text{m/s}=40\text{m/s}$$

(2) 画出 $t=0$ 时刻的波形图，根据波传播的距离再得出相应时刻的波形图(波形平移). 平移距离

$$\Delta x_1=u\Delta t_1=40\times0.0025\text{m}=0.1\text{m}=\frac{1}{4}\lambda$$

$$\Delta x_2=u\Delta t_2=40\times0.005\text{m}=0.2\text{m}=\frac{1}{2}\lambda$$

则 t=0.0025s 和 t=0.005s 时的波形图如图 9.4 所示.

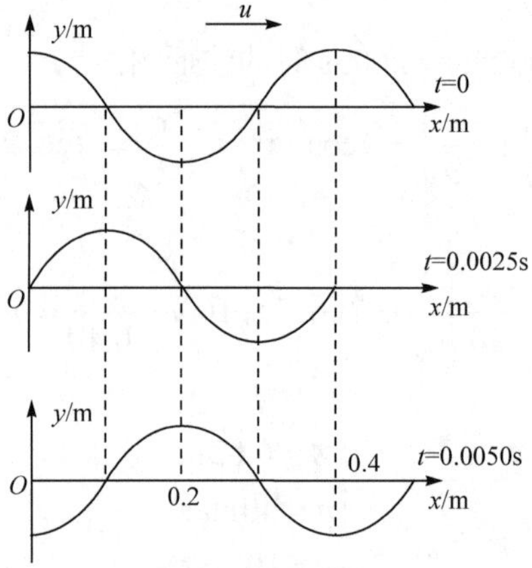

图 9.4

例 9.3.2　如图 9.5 所示，一平面简谐波沿+x 方向传播，波速为 20m/s，在传播路径的 A 点处，质点振动方程为 $y_A=0.03\cos4\pi t$ (SI)，试以 A、B、C 为原点，求波动方程.

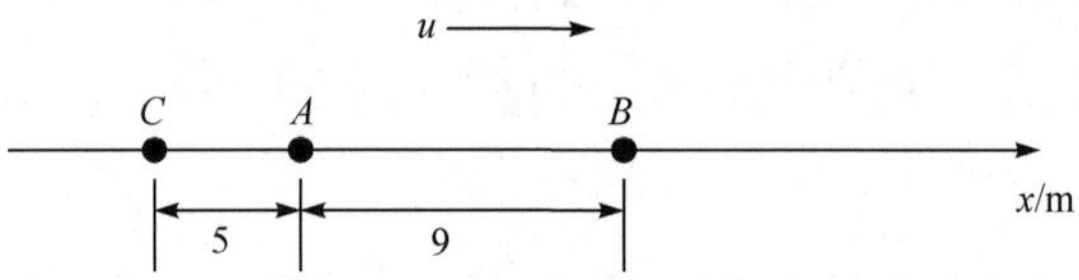

图 9.5

解　(1) $y_A=0.03\cos4\pi t$，以 A 为原点，波动方程为

$$y=0.03\cos\left(4\pi t-2\pi\frac{x}{\lambda}\right)$$

$$\lambda=uT=u\cdot\frac{2\pi}{\omega}=20\times\frac{2\pi}{4\pi}\text{m}=10\text{m}$$

故

$$y = 0.03\cos\left(4\pi t - \frac{\pi}{5}x\right) \quad (\text{SI})$$

(2) 以 B 为原点，则

$$y_B = 0.03\cos\left(4\pi t - \frac{\pi}{5}\cdot 9\right) \quad (\text{SI})$$

B 处质点初相为 $-\frac{9}{5}\pi$. 波动方程为 $y = 0.03\cos\left(4\pi t - \frac{9}{5}\pi - \frac{2\pi x}{\lambda}\right)$，即

$$y = 0.03\cos\left(4\pi t - \frac{\pi}{5}x - \frac{9}{5}\pi\right) \quad (\text{SI})$$

(3) 以 C 为原点，则

$$y_C = 0.03\cos\left[4\pi t - \frac{\pi}{5}\cdot(-5)\right] = 0.03\cos(4\pi t + \pi) \quad (\text{SI})$$

C 处初相为 π. 波动方程为 $y = 0.03\cos\left(4\pi t + \pi - \frac{2\pi}{\lambda}x\right)$，即

$$y = 0.03\cos\left(4\pi t - \frac{\pi}{5}x + \pi\right) \quad (\text{SI})$$

例 9.3.3 一连续横波沿+x 方向传播，频率为 $25\,\text{Hz}$，波线上相邻波峰距离为 24cm，某质点最大位移为 3cm. 原点取在波源处，且 $t = 0$ 时，波源位移为 0，并向+y 方向运动. 求：

(1) 波源振动方程；
(2) 波动方程；
(3) $t = 1\text{s}$ 时波形方程；
(4) $x = 0.24\,\text{m}$ 处质点振动方程；
(5) $x_1 = 0.12\,\text{m}$ 与 $x_2 = 0.36\,\text{m}$ 处质点振动的相位差.

解 (1) 设波源振动方程为 $y = A\cos(\omega t + \varphi)$，可知

$$\begin{cases} A = 0.03\,\text{m} \\ \omega = 2\pi\nu = 50\pi\,\text{rad/s} \end{cases}$$

由旋转矢量知：$\varphi = -\frac{\pi}{2}$，因此

$$y = 0.03\cos\left(50\pi t - \frac{\pi}{2}\right) \quad (\text{SI})$$

(2) 波动方程为 $y = 0.03\cos\left(50\pi t - \frac{\pi}{2} - \frac{2\pi}{\lambda}x\right)$，其中 $\lambda = 0.24\,\text{m}$，则

$$y = 0.03\cos\left(50\pi t - \frac{25}{3}\pi x - \frac{\pi}{2}\right) \quad (\text{SI})$$

(3) $t=1\text{s}$ 时波形方程为

$$y=0.03\cos\left(\frac{99}{2}\pi-\frac{25}{3}\pi x\right)\quad(\text{SI})$$

(4) $x=0.24\text{m}$ 处质点振动方程为

$$y=0.03\cos\left(50\pi t-2\pi-\frac{\pi}{2}\right)=0.03\cos\left(50\pi t-\frac{5\pi}{2}\right)\quad(\text{SI})$$

(5) 所求相位差为

$$\Delta\varphi=2\pi\frac{x_2-x_1}{\lambda}=2\pi\times\frac{0.36-0.12}{0.24}=2\pi$$

例 9.3.4　一平面余弦波在 $t=\dfrac{3}{4}T$ 时波形图如图 9.6(a)所示，求：

(1) $t=0$ 时的波形图；

(2) O 点振动方程；

(3) 波动方程.

解　(1) $t=0$ 时的波形图即把 $t=\dfrac{3}{4}T$ 时波形向 $-x$ 方向平移 $\dfrac{3}{4}$ 个周期，如图 9.6(b)所示.

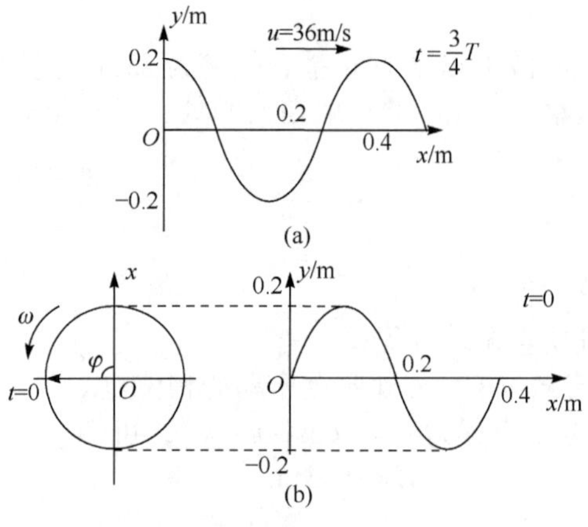

图 9.6

(2) 设 O 处质点振动方程为 $y_O=A\cos(\omega t+\varphi)$，可知

$$A=0.2\,\text{m}$$

$$\omega=2\pi\nu=2\pi\frac{u}{\lambda}=2\pi\times\frac{36}{0.4}\text{rad/s}=180\pi\text{rad/s}$$

$t=0$ 时，O 处质点由平衡位置向下振动，由旋转矢量图知，$\varphi=\dfrac{\pi}{2}$，则

$$y_O=0.2\cos\left(180\pi t+\frac{\pi}{2}\right)\text{ m}$$

(3) 波动方程为 $y = 0.2\cos\left(180\pi t + \dfrac{\pi}{2} - \dfrac{2\pi}{\lambda}x\right)$，$\lambda$=0.4m，则

$$y = 0.2\cos\left(180\pi t - 5\pi x + \frac{\pi}{2}\right)\ \text{m}$$

9.4　波的能量　能流密度

波的传播过程就是振动的传播过程. 波传到哪里，哪里的介质就要发生振动，因而具有动能；同时由于介质元的形变，因而具有势能，因此波传到哪里，哪里就有机械能. 这些机械能来自波源. 可见，波的传播过程既是振动的传播过程，又是能量的传递过程. 在不传递介质的情况下传递能量是波动的基本性质.

9.4.1　波的能量

下面以简谐纵波在一棒中沿棒长方向传播为例，推导出波的能量公式. 如图 9.7 所示，取 x 轴沿棒长方向，设波动方程为

$$y = A\cos\omega\left(t - \frac{x}{u}\right)$$

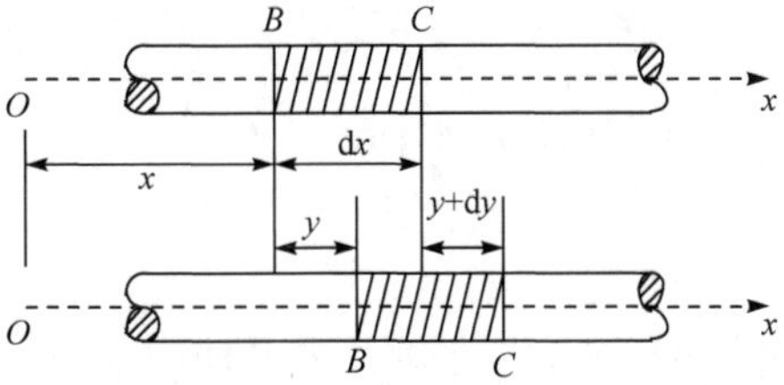

图 9.7

在波动过程中，棒中每一小段将不断地压缩和拉伸. 在棒上任取一体积元 BC，体积为 $\mathrm{d}V$，棒在平衡位置时，B、C 坐标分别为 x，$x+\mathrm{d}x$，即 BC 长为 $\mathrm{d}x$. 设棒的横截面积为 S，质量密度为 ρ，体积元能量为

$$\mathrm{d}W = \mathrm{d}W_{\mathrm{k}} + \mathrm{d}W_{\mathrm{p}}$$

动能为

$$\mathrm{d}W_{\mathrm{k}} = \frac{1}{2}\mathrm{d}mv^2 = \frac{1}{2}\rho\mathrm{d}V\cdot\left(\frac{\mathrm{d}y}{\mathrm{d}t}\right)^2 = \frac{1}{2}\rho\mathrm{d}V\cdot\omega^2A^2\sin^2\omega\left(t - \frac{x}{u}\right)$$

设 t 时刻，B、C 端位移分别为 y、$y+\mathrm{d}y$，则体积元伸长量为 $\mathrm{d}y$. 设在体积元端面上由于形变产生的弹性恢复力大小为 f，可知，协强为 $\dfrac{f}{S}$，协变为 $\dfrac{\mathrm{d}y}{\mathrm{d}x}$，

由杨氏模量定义有

$$\frac{f}{S}=Y\frac{\mathrm{d}y}{\mathrm{d}x}\,(Y\text{ 为杨氏模量})$$

$$f=SY\frac{\mathrm{d}y}{\mathrm{d}x}$$

按胡克定律，在弹性限度内弹性恢复力值为

$$f=k\mathrm{d}y$$

由上二式有 $k=\frac{YS}{\mathrm{d}x}$，则

$$\begin{aligned}\mathrm{d}W_{\mathrm{p}}&=\frac{1}{2}k(\mathrm{d}y)^2=\frac{1}{2}\cdot\frac{YS}{\mathrm{d}x}\cdot(\mathrm{d}y)^2\\&=\frac{1}{2}YS\mathrm{d}x\left(\frac{\mathrm{d}y}{\mathrm{d}x}\right)^2=\frac{1}{2}Y\mathrm{d}V\left(\frac{\mathrm{d}y}{\mathrm{d}x}\right)^2\end{aligned}$$

因为 $u=\sqrt{\frac{Y}{\rho}}$，所以 $Y=\rho u^2$. 又因为 $y=y(x,t)$，所以 $\frac{\mathrm{d}y}{\mathrm{d}x}$ 应写成 $\frac{\partial y}{\partial x}$，可有 $\frac{\partial y}{\partial x}=\frac{\omega}{u}A\sin\omega\left(t-\frac{x}{u}\right)$，则

$$\begin{aligned}\mathrm{d}W_{\mathrm{p}}&=\frac{1}{2}\rho u^2\cdot\mathrm{d}V\left[\frac{\omega^2}{u^2}A^2\sin^2\omega\left(t-\frac{x}{u}\right)\right]\\&=\frac{1}{2}\rho\mathrm{d}V\omega^2A^2\sin^2\omega\left(t-\frac{x}{u}\right)\end{aligned}$$

可得

$$\mathrm{d}W=\mathrm{d}W_{\mathrm{k}}+\mathrm{d}W_{\mathrm{p}}=\rho\mathrm{d}V\omega^2A^2\sin^2\omega\left(t-\frac{x}{u}\right)\tag{9-7}$$

讨论 (1) 任一时刻体积元动能与其势能总是相等，即

$$\mathrm{d}W_{\mathrm{k}}=\mathrm{d}W_{\mathrm{p}}=\frac{1}{2}\rho\mathrm{d}V\omega^2A^2\sin^2\omega\left(t-\frac{x}{u}\right)$$

(2) 波动中体积元的能量与单一谐振动系统的能量有着显著的不同. 在单一谐振动的系统中，动能和势能相互转化：动能最大时，势能最小；势能最大时，动能最小；系统机械能守恒. 在波动情况下，任一时刻任一体积元的动能与势能总是随时间变化的，变化是同步的，值也相等，这说明体积元总能量不是常数，即能量不守恒(体积元).

(3) 波动中体积元能量不守恒原因：每个体积元都不是独立地做简谐振动，它与相邻的体积元间有着相互作用. 因而相邻体积元间有能量传递，沿着波传播方向，某体积元从前面介质获得能量，又把能量传递给后面介质，这样，通过体

积元不断地吸收和不断传递能量，因此波动是能量传递的一种形式.

波动的能量密度 w 是指单位体积内波动能量

$$w=\frac{\mathrm{d}W}{\mathrm{d}V}=\rho\omega^2A^2\sin^2\omega\left(t-\frac{x}{u}\right)$$

可知，w 是 t 的函数. 平均能量密度 $\overline{w}$ 为

$$\begin{aligned}\overline{w}&=\frac{1}{T}\int_0^T w\mathrm{d}t=\frac{1}{T}\int_0^T\rho\omega^2A^2\sin^2\omega\left(t-\frac{x}{u}\right)\mathrm{d}t\\&=\rho\omega^2A^2\frac{1}{T}\int_0^T\frac{1}{2}\left[1-\cos2\omega\left(t-\frac{x}{u}\right)\right]\mathrm{d}t\\&=\rho\omega^2A^2\frac{1}{T}\left[\frac{1}{2}T-\frac{1}{2}\int_0^T\cos2\omega\left(t-\frac{x}{u}\right)\mathrm{d}t\right]\\&=\frac{1}{2}\rho\omega^2A^2\end{aligned}$$

则

$$\overline{w}=\frac{1}{2}\rho\omega^2A^2 \tag{9-8}$$

9.4.2　能流密度

如上所述，波的传播过程就是能量的传播过程，因此可引进能流和能流密度概念.

1. 平均能流

单位时间内通过某一面积的能量称为能流. 如图 9.8 所示，设 S 为介质中垂直于波传播方向的面积，则通过 S 的能流是以 S 为底、u 为高的柱体内的能量. 由于这体积内能量是变化的，故可用平均值来表示. 定义单位时间内通过某一面积的平均能量为平均能流.

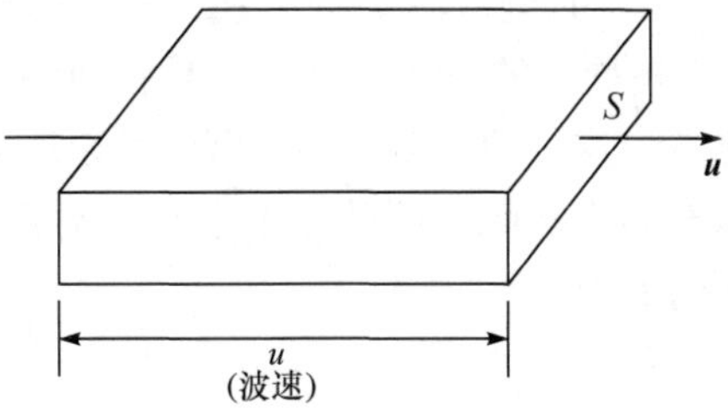

图 9.8

由上可知，通过 S 的平均能流为

$$\overline{P}=\text{平均能流密度}\times\text{柱体体积}=\overline{w}\cdot uS \tag{9-9}$$

式中：$\bar{w}$ 为平均能量密度，u 为波速，S 为面积.

2. 能流密度

通过垂直于波传播方向单位面积上的平均能流称为能流密度或波的强度

$$I=\frac{\bar{P}}{S}=\bar{w}u=\frac{1}{2}\rho\omega^2A^2u \tag{9-10}$$

9.5 惠更斯原理及应用

9.5.1 惠更斯原理

前面讲过，波动是振动的传播. 由于介质中各点间有相互作用，波源振动引起附近各点振动，这些附近点又引起更远点的振动，由此可见，波动传到的各点在波的产生和传播方面所起的作用和波源没有什么区别，都是引起它附近介质的振动，因此波动传到各点都可以看作是新的波源.

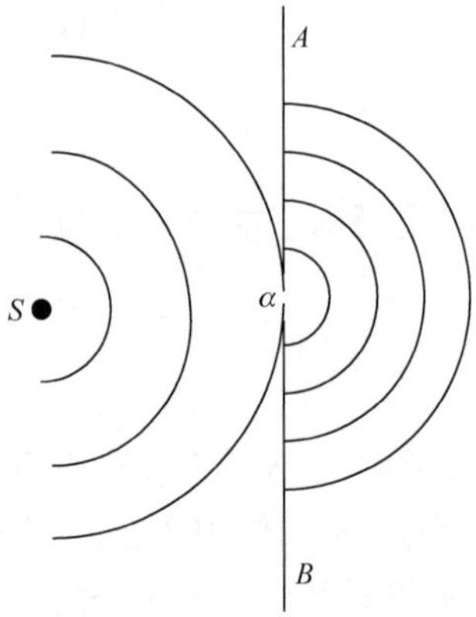

图 9.9

如图 9.9 所示，有一任意形状的水波在水面上传播，AB 为障碍物，AB 有小孔 α，小孔 α 的线度与波长相比甚小. 这样就可以看见，穿过小孔的波为圆形波，圆心在小孔处，这说明波传播到小孔后，小孔成为波源. 惠更斯分析和总结了类似的现象，于 1690 年提出了如下的原理：

介质中波传播到的各点都可以看作是发射子波的波源，而其后任意时刻，这些子波的包络就是新的波前(波阵面). 此原理称为惠更斯原理.

惠更斯原理指出了从某一时刻出发去寻找下一时刻波阵面的方法. 惠更斯原理对任何介质中的任何波动过程都成立. 无论是均匀的或非均匀的，是各向同性的或是各向异性的，无论是机械波还是电磁波，这一原理都成立. 惠更斯原理并没有说明各子波在传播中对某一点振动究竟有多少贡献，因此原理本身并不涉及波的形成机制. 下面给出求下一时刻波阵面的例子.

1. 球面波情况

如图 9.10 所示，设球面波在均匀各向同性介质中传播，波速为 u，在 t 时刻波阵面是半径为 R 的球面 S_1，在 $t+\tau$ 时刻波阵面如何？根据惠更斯原理，以 S_1 面上各点为中心，以 $r=u\tau$ 为半径，画出许多半球形子波，这些子波的包络即为公切于各子波的包迹面，就是 $t+\tau$ 时刻新的波阵面．显然是以 O 为中心，以 $R+r$ 为半径的球面 S_2．

2. 平面波情况

如图 9.11 所示，平面波在均匀各向同性介质中传播，波速为 u，在 t 时刻波阵面为 S_1(平面)，在 $t+\tau$ 时刻波阵面如何？根据惠更斯原理，以 S_1 面上各点为中心，以 $r=u\tau$ 为半径，画出许多半球面形子波，这些子波的包络即为公切于各子波的包迹面，就是 $t+\tau$ 时刻新的波阵面．显然新波阵面是平行于 t 时刻波阵面 S_1 的平面 S_2．

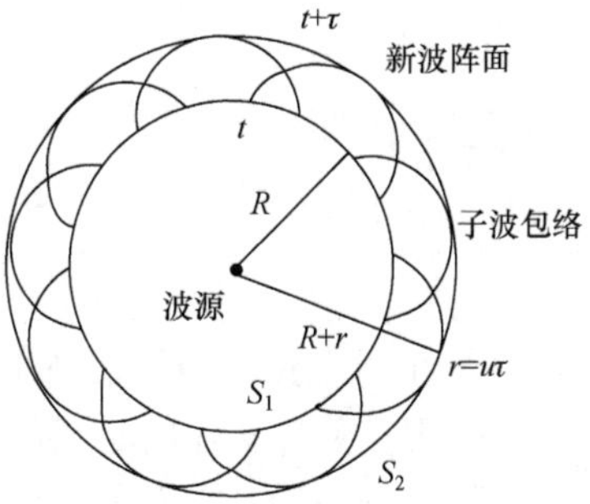

图 9.10

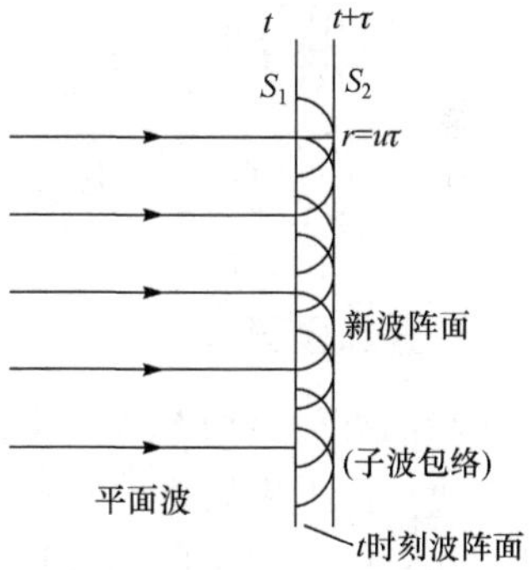

图 9.11

从上面讨论可以看出，球面波及平面波在均匀各向同性介质中传播时，它的波形不变，但在非均匀或各向异性的介质中传播时，波的形状可能发生变化．半径很大的球面波波阵面上的一部分可以看成平面波波阵面．如：从太阳射出的球面波，到达地面上时，就可以看成是平面波．

9.5.2 波的衍射现象

在日常生活中观察到，水波在水面上传播时可以绕过水面上的障碍物而在障碍物的后面传播，在高墙一侧的人可以听到另一侧人的声音，即声波可以绕过高墙从一侧传到另一侧，这些现象说明：水波与声波在传播过程中遇到障碍物时(即波阵面受到限制时)，波就不是沿直线传播，它可以达到沿直线传播所达不到的区域，这种现象称为波的衍射现象或绕射现象．简单地说，波遇到障碍物后偏离直线传播的现象即为衍射现象．下面用惠更斯原理说明水波的衍射现象．

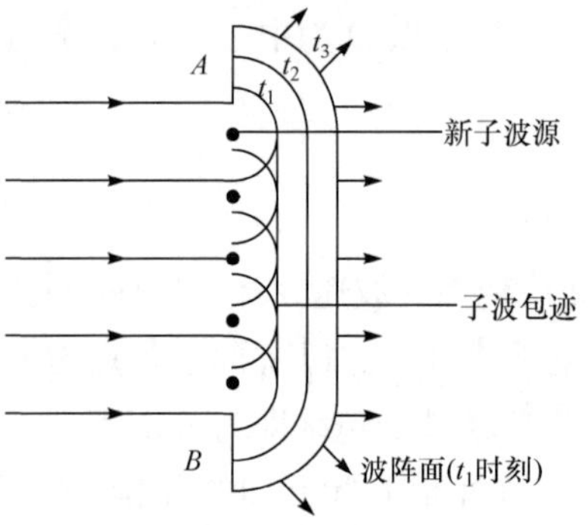

图 9.12

水面上障碍物有一宽缝，缝的宽度大于水波波长. 用平行于波阵面的棒振动来产生平行水面波. 当水波到达障碍物时，波阵面在宽缝上的所有点都可以看作发射子波的波源. 这些子波在宽缝的前方的包迹就是通过缝后的新的波阵面. 从图上看，新波阵面(或波前)不是直线(波阵面与底面交线)，只是中间一部分与原来的波阵面平行，在缝的边缘地方波阵面发生了弯曲，波线如图 9.12 所示，这说明水波绕过缝的边缘前进.

9.6　波的叠加原理　波的干涉

9.6.1　波的叠加原理

现在我们来讨论两个或两个以上的波源发出的波在同一介质中传播情况. 把两个小石块投在很大的静止的水面上邻近两点，可见从石头落点发出两圆形波互相穿过，在它们分开之后仍然是以石块落点为中心的两圆形波. 这说明了它们各自独立传播. 当乐队演奏或几个人同时讲话时，能够辨别出每种乐器或每个人的声音，这表明了某种乐器和某人发出的声波，并不因为其他乐器或其他人同时发声而受到影响. 通过这些现象的观察和研究，可总结出如下的规律：

几列波在传播空间中相遇时，各个波保持自己的特性(即频率、波长、振动方向、振幅不变)，各自按其原来传播方向继续传播，互不干扰. 在相遇区域内，任一点的振动为各列波单独存在时在该点所引起的振动的位移的矢量和. 这两个规律称为波的独立传播原理和波的叠加原理.

9.6.2　波的干涉

一般地说，频率不同、振动方向不同的几列波在相遇各点的合振动是很复杂的，叠加图样不稳定. 现在，来讨论最简单而又最重要的情况，即振动方向相同、频率相同、相位差恒定的两列波叠加的问题.

当两列波在空间中某点相遇时，各个波在该点引起的振动相位是一定的(当然在不同点的这个相位可能不同)，因此该点的合振动的振幅是恒定的. 由此可知，如果两列波在空间中某些点相互加强(即合振幅最大)，则这些点上始终是相互加强的，如果两列波在空间中某些点相互减弱(即合振幅最小)，则在这些点上始终是相互减弱的，可见叠加图样是稳定的. 这种现象称为波的干涉现象，相应的波称为相干波，相应的波源称为相干波源. 干涉加强或减弱的条件如下：

如图 9.13 所示，设有相干波源 S_1 、S_2，其振动方程为

$$y_1 = A_1\cos(\omega t + \varphi_1)$$
$$y_2 = A_2\cos(\omega t + \varphi_2)$$

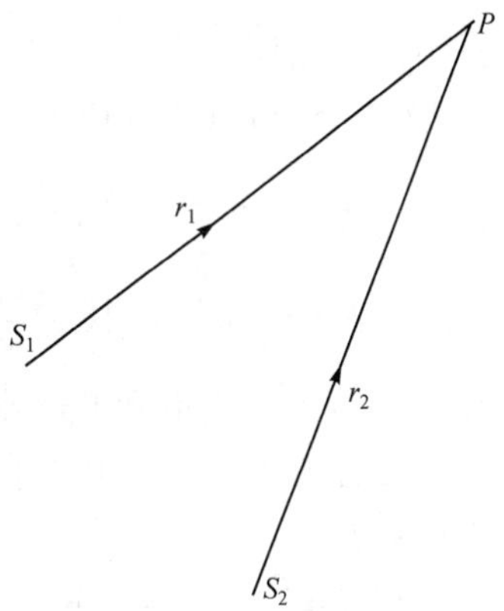

图 9.13

由波的叠加原理知，此两列波在 P 点引起的合振动等于这两列波单独存在时在 P 点引起位移的代数和(因为在此振动方向一致)，由于此两列波频率相同，而又在同一介质中传播(即波速相同)，故两列波波长相同，设为 λ . 此两列波在 P 点引起的振动方程分别为

$$y_1 = A_1\cos\left(\omega t + \varphi_1 - \frac{2\pi r_1}{\lambda}\right)$$
$$y_2 = A_2\cos\left(\omega t + \varphi_2 - \frac{2\pi r_2}{\lambda}\right)$$

P 点的合成振动方程为

$$y = y_1 + y_2 = A_1\cos\left(\omega t + \varphi_1 - \frac{2\pi r_1}{\lambda}\right) + A_2\cos\left(\omega t + \varphi_2 - \frac{2\pi r_2}{\lambda}\right) \tag{9-11}$$

对同方向、同频率振动合成，结果为

$$y = A\cos(\omega t + \varphi)$$

其中

$$A = \sqrt{A_1^2 + A_2^2 + 2A_1A_2\cos\Delta\varphi}$$

$\Delta\varphi$ 为在 P 处两振动的相位差，则

$$\Delta\varphi = \left(\varphi_2 - \frac{2\pi r_2}{\lambda}\right) - \left(\varphi_1 - \frac{2\pi r_1}{\lambda}\right) = (\varphi_2 - \varphi_1) - 2\pi\frac{r_2 - r_1}{\lambda}$$

$$\tan\varphi = \frac{A_1\sin\left(\varphi_1 - 2\pi\frac{r_1}{\lambda}\right) + A_2\sin\left(\varphi_2 - 2\pi\frac{r_2}{\lambda}\right)}{A_1\cos\left(\varphi_1 - 2\pi\frac{r_1}{\lambda}\right) + A_2\cos\left(\varphi_2 - 2\pi\frac{r_2}{\lambda}\right)}$$

讨论 (1) $\Delta\varphi = (\varphi_2 - \varphi_1) - 2\pi\frac{r_2 - r_1}{\lambda} = \pm 2k\pi \ (k = 0,1,2,\cdots)$ 时，$A = A_1 + A_2$ (振幅最大，即振动加强)； $\Delta\varphi = (\varphi_2 - \varphi_1) - 2\pi\frac{r_2 - r_1}{\lambda} = \pm(2k+1)\pi \quad (k = 0,1,2,\cdots)$ 时，

$A=\left|A_1-A_2\right|$(振幅最小，即振动减弱).

(2) $\varphi_2=\varphi_1$(波源初相相同)时，

$$\delta=r_2-r_1=\pm 2k\frac{\lambda}{2}\quad (k=0,1,2,\cdots)\text{时，}\ A=A_1+A_2\ (\text{振动加强})$$

$$\delta=r_2-r_1=\pm(2k+1)\frac{\lambda}{2}\quad (k=0,1,2,\cdots)\text{时，}\ A=\left|A_1-A_2\right|\ (\text{振动减弱})$$

其中$\delta=r_2-r_1$表示两波源到考察点路程之差，称为波程差. 由上可知，$\varphi_2=\varphi_1$时，波程差等于半波长的偶数倍时，干涉加强；波程差等于半波长奇数倍时，干涉减弱.

例 9.6.1　A、B为同一介质中两相干波源，振幅相等，频率为$100\,\text{Hz}$，当B为波峰时，A恰为波谷. 若A、B相距$30\,\text{m}$，波速为$400\,\text{m/s}$. 求：A、B连线上因干涉而静止的各点的位置.

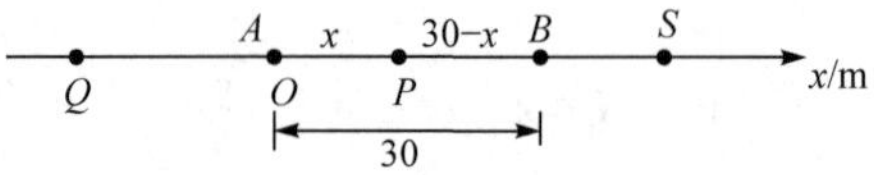

图 9.14

解　如图 9.14 所取坐标，由已知可得

$$\lambda=\frac{u}{\nu}=\frac{400}{100}=4(\text{m})$$

(1) A、B间的情况.

任一点P，两波在此引起振动相位差为

$$\begin{aligned}\Delta\varphi&=(\varphi_B-\varphi_A)-2\pi\frac{r_{BP}-r_{AP}}{\lambda}\\&=\pi-2\pi\frac{(30-x)-x}{\lambda}\\&=\pi-(15-x)\pi=-14\pi+\pi x\end{aligned}$$

当$\Delta\varphi=(2k+1)\pi\quad(k=0,\pm1,\pm2,\cdots)$时，坐标为$x$的质点由于干涉而静止(两振幅相同)，即

$$-14\pi+\pi x=(2k+1)\pi$$

$$x=2k+15\qquad(k=0,\pm1,\pm2,\cdots,\pm7)$$

(2) 在A点左侧情况，对任一点Q，两波在Q点引起振动相位差为

$$\Delta\varphi=(\varphi_B-\varphi_A)-2\pi\frac{r_{BQ}-r_{AQ}}{\lambda}=\pi-2\pi\times\frac{30}{4}=-14\pi$$

可见，在A点左侧均为干涉加强点，无静止点.

(3) 在 B 点右侧情况. 对任一点 S，两波在 S 点引起的振动相位差为

$$\Delta\varphi=(\varphi_B-\varphi_A)-2\pi\frac{r_{BS}-r_{AS}}{\lambda}=\pi-2\pi\times\frac{-30}{4}=-16\pi$$

可见，在 B 点右侧不存在因干涉而静止的点.

附录 9　喷水鱼洗演示实验

【实验装置】

“鱼洗”盆如图 9.15 所示.

图 9.15

【实验原理】

用手摩擦“洗耳”时，“鱼洗”会随着摩擦的频率产生振动. 当摩擦力引起的振动频率和“鱼洗”壁振动的固有频率相等或接近时，“鱼洗”壁产生共振，振动幅度急剧增大. 但由于“鱼洗”盆底的限制，使它所产生的波动不能向外传播，于是在“鱼洗”壁上入射波与反射波相互叠加而形成驻波. 驻波中振幅最大的点称波腹，最小的点称波节. 用手摩擦一个圆盆形的物体，最容易产生一个数值较低的共振频率，也就是由四个波腹和四个波节组成的振动形态，“鱼洗”壁上振幅最大处会立即激荡水面，将附近的水激出而形成水花. 当四个波腹同时作用时，就会出现水花四溅. 有意识地在“鱼洗”壁上的四个振幅最大处铸上四条鱼，水花就像从鱼口里喷出的一样，故称为“鱼洗”.

【实验内容】

实验时，把“鱼洗”盆中放入适量水，将双手用肥皂洗干净，然后用双手去

摩擦“鱼洗”耳的顶部. 随着双手同步地摩擦时，“鱼洗”盆会发出悦耳的蜂鸣声，水珠从四个部位喷出，当声音大到一定程度时，就会有水花四溅. 继续用手摩擦“鱼洗”耳，就会使水花喷溅得很高，就像鱼喷水一样有趣.

习　题　9

9.1　一平面简谐波在 $t=0$ 时刻的波形曲线如图 9.16 所示，试求：

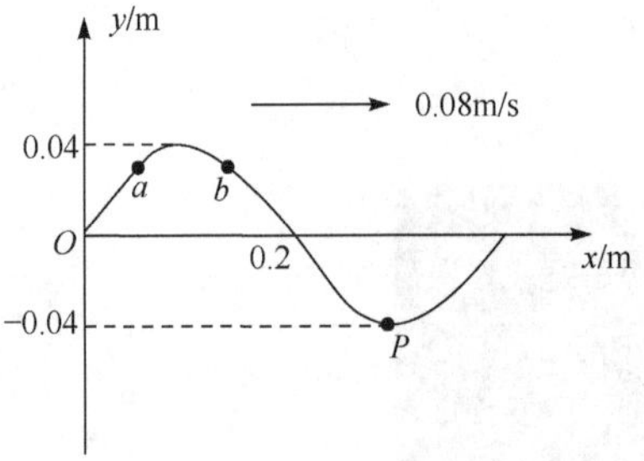

图 9.16

(1) 振幅、波长、周期及频率；

(2) a、b 两点的运动方向；

(3) 原点 O 的振动方程；

(4) 波函数；

(5) P 点的振动方程；

(6) $t=1.25\text{s}$ 时刻的波形方程，并画出该波形曲线. [参考答案：(1) A=0.04m，λ=0.4m，T=5s，ν=0.2Hz；(2) a 点向 y 轴负向运动，b 点向 y 轴正向运动；(3) $y_O=0.04\cos\left(\frac{2\pi}{5}t+\frac{\pi}{2}\right)\text{m}$；(4) $y=0.04\cos\left(\frac{2\pi}{5}t-5\pi x+\frac{\pi}{2}\right)\text{m}$；(5) $y_P=0.04\cos\left(\frac{2\pi}{5}t-\pi\right)\text{m}$；(6) $y=-0.04\cos(5\pi x)\text{m}$]

9.2　平面简谐波沿 x 轴正方向传播，振幅为 1cm，频率为 50Hz，波速为 200m/s. $t=0$ 时刻，原点处质点处于平衡位置并向 y 轴正方向运动. 求：(1) 原点处质点的振动方程；(2) 波动方程；(3) $t=1\text{s}$ 时的波形方程. [参考答案：(1) $y_O=0.01\cos\left(100\pi t-\frac{\pi}{2}\right)$(SI)；(2) $y=0.01\cos\left[100\pi\left(t-\frac{x}{200}\right)-\frac{\pi}{2}\right]$(SI)；(3) $y=0.01\cos\left(\frac{199\pi}{2}-\frac{\pi}{2}x\right)$(SI)]

9.3　如图 9.17 所示，一平面简谐波沿 x 轴正方向传播，波速 u=500m/s，P 点的振动方程为 $y_P=0.02\cos\left(500\pi t+\frac{\pi}{3}x\right)$(SI). 求：(1) 原点处质点的振动方程；(2) 波动方程；(3) $t=1\text{s}$ 时的波形图. [参考答案：(1) $y_0=0.02\cos\left(500\pi t-\frac{2\pi}{3}\right)$；(2) $y=0.02\cos\left(500\pi\left(t-\frac{x}{500}\right)-\frac{2\pi}{3}\right)$]

9.4　一平面简谐波在介质中以速度 u=20m/s 沿 x 轴负方向传播. 已知 a 点的振动方向为 $y_a=0.03\cos(4\pi t)$ (SI). 求：(1) 以 a 为坐标原点的波动方程；(2) 以距

a 点 5m 处的 b 点为坐标原点的波动方程. [参考答案：(1) $y = 0.03\cos 4\pi\left(t + \dfrac{x}{20}\right)$；(2) $y = 0.03\cos\left(4\pi\left(t + \dfrac{x}{20}\right) - \pi\right)$]

9.5　图 9.18 所示为一平面简谐波在 $t = 0$ 时刻的波形图，求：(1) 原点和 a 点的初相、波长；(2) 波动方程. [参考答案：(1) $\varphi_O = \dfrac{4}{3}\pi$，$\varphi_a = \dfrac{3}{2}\pi$，$\lambda$=1.2m；(2) $y = 4\times 10^{-2}\cos\left(\dfrac{\pi}{3}\left(t + \dfrac{x}{0.20}\right) + \dfrac{4}{3}\pi\right)$(SI)]

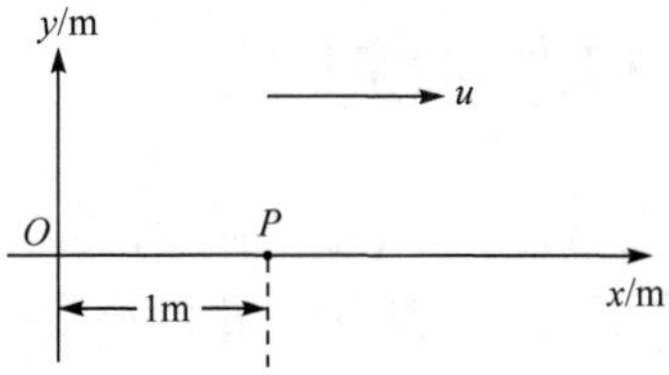

图 9.17

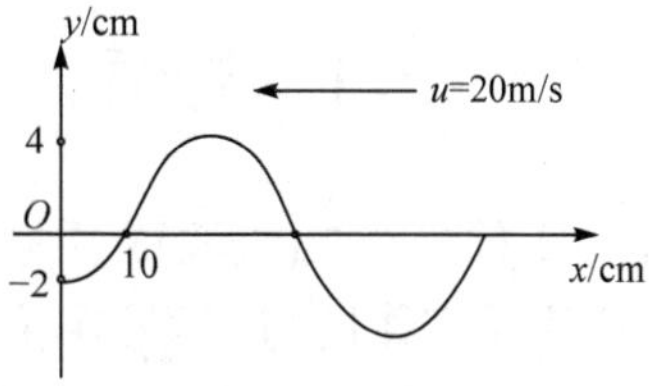

图 9.18

第 10 章 波 动 光 学

光学分为几何光学与物理光学. 几何光学中主要包括：光的直线传播、光的独立传播、光的反射以及光的折射等. 物理光学中包括波动光学与量子光学，在波动光学中主要包括：光的干涉、光的衍射、光的偏振等. 本章主要介绍波动光学.

10.1 光源 光的单色性和光的相干性

光是一种电磁波(横波)，用振动矢量 $\boldsymbol{E}$ (电场强度)、$\boldsymbol{H}$ (磁场强度)来描述. 光波中，产生感官作用与生理作用的是 $\boldsymbol{E}$，故常将 $\boldsymbol{E}$ 称为光矢量，$\boldsymbol{E}$ 的振动称为光振动. 在以后，将以讨论 $\boldsymbol{E}$ 振动为主.

我们把能够发光的物体称为光源. 对于单色光是指具有单一频率的光，但实际上不存在. 而复色光是指具有多种频率的光，如：太阳光、白炽灯等.

每一列光波是一段有限长的、振动方向一定、振幅不变(或缓慢变化)的正弦波. 每一列波称为一个波列，同一原子不同时刻发出的波列其振动方向及频率也不一定相同，相位无固定关系，不同原子同一时刻发射的波列也是这样的. 两列光波干涉的实质是同一波列分离出来的两列波的干涉. 我们把能够产生干涉现象的最大光程差(折射率与几何路程之积称为光程)称为相干长度，显然它等于一个波列的长度. 激光的相干长度很长，所以它是很好的相干光源.

10.2 杨氏双缝实验 劳埃德镜实验

10.2.1 杨氏双缝实验

如图 10.1 所示，在单色平行光前放一狭缝 S，S 前又放有两条平行狭缝 S_1、S_2，它们与 S 平行并等距，这时 S_1、S_2 构成一对相干光源. 从 S 发出的光波波阵面到达 S_1 和 S_2 处时，再从 S_1、S_2 传出的光是从同一波阵面分出的两相干光. 它们在相遇点将形成相干现象. 可知，相干光是来自同一列波面的两部分，这种方法产生的干涉称为分波阵面法.

如图 10.2 所示，S_1、S_2 为两缝，相距 d，E 为屏，距缝为 D，O 为 S_1、S_2 连线的中垂线与屏 E 的交点，P 为 E 上的一点，距 O 为 x，距 S_1、S_2 分别为 r_1、r_2，由 S_1、S_2 传出的光在 P 点相遇时，产生的波程差为

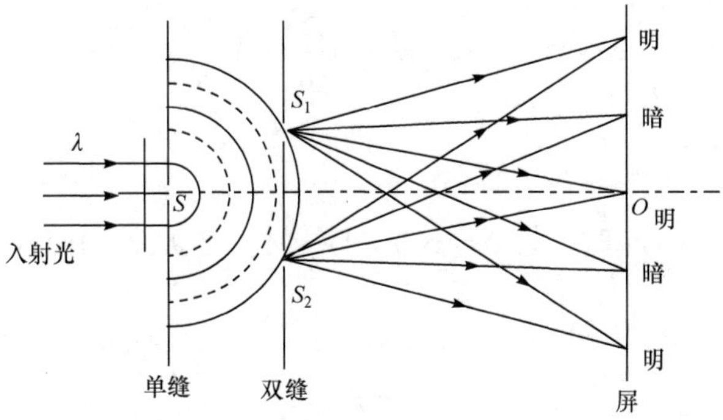

图 10.1

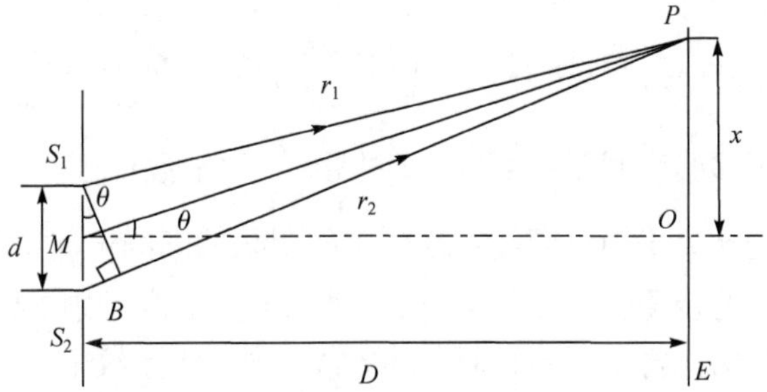

图 10.2

$$\delta = r_2 - r_1$$

相位差为

$$\Delta\varphi = 2\pi\frac{\delta}{\lambda}$$

作 $S_1B \perp S_2P$，可知

$$\delta = r_2 - r_1 = \overline{S_2B} = d\sin\theta$$
$$= d\tan\theta = d\frac{x}{D} \quad (\theta\text{很小}, d \ll D)$$

1. 明纹位置

当 $\Delta\varphi = \pm 2k\pi$ 时，即 $\delta = \pm k\lambda (k = 0,1,2,\cdots)$ 时，P 点处为明纹，可有 $d\frac{x}{D} = \pm k\lambda$，则

$$x = \pm k\frac{D\lambda}{d} \quad (k = 0,1,2,\cdots) \tag{10-1}$$

$k = 0$ 对应 O 点，为中央明纹，$k = 1,2,\cdots$ 依次为一级、二级……明纹，明纹关于中央明纹对称，相邻明纹间距为

$$\Delta x = x_{k+1} - x_k = (k+1)\frac{D\lambda}{d} - k\frac{D\lambda}{d} = \frac{D\lambda}{d}$$

2. 暗纹位置

当 $\Delta\varphi = \pm(2k-1)\pi$ 时，即 $\delta = \pm(2k-1)\dfrac{\lambda}{2}$ 时，P 点处为暗纹，可有 $d\dfrac{x}{D} = \pm(2k-1)\dfrac{\lambda}{2}$，则

$$x = \pm(2k-1)\frac{D\lambda}{2d} \quad (k=1,2,\cdots) \tag{10-2}$$

暗纹关于 O 点对称分布，相邻暗纹间距为

$$\Delta x = x_{k+1} - x_k = [2(k+1)-1]\frac{D\lambda}{2d} - (2k-1)\frac{D\lambda}{2d} = \frac{D\lambda}{d}$$

结论 (1) 相邻明纹间距=相邻暗纹间距=$\dfrac{D\lambda}{d}$(常数).

(2) 干涉条纹是关于中央明纹对称分布的明暗相间的干涉条纹.

(3) 对于给定的装置，当 $\lambda\uparrow\to\Delta x\uparrow$，当 $\lambda\downarrow\to\Delta x\downarrow$. 用白光照射双缝时，则中央明纹(白色)的两侧将出现各级彩色明条纹. 同一级条纹中，波长短的离中央明纹近，波长长的离中央明纹远.

(4) 杨氏干涉属于分波阵面法干涉.

例 10.2.1 以单色光照射到相距为 0.2mm 的双缝上，缝距屏为 1m. (1)从第一级明纹到同侧第四级的明纹的距离为 7.5mm 时，求入射光波长；(2)若入射光波长为 600 nm，求相邻明纹间距离.

解 (1) 明纹坐标为

$$x = \pm k\frac{D\lambda}{d}$$

由题意有

$$x_4 - x_1 = 4\frac{D\lambda}{d} - \frac{D\lambda}{d} = \frac{3D\lambda}{d}$$

则

$$\lambda = \frac{d}{3D}(x_4 - x_1) = \frac{0.2\times10^{-3}}{3\times1}\times7.5\times10^{-3}\,\text{m} = 5\times10^{-7}\,\text{m} = 500\,\text{nm}$$

(2) 当 $\lambda = 600\,\text{nm}$ 时，相邻明纹间距为

$$\Delta x = \frac{D\lambda}{d} = \frac{1\times600\times10^{-9}}{0.2\times10^{-3}}\,\text{m} = 3\times10^{-3}\,\text{m} = 3\,\text{mm}$$

10.2.2 劳埃德镜实验

劳埃德镜实验不但能显示光的干涉现象，而且还能显示当光由光疏介质(折射率小的介质)射向光密介质(折射率较大的介质)时，反射光有相位突变.

如图 10.3 所示装置，MM' 为一块涂黑的玻璃体，作为反射镜. 从狭缝 S_1 射出的光一部分(图中用①表示)直接射到屏 Z 上，另一部分经 MM' 反射后(图中用②表示)到达 Z 上，反射光可看作是由虚光源 S_2 发出的，S_1、S_2 构成一对相干光源，在 Z 的光波相遇区域内发生干涉，出现明暗相间的条纹. 可见，这也相当于杨氏干涉一样(劳埃德镜干涉仍属于分波阵面法干涉).

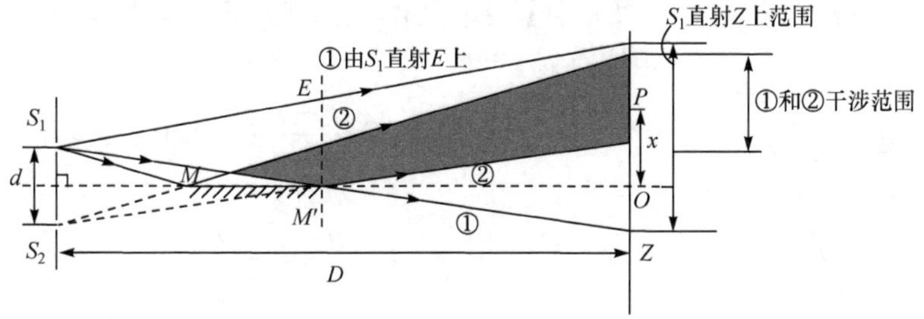

图 10.3

另外，若把屏放在 EM' 位置，在屏与反射镜交点处似乎应出现明纹(因为从 S_1、S_2 发出的光到了交点 M' 时经过波程相等)，但实际上是暗纹，这表明直接射到屏上的光与由镜反射的光在 M' 处相位相反，即相位差为 π. 因为直接射向屏的光不可能有相位突变，所以只能是由空气经镜子反射的光才能有相位突变，即它相位突变为 π. 由波动理论知道，相位差突变 π 相当于波多走了半个波长，所以这种现象称为半波损失.

若折射率 n_1(光密介质) $> n_2$(光疏介质)，则

$$n_1 \underset{\text{反射光有半波损失}}{\overset{\text{反射光无半波损失}}{\rightleftarrows}} n_2$$

考虑到反射光有半波损失，所以光程差为

$$\delta = \frac{dx}{D} + \frac{\lambda}{2}$$

当 $\delta = \dfrac{dx}{D} + \dfrac{\lambda}{2} = k\lambda (k = 1,2,3,\cdots)$ 时，产生明纹

$$P \text{点处为明纹} \quad \Rightarrow \quad x = \left(k - \frac{1}{2}\right)\frac{D\lambda}{d} = (2k-1)\frac{D\lambda}{2d}$$

当 $\delta = \dfrac{dx}{D} + \dfrac{\lambda}{2} = (2k-1)\dfrac{\lambda}{2} (k = 1,2,3,\cdots)$ 时，产生暗纹

$$P \text{点处为暗纹} \quad \Rightarrow \quad x = (k-1)\frac{D\lambda}{d}$$

相邻明(暗)纹间距为

$$\Delta x = \frac{D\lambda}{d}$$

10.3 光程及光程差　薄透镜的性质

10.3.1 光程

设光在真空中速度为 c，频率为 ν，波长 λ. 它在折射率为 n 的介质中传播时，速度为 u，波长为 λ'(频率不变). 如图 10.4 所示，当光从 S_1、S_2 传至 P 点相遇时，相位差为

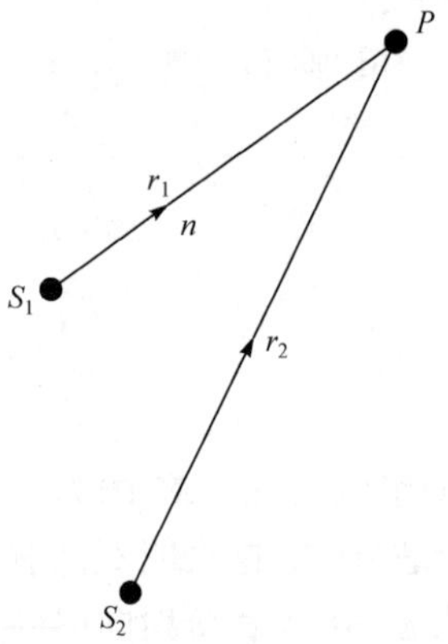

图 10.4

$$\Delta\varphi = 2\pi\frac{r_2 - r_1}{\lambda'}\ (\text{介质中})$$

$$\lambda' = \frac{u}{\nu} = \frac{\frac{c}{n}}{\nu} = \frac{\lambda}{n}$$

结论　介质中波长是真空中波长的 $\frac{1}{n}$，则

$$\Delta\varphi = \frac{2\pi}{\lambda}(nr_2 - nr_1)$$

可见，$\Delta\varphi$ 不仅是简单地由几何路程差 $(r_2 - r_1)$ 决定的，而且与折射率 n 有关. 我们把折射率与几何路程之积称为光程，即 nr.

光在介质中走过 r 路程所用的时间为 $\Delta t = \frac{r}{u}$，在 Δt 时间内，光在真空中走过路程为

$$c \cdot \Delta t = c\frac{r}{u} = nr\ (\text{介质中光程})$$

可见，光在介质中某一光程即为相同时间内光在真空中传播的距离.

10.3.2 光程差

由上面讨论可知，$\Delta\varphi$ 取决于光程差. 用 δ 表示光程差，$\delta = n(r_2 - r_1)$，则

$$\Delta\varphi = 2\pi\frac{\delta}{\lambda} = \begin{cases} \pm 2k\pi\ \ (k = 0,1,2,\cdots),\text{加强} \\ \pm(2k-1)\pi\ \ (k = 1,2,\cdots),\text{减弱} \end{cases}$$

$$\delta = \begin{cases} \pm k\lambda\ \ (k = 0,1,2,\cdots),\text{加强} \\ \pm(2k-1)\frac{\lambda}{2}\ \ (k = 1,2,\cdots),\text{减弱} \end{cases}$$

10.3.3 薄透镜不引起附加光程差

在此简单说明光波通过薄透镜传播时的光程情况. 以后讨论干涉、衍射现象等问题时都需要用透镜来观察. 根据光程情况，当光波的波阵面(如图 10.5 所示)ABC 与某一光轴垂直时，平行于该光轴的近轴光线通过透镜 L 会聚于一点 F，并在这点互相加强产生亮点. 这些光线在 F 点互相加强表明，它们相位相同. 因为在 ABC 面上各光线相位是相同的，所以可知光线经过 L 并没有产生附加光程差，只是改变了光线方向. 对于厚透镜可产生球差、慧差等.

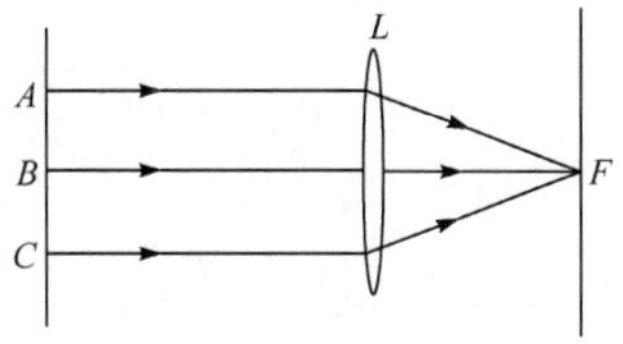

图 10.5

10.4 薄 膜 干 涉

10.4.1 薄膜干涉

如图 10.6 所示，一折射率为 n 的透明薄膜，处于折射率为 n' 的均匀介质中 $(n>n')$，膜厚为 e，从面光源(扩大光源)上 S 点发出的光线 $1'$ 以入射角 i 入射到膜上 A 点后，分成两部分，即反射光 1 和折射光 2. 到薄膜中在膜下表面 B 处又反射之后经 C 处折射到介质 n' 中，即 2 光. 显然，1、2 光是平行的，经透镜 L 后会聚在 P 点. 因为 1、2 光是来自同一入射光的两部分，所以 1、2 光的振动方向相同，频率相同，在 P 点的相位差固定. 因此，二者产生干涉. 一束光经薄膜两表面反射和折射分开后，再相遇而产生的干涉称为薄膜干涉. 因为 1、2 光各占入射光 $1'$ 的一部分，所以此种干涉称为分振幅法干涉. 我们日常生活中看到的油膜、肥皂膜上呈现的彩色条纹都属于薄膜干涉.

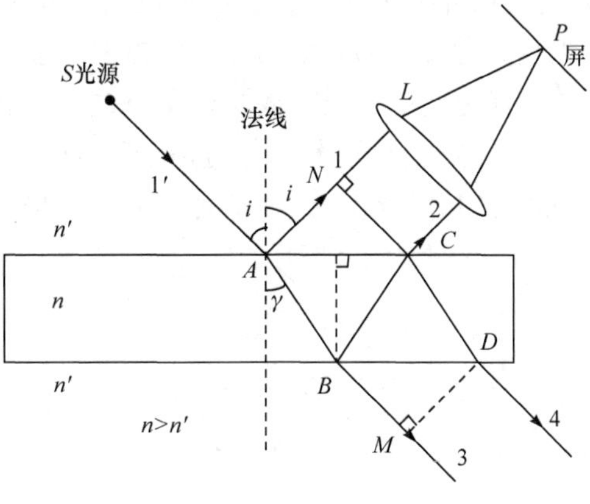

图 10.6

干涉结果如何？这需要从 1、2 光在 P 处的相位差入手. 由于 1、2 光在 A 处相位相同，故相位差仅由 1、2 光从 A 点分开后到 P 点会聚过程中产生的光程差. 设 $NC \perp AN$，因为 L 不产生光程差，所以从 N 到 P 及从 C 到 P 的光程相等，可知

$$\begin{aligned}\delta &= n(\overline{AB}+\overline{BC})-\left(n'\overline{AN}-\frac{\lambda}{2}\right)=2n\overline{AB}-n'\overline{AN}+\frac{\lambda}{2}\\ &=2n\frac{e}{\cos\gamma}-n'\overline{AC}\sin i+\frac{\lambda}{2}=2n\frac{e}{\cos\gamma}-n'\cdot 2e\tan\gamma\cdot\sin i+\frac{\lambda}{2}\\ &=\frac{2e}{\cos\gamma}(n-n'\sin\gamma\cdot\sin i)+\frac{\lambda}{2}=\frac{2e}{\frac{1}{n}\sqrt{n^2-n'^2\sin^2 i}}\left(n-\frac{n'^2}{n}\sin^2 i\right)+\frac{\lambda}{2}\\ &=2e\sqrt{n^2-n'^2\sin^2 i}+\frac{\lambda}{2}\end{aligned}$$

其中 $\sin\gamma=\dfrac{n'}{n}\sin i$， $\cos\gamma=\sqrt{1-\dfrac{n'^2}{n^2}\sin^2 i}=\dfrac{1}{n}\sqrt{n^2-n'^2\sin^2 i}$，即

$$\delta=2e\sqrt{n^2-n'^2\sin^2 i}+\frac{\lambda}{2}$$

因此

$$\delta=2e\sqrt{n^2-n'^2\sin^2 i}+\frac{\lambda}{2}=\begin{cases}k\lambda\ (k=1,2,\cdots), & \text{明条纹}\\ (2k+1)\dfrac{\lambda}{2}\ (k=0,1,2,\cdots), & \text{暗条纹}\end{cases}\tag{10-3}$$

说明　(1) 为什么只取两束光来讨论薄膜干涉？如图 10.7 所示，设此入射角时反射系数为 5%，第一次入射光强记做 100，经 A 处反射后强度为 5，在 A 处折射光强度为 95，在 B 处反射光强为 4.75，经 C 处反射强度为 0.238，经 C 处折射光强为 4.513，经 D 处反射强度为 0.012，经 E 处折射光强为 0.011. 可知，1、2 光振幅(强度 $\propto$ 振幅平方)有明显的加强或减弱现象，故能看到明显的干涉现象. 而 E 处折射光与 1、2 光比较振幅相差很大，它们叠加后，E 处折射光贡献很小，故对干涉无明显贡献，只考虑 1、2 光即可(一般透明介质反射系数都较小).

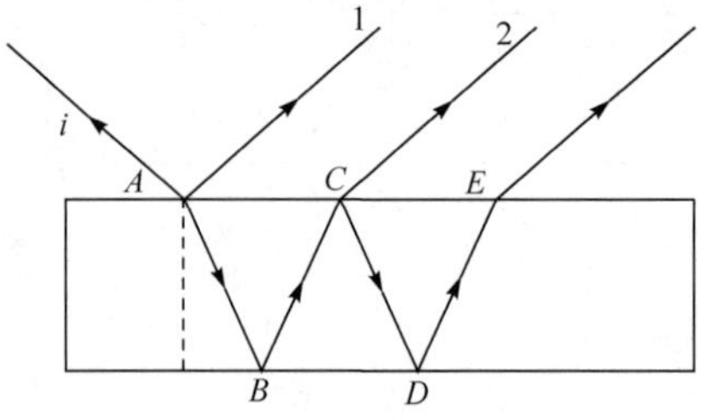

图 10.7

(2) 薄膜干涉顾名思义要求膜要薄. 这是因为原子发出的波列有一定的长度, 如果膜过厚, 则 1、2 光到干涉点时不能相遇, 这就谈不上干涉. 所以要求膜要薄. 能看到干涉现象的最大光程差叫做相干长度, 实际上它是波列的长度(激光的相干长度可达几十米到几十公里). 我们说的薄膜的厚度是相对的, 它取决于光的相干长度, 如一块较厚的玻璃板, 对普通光(如灯光, 日光等)都不能看作"薄膜", 都不能形成干涉. 面对激光则它可以看作薄膜.

(3) 薄膜干涉为分振幅法干涉.

(4) 半波损失问题: 在 1、2 光中若有一束光波有半波损失, 则在 δ 中就加 $\dfrac{\lambda}{2}$ 项; 在 1、2 光中均有或均没有半波损失, 则 δ 中不加 $\dfrac{\lambda}{2}$ 项.

(5) 当复合光入射时, 干涉条纹为彩色条纹.

讨论透射光的干涉, 见图 10.6, 3、4 光从 B 点分开后均无半波损失, 3、4 光的光程差为

$$\delta = n(\overline{BC} + \overline{CD}) - n'\overline{BM} = 2e\sqrt{n^2 - n'^2 \sin^2 i}$$

可见透射光与反射光中, $\delta_{透}$ 与 $\delta_{反}$ 相差 $\dfrac{\lambda}{2}$, 即反射光加强时, 透射光减弱, 反射光减弱时, 透射光加强.

$$\delta = 2e\sqrt{n^2 - n'^2 \sin^2 i} = \begin{cases} k\lambda \ (k = 0,1,2,\cdots), & \text{明条纹} \\ (2k+1)\dfrac{\lambda}{2} \ (k = 0,1,2,\cdots), & \text{暗条纹} \end{cases} \tag{10-4}$$

10.4.2 等倾干涉

在薄膜干涉中, 当厚度 e 为常数时, 这样的干涉称为等倾干涉, 其特点为

$$\delta = 2e\sqrt{n^2 - n'^2 \sin^2 i} + \frac{\lambda}{2} = \begin{cases} k\lambda \ (k = 1,2,\cdots), & \text{明条纹} \\ (2k+1)\dfrac{\lambda}{2} \ (k = 0,1,2,\cdots), & \text{暗条纹} \end{cases}$$

由上式知, 对于给定的波长, δ 依赖于 i (e 一定), 则同一干涉条纹对应同一入射角的一切光线(因为 k 为同一值).

如图 10.8 所示, S 为面光源(如钠光灯或由它照射的毛玻璃), 它与薄膜表面平行, MM' 是半透半反射镜, 它让 S 所发出的大部分光线透过它, 照射到薄膜上, 对于薄膜上任一点 Q 来说, 具有同一入射角 i 的光线, 就分布在以 Q 为顶点的圆锥面上, 这些光线在薄膜表面反射后, 又由 MM' 再反射经透镜 L 在屏 E 上形成干涉条纹. 这样, 具有不同入射角 i 的光线形成了不同的封闭条纹(不一定为

圆形). 对于等倾干涉 e 为常数，而 i 变化. 并且远离干涉图样中心时，k 变小(λ 一定，i 变大).

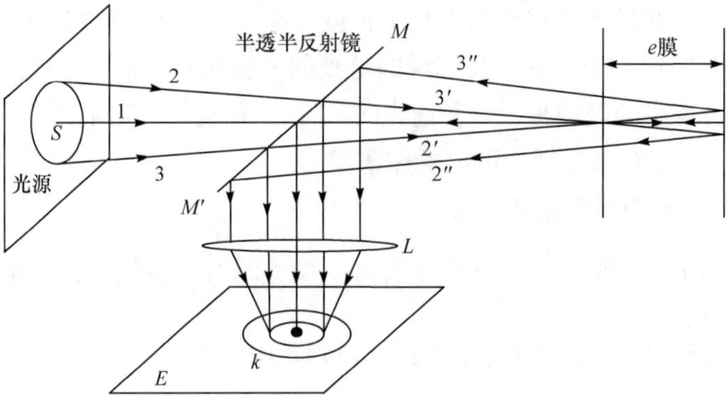

图 10.8

例 10.4.1 白光垂直入射到空气中一厚度为 380nm 的肥皂水膜上. 试问：

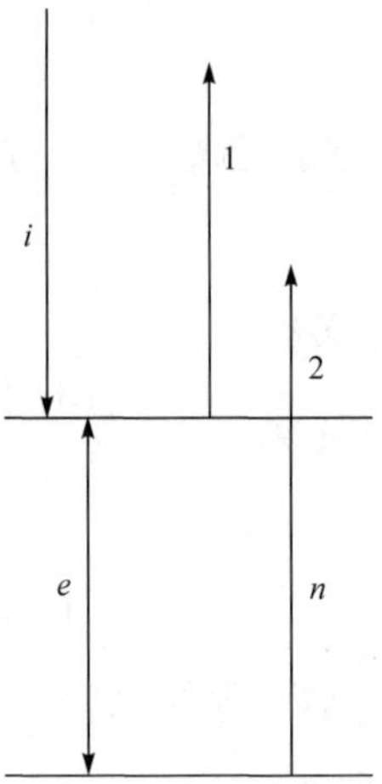

图 10.9

(1) 水膜正面呈何颜色?

(2) 水膜背面呈何颜色? (已知肥皂水的折射率为 1.33)

解 依题意，如图 10.9 所示，对水膜正面有

$$\delta = 2ne + \frac{\lambda}{2} \quad (i = 0\text{，光有半波损失})$$

(1) 因反射加强，有

$$2ne + \frac{\lambda}{2} = k\lambda \ (k = 1, 2, \cdots)$$

$$\lambda = \frac{2ne}{k - \frac{1}{2}} = \frac{2 \times 1.33 \times 380}{k - \frac{1}{2}} = \frac{1010.8}{k - \frac{1}{2}} = \begin{cases} 2021.6\,\text{nm}\ (k = 1) \\ 673.9\,\text{nm}\ (k = 2) \\ 404.3\,\text{nm}\ (k = 3) \\ 288.8\,\text{nm}\ (k = 4) \end{cases}$$

因为可见光范围为 $400 \sim 760\,\text{nm}$，所以，反射光中 $\lambda_2 = 673.9\,\text{nm}$ 和 $\lambda_3 = 404.3\,\text{nm}$ 的光得到加强，前者为红光，后者为紫光，即膜的正面呈红紫色.

(2) 因为透射最强时，反射最弱，所以有

$$2ne + \frac{\lambda}{2} = (2k+1)\frac{\lambda}{2} \ (k = 1, 2, \cdots) \Rightarrow 2ne = k\lambda$$

上式即为透射光加强条件，由此可知

$$\lambda = \frac{2ne}{k} = \frac{1010.8}{k} = \begin{cases} 1010.8\,\text{nm}\ (k=1) \\ 505.4\,\text{nm}\ (k=2) \\ 336.9\,\text{nm}\ (k=3) \end{cases}$$

可知，透射光中 $\lambda_2 = 505.4\,\text{nm}$ 的光得到加强，此光为绿光，即膜的背面呈绿色.

例 10.4.2 借助于玻璃表面上涂 MgF_2 透明膜可减少玻璃表面的反射. 已知，MgF_2 的折射率为 1.38，玻璃折射率为 1.60. 若波长为 500 nm 的光从空气中垂直入射到 MgF_2 膜上，为了实现反射最小，求 $e_{\min}$.

解 依题意知

$$\delta = 2ne$$

且膜上下表面均有半波损失，反射最小时，有

$$2ne = (2k+1)\frac{\lambda}{2}\ (k=0,1,2,\cdots)$$

$$\Rightarrow e = \frac{(2k+1)\lambda}{4n}$$

当 k=0 时，有

$$e_{\min} = \frac{\lambda}{4n} = \frac{500}{4\times 1.38}\,\text{nm} = 90.6\,\text{nm}$$

利用薄膜干涉，可以提高光学器件的透射率. 如：照相机镜头或其他光学元件常用组合透镜，对于一个具有四个玻璃-空气界面的透镜组来说，由于反射损失的光能，约为入射光的 20%，随着界面数目的增多，因反射而损失的光能更多. 为了减少这种反射损失，常在透镜表面上镀一层薄膜. 又如：光纤的光耦合问题，也是如此. 另外，还有多层反射膜，即增加反射减少透射，如：He-Ne 激光器中的谐振腔的反射镜就是采用镀多层膜的办法，使它对 632.8 nm 的激光的反射率达到 99%以上(一般最多镀 15～17 层，因为顾虑到吸收问题).

10.4.3 等厚干涉

由 $\delta = 2e\sqrt{n^2 - n'^2\sin^2 i} + \dfrac{\lambda}{2}$ 知，当平行光以同一入射角射到厚度不均匀的薄膜上时，光程差 δ 仅与 e 有关，这种干涉称为等厚干涉. 等厚干涉的特点为

$$\delta = 2e\sqrt{n^2 - n'^2\sin^2 i} + \frac{\lambda}{2} = \begin{cases} k\lambda\ (k=1,2,\cdots) \\ (2k+1)\dfrac{\lambda}{2}\ (k=0,1,2,\cdots) \end{cases}$$

由上式可知，对给定波长，则具有同一厚度的各点对应同一条干涉条纹(因为 k 为

同一值). 对于等厚干涉，入射角 i 不变，e 可以变化. 等厚干涉是薄膜干涉的一个特例.

下面讨论两种典型的等厚干涉.

1. 劈尖干涉

如图 10.10 所示，G_1、G_2 为两片平板玻璃，一端接触，一端被一直径为 d 的细丝隔开，G_1、G_2 夹角很小，在 G_1 的下表面与 G_2 的上表面间形成一端薄一端厚的空气层(也可以是其他层，如流体、固体层等)，此层称为劈尖，两玻璃板接触为劈尖棱边.

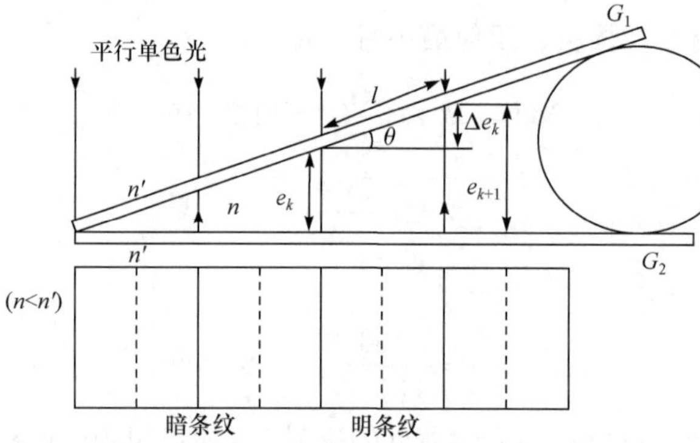

图 10.10

一平行光垂直入射到 G_1 上，从空气劈尖的上表面反射光 1 和从下表面反射光 2 在上表面相遇，在此面上形成干涉条纹. 因为厚度相同的地方对应着同一干涉条纹，而厚度相同的地方处于平行于棱边的直线段上，所以，劈尖干涉条纹是一系列平行棱边的直条纹. 明暗条纹产生条件为

$$\delta = 2ne + \frac{\lambda}{2} = \begin{cases} k\lambda\ (k=1,2,\cdots), & \text{明条纹} \\ (2k+1)\dfrac{\lambda}{2}\ (k=0,1,2,\cdots), & \text{暗条纹} \end{cases} \tag{10-5}$$

讨论 (1) 劈尖干涉图样是平行于棱边的一系列明暗相间的直条纹. 干涉条纹出现在劈尖的上表面处.

(2) 离棱边越远，k 则越大，即条纹的极次越大.

(3) 相邻明纹对应劈尖高度差为

$$\Delta e_k = e_{k+1} - e_k = \frac{1}{2n}\left[(k+1)\lambda - \frac{\lambda}{2}\right] - \frac{1}{2n}\left(k\lambda - \frac{1}{2}\right) = \frac{\lambda}{2n} = \text{常数}$$

同样，相邻暗条纹对应劈尖高度差也为 $\dfrac{\lambda}{2n}$.

(4) 相邻明(暗)条纹间距为

$$l=\frac{\Delta e_k}{\sin\theta}=\frac{\lambda}{2n\sin\theta}\approx\frac{\lambda}{2n\theta}\quad(\theta\text{很小})$$

(5) e=0 处为暗条纹. 若 1、2 均有或均无半波损失，则 e=0 处为明条纹，即 $\delta=2ne$ 时，在 e=0 处为明条纹.

例 10.4.3 制造半导体元件时，常要确定硅体上二氧化硅(SiO_2)薄膜的厚度 e，这可用化学方法把 SiO_2 薄膜的一部分腐蚀成劈尖形，SiO_2 的折射率为 1.5，Si 的折射率为 3.42. 已知单色光垂直入射，波长为 589.3 nm，若观察到如图 10.11 所示的 7 条明纹，问 SiO_2 膜厚度 e 为多少？

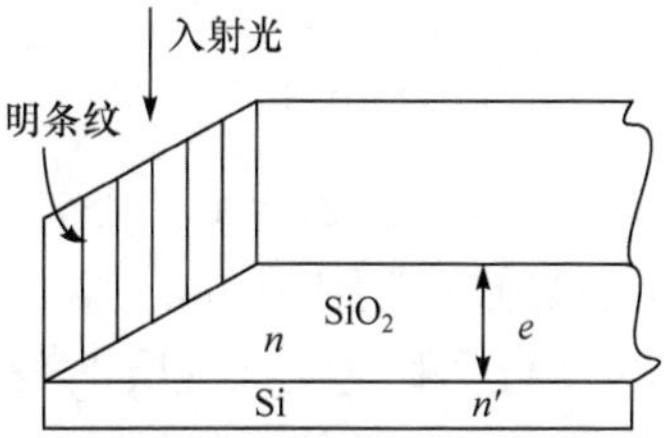

图 10.11

解 (方法一)由题意知，由 SiO_2 上、下表面反射的光均有半波损失，所以

$$\delta=2ne$$

反射加强时 $2ne_k=k\lambda\ (k=0,1,2,\cdots)$，则

$$e_6=\frac{6\lambda}{2n}=\frac{6\times589.3}{2\times1.5}\text{nm}=1178.6\,\text{nm}=1.1786\times10^{-6}\,\text{m}$$

(方法二)

$$e=N\cdot\Delta e=6\times\frac{\lambda}{2n}=\frac{3\lambda}{n}=1.1786\times10^{-6}\,\text{m}$$

例 10.4.4 劈尖上面玻璃板做图 10.12 所示的运动，试指明干涉条纹如何移动及相邻条纹间距如何变化.

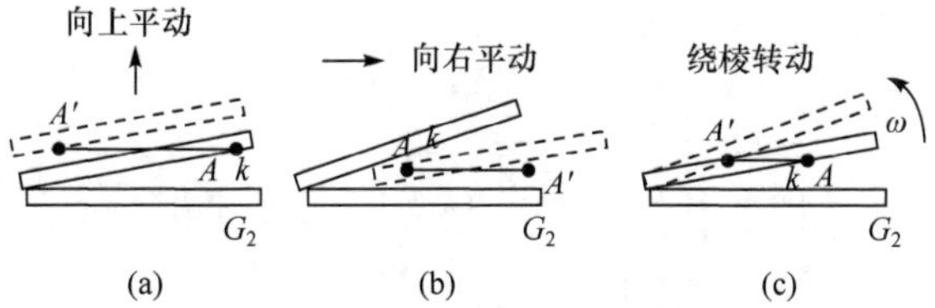

图 10.12

解 结果如表 10.1 所示.

表 10.1

图号	条纹移动	相邻条纹间距($\Delta e=\dfrac{\lambda}{2n\theta}$)
图 10.12(a)	沿斜面向下	不变
图 10.12 (b)	随斜面向右	不变
图 10.12 (c)	沿斜面向下	变小

注意 等厚干涉中,厚度相同的点对应同一条干涉条纹,即 A 处条纹移到 A' 处.

2. 牛顿环

如图 10.13 所示，将曲率半径很大的平凸透镜 L 放在透明平板玻璃 D 上，L、D 接触，二者间形成空气层(或其他介质)，当单色光垂直入射时，在空气层上、下表面反射光在空气层上表面相遇而产生干涉现象. 由于厚度相同的地方对应同一条纹，而此处空气层厚度相同的地方是以 L、D 接触点为中心的圆环，干涉条纹是以 O 为中心的一系列同心圆环，这些干涉环称为牛顿环. 由于 1 光无半波损失，2 光有半波损失，故产生明、暗条纹的条件为

$$\delta=2ne+\frac{\lambda}{2}=2e+\frac{\lambda}{2}=\begin{cases}k\lambda\ \ (k=1,2,\cdots),\text{明条纹}\\(2k+1)\dfrac{\lambda}{2}\ \ (k=0,1,2,\cdots),\text{暗条纹}\end{cases}(\text{空气中})$$

讨论 (1) 牛顿环是以 O 为中心的一系列圆环形明暗相间的条纹,条纹出现在 L、D 夹层上表面处.

(2) 离 O 点越远，则条纹级次 k 越大(与等倾干涉相反).

(3) 如图 10.14 所示,设 C 为 L 中球面的球心,半径为 R ,在直角三角形 $CO'A$ 中有

$$r^2=R^2-(R-e)^2=2Re-e^2\approx 2Re(R>>e)$$

则 $e=\dfrac{r^2}{2R}$ ，可有

$$\begin{cases}r=\sqrt{(2k-1)R\dfrac{\lambda}{2}}\ (k=1,2,\cdots),\text{明条纹}\\r=\sqrt{kR\lambda}\ (k=0,1,2,\cdots),\text{暗条纹}\end{cases}\tag{10-6}$$

(4) 因为相邻条纹对应厚度差为 $\dfrac{\lambda}{2n}=\dfrac{\lambda}{2}$ (空气中), 而随着离 O 点越远时，e 增加得越快，所以在逐渐离开 O 点时，条纹越来越密. 相邻暗纹对应高度差为

$$\Delta e_k=e_{k+1}-e_k=\frac{(k+1)\lambda}{2n}-\frac{k\lambda}{2n}=\frac{\lambda}{2n}=\text{常数}$$

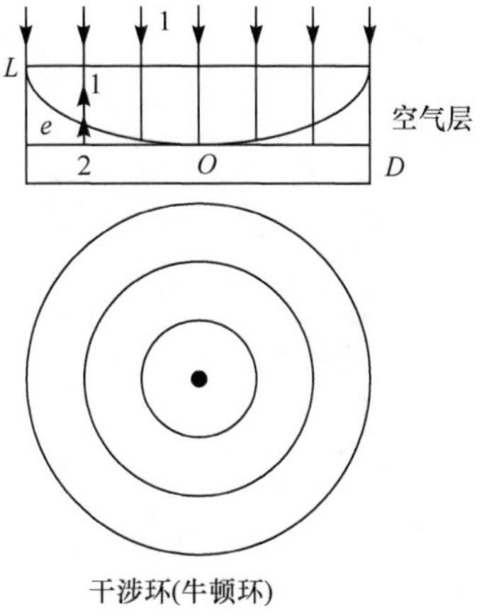

图 10.13

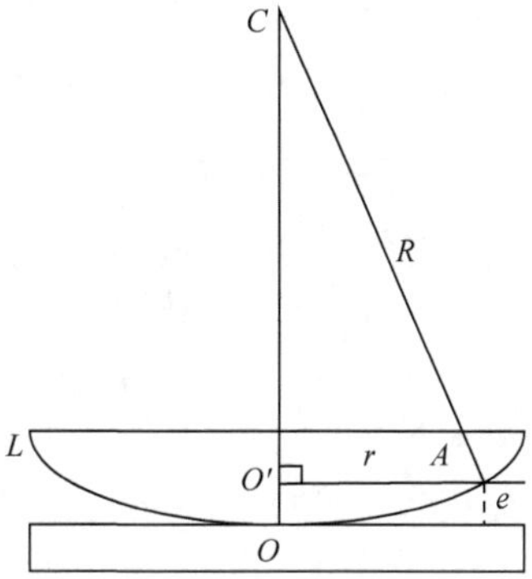

图 10.14

(5) $e=0$ 时，O 点为暗点. 若 1、2 光在 O 点均无或均有半波损失，则 O 点为亮点. 若非空气夹层，$\lambda \to \dfrac{\lambda}{n}$ 即可，n 为介质折射率.

例 10.4.5 在空气牛顿环中，用波长为 632.8nm 的单色光垂直入射，测得第 k 个暗环半径为 5.63mm，第 k+5 个暗环半径为 7.96mm. 求曲率半径 R .

解 空气牛顿环第 k 个暗环半径为

$$r_k = \sqrt{kR\lambda}$$

第 k+5 个暗环半径为

$$r_{k+5} = \sqrt{(k+5)R\lambda}$$

则

$$R = \frac{r_{k+5}^2 - r_k^2}{5\lambda} = \frac{(7.96^2 - 5.63^2)\times 10^{-6}}{5\times 632.8\times 10^{-9}}\,\mathrm{m} = 10\,\mathrm{m}$$

10.4.4 迈克耳孙干涉仪

迈克耳孙干涉仪是根据光的干涉原理制成的，是近代精密仪器之一，在科学技术方面有着广泛而重要的应用.

1. 干涉仪简图及原理

如图 10.15 所示，M_1、M_2是精细磨光的平面反射镜，M_1固定，M_2借助于螺旋及导轨(图中未画出)可沿光路方向做微小平移，G_1、G_2是厚度相同、折射率相同的两块平行平面玻璃板，G_1和G_2保持平行，并与M_1或M_2成π/4 角. G_1的一个表面镀银层，使其成为半透半反射膜.

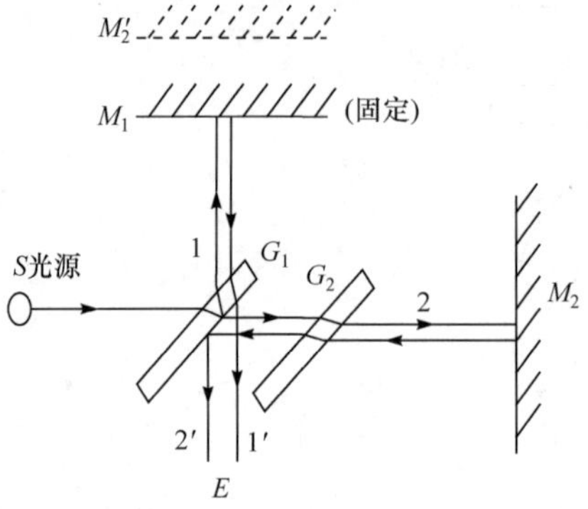

图 10.15

从扩展光源 S 发出的光线，进入 G_1 上，折射进 G_1 的光线一部分在薄膜银层上反射，之后折射出来形成射向 M_1 的光线 1，它经过 M_1 反射后再穿过 G_1 向 E 处传播，形成光 $1'$. 另一部分穿过 G_1 和 G_2 形成光线 2，光线 2 向 M_2 传播，经 M_2 反射后再穿过 G_2，经 G_1 的银层反射也向 E 处传播，形成光 $2'$. 显然，$1'$、$2'$ 光是相干光，故可在 E 处看到干涉图样. 若无 G_2，由于光线 $1'$ 经过 G_1 三次，而光线 2 经过 G_1 一次. G_2 因而 $1'$、$2'$ 光产生极大的光程差，为保证 $1'$、$2'$ 光能干涉，故引进 G_2，使 $2'$ 光也经过等厚的玻璃板三次. 由上可知，迈克耳孙干涉仪是利用分振幅法产生的双光束来实现干涉的仪器.

2. 干涉图样

M_2' 是 M_2 关于 G_1 银层这一反射镜的虚像，M_2 反射的光线可看作是 M_2' 反射的. 因此，干涉相当于薄膜干涉.

(1) 若 M_1、M_2 不严格垂直，则 M_1 与 M_2' 就不严格平行，在 M_1 与 M_2' 间形成一劈尖，从 M_1 与 M_2' 反射的光线 $1'$、$2'$ 类似于从劈尖两个表面上反射的光，所以在 E 上可看到互相平行的等间距的等厚干涉条纹.

(2) 若 $M_1 \perp M_2$，从 M_2' 和 M_1 反射出来的光线 $1'$、$2'$，类似于从厚度相同的薄膜上两表面反射的光，所以在 E 处可看到呈球形的等倾干涉条纹.

(3) 如果 M_2 移动 $\dfrac{\lambda}{2}$ 时，M_2' 相对 M_1 也移动 $\dfrac{\lambda}{2}$，则在视场中可看到一明条纹(或暗条纹)移动到与它相邻的另一明条纹(或暗条纹)上去，当 M_2 平移距离 d 时，M_2' 相对 M_1 也运动距离 d，此过程中，可看到移过某参考点的条纹个数为

$$N = \frac{2d}{\lambda} \tag{10-7}$$

10.5　光的衍射现象　惠更斯-菲涅耳原理

前面我们讨论了光的干涉，干涉是光具有波动性的特征之一. 在此，我们来讨论光具有波动性的另一特征，即衍射现象(绕射现象).

10.5.1　光的衍射现象

当波传播过程中遇到障碍物时，波就不沿直线传播，它可以到达沿直线传播所不能达到的区域. 这种现象称为波的衍射现象(或绕射现象)，原因是波阵面受到了限制.

在日常生活中水波和声波的衍射现象较容易看到，但光的衍射现象却不易看到，这是因为光波的波长较短，它比衍射物线度小得多. 如果障碍物尺度与光的波长可以比较时，就会看到衍射现象.

S 为线光源，K 为可调节宽度的狭缝，E 为屏幕(均垂直纸面)，缝宽比光的波长大得多时，E 上出现一光带(可认为光沿直线传播)，如图 10.16(a)所示. 若缝宽缩小到可以与光的波长比较时(10^{-4} m 数量级以下)，在 E 上出现光幕虽然亮度降低，但范围却增大，形成明暗相间条纹，如图 10.16(b)所示. 其范围超过了光沿直线传播所能达到的区域，即形成了衍射.

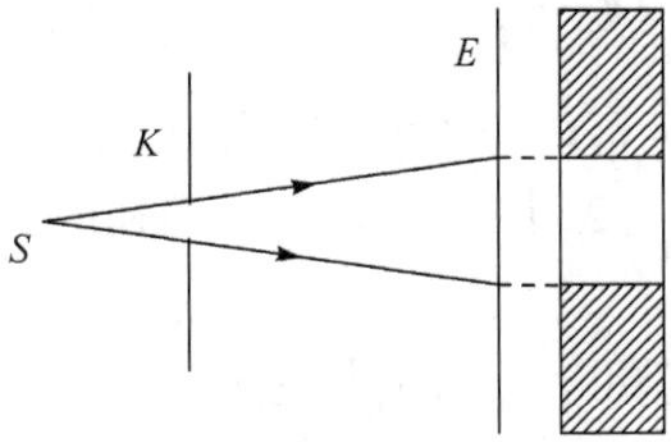

(a) 宽缝

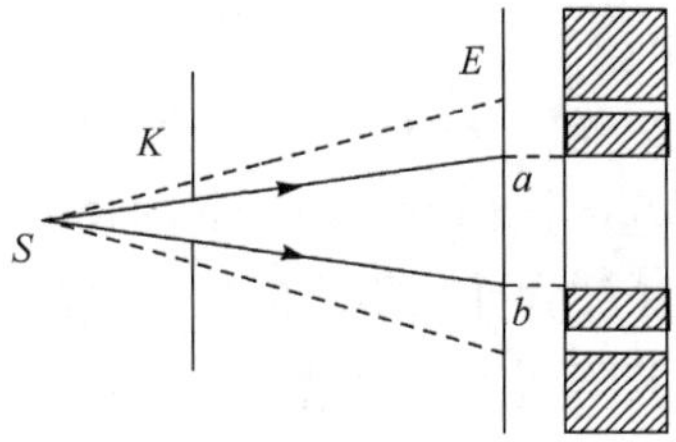

(b) 窄缝

图 10.16

波的衍射现象在我们学习惠更斯原理时就已经接触到了，由于波动的特性，因而水波穿过小桥洞时要向两旁散开，人站在大树背后时照样能听到树前传来的声音，光线在一定的条件下(衍射物的线度与波长可以比较)不沿直线传播，等等. 此外，在我们学习双缝干涉时，也包含了衍射的因素，若不是光线能不沿直线传播，经过双缝的光线怎样能相遇呢？衍射是一切波动所具有的共性，衍射是光具有波动性的一种表现.

10.5.2 惠更斯-菲涅耳原理

惠更斯指出，波在介质中传播到的各点，都可以看作是发射子波的波源，其后任一时刻这些子波的包迹就是该时刻的波阵面. 此原理能定性地说明光波传播方向的改变(即衍射)现象，但是，不能解释光的衍射中明暗相间条纹的产生. 原因是这一原理没有讲到波相遇时能产生干涉问题，因此菲涅耳对惠更斯原理做了补充，具体如下.

菲涅耳假设：从同一波阵面上各点发出的子波同时传播到空间某一点时，各子波间也可以相互叠加而产生干涉.

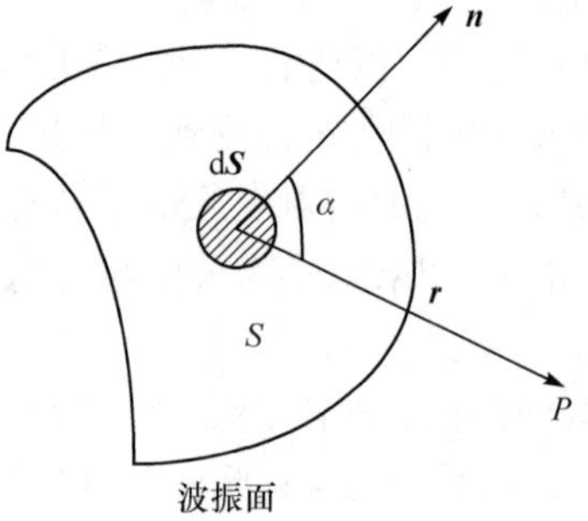

图 10.17

经过发展的惠更斯原理成为惠更斯-菲涅耳原理. 根据这一原理，如果已知光波在某一时刻的波阵面，就可以计算下一时刻光波传到的点的振动. 如图 10.17 所示，S 为某时刻光波波阵面，$d\boldsymbol{S}$ 为 S 面上的一个面元，$\boldsymbol{n}$ 是 $d\boldsymbol{S}$ 的法向矢量，P 为 S 面前的一点,从 $d\boldsymbol{S}$ 发射的子波在 P 点引起振动的振幅与面积元 $d\boldsymbol{S}$ 成正比，与 $d\boldsymbol{S}$ 到 P 点的距离 r 成反比(因为子波为球面波)，还与 $\boldsymbol{r}$ 同 $d\boldsymbol{S}$ 间夹角 α 有关，至于子波在 P 点引起的振动相位仅取决于 r ，$d\boldsymbol{S}$ 在 P 处引起的振动可表示为

$$dy = \frac{k(\alpha)dS}{r}\cos\left(\omega t - \frac{2\pi r}{\lambda}\right)$$

式中，ω 为光波角频率，λ 为波长，$k(\alpha)$ 是 α 的一个函数. 应该指出，α 越大，在 P 点引起的振幅就越小，菲涅耳认为 $\alpha \geqslant \pi/2$ 时，$dy \equiv 0$ ，因而强度为零. 这也就解释了子波为什么不能向后传播的问题.

整个波阵面 S 在 P 处产生合振动，由惠更斯-菲涅耳原理有

$$y = \int dy = \int_S \frac{k(\alpha)dS}{r}\cos\left(\omega t - \frac{2\pi r}{\lambda}\right) \tag{10-8}$$

上式是惠更斯-菲涅耳原理的定量表达式. 在一般情况下，此式积分是比较复杂的，在某些特殊情况下积分比较简单，并可以有矢量加法代替积分. 下节介绍应用菲涅耳半波带方法来解释单缝衍射现象，这种方法更为简单.

10.5.3 两类衍射问题

1. 菲涅耳衍射

菲涅耳衍射是指光源 S、屏 E 与衍射物距离均为有限远(或其中一个距离为无限远)的衍射，如图 10.18 所示.

2. 夫琅禾费衍射

夫琅禾费衍射是指光源 S、屏 E 与衍射物均为无限远时的衍射. 因为光源和光屏相对衍射物是在无穷远处，因而入射光和衍射光都是平行光，所以夫琅禾费衍射也称为平行光衍射，如图 10.19 所示.

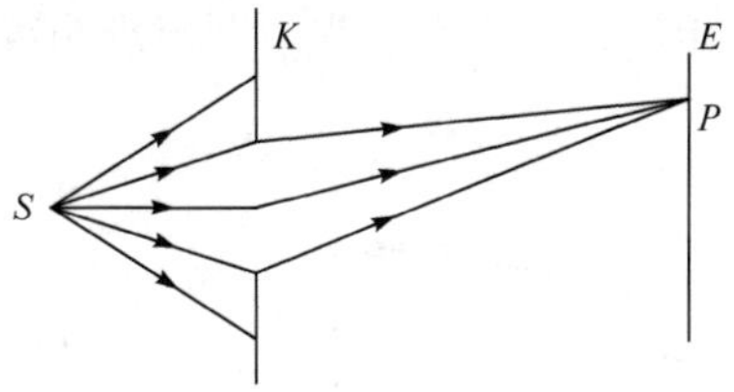

图 10.18

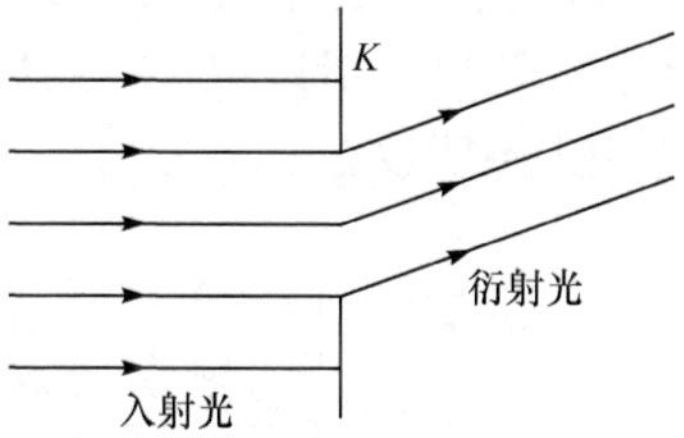

图 10.19

实际上，夫琅禾费衍射经常利用两个会聚透镜来实现(如在实验中产生的夫琅禾费衍射). 如图 10.20 所示，S 处于 L_1 的焦平面上，形成衍射.

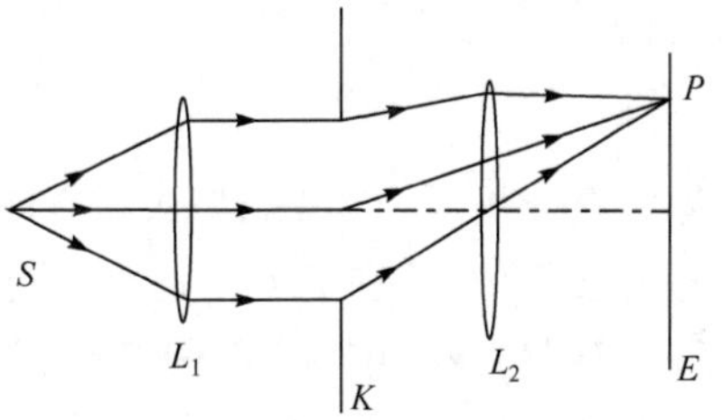

图 10.20

在衍射实验中通常使用平行光，所以夫琅禾费衍射是较为重要的，而且在数学上也较易处理，下面只讨论夫琅禾费衍射.

10.6 单缝的夫琅禾费衍射

10.6.1 衍射装置

单缝的夫琅禾费衍射装置如图 10.21 所示. 当 S 为点光源时，屏 E 上是一些光斑，

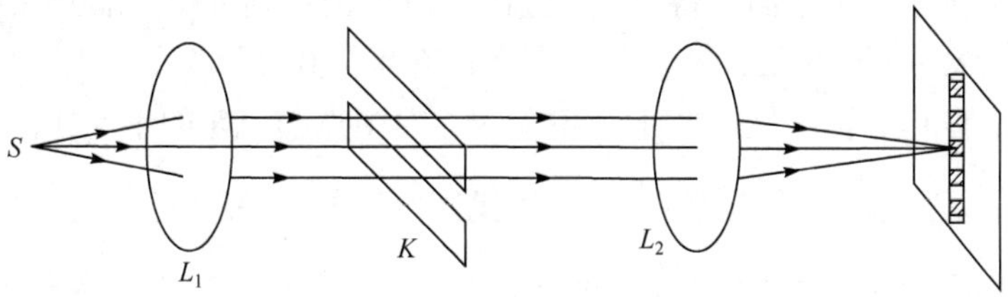

图 10.21

其连线垂直单缝. 当 S 为线光源时，屏 E 上是平行于狭缝的明暗相间的条纹.

10.6.2 用菲涅耳半波带法确定明暗条纹及位置

如图 10.22 所示，一束平行光垂直入射到缝 K 上. 先考虑对于沿入射波方向衍射($\varphi=0$)情况. 在单缝 AB 处，这些子波同相位，经 L 后会聚 O 处. 因为 L 不引起附加光程差，所以在 O 处这些子波仍同相位，故干涉加强，即出现明纹(此条纹称为中央明纹).

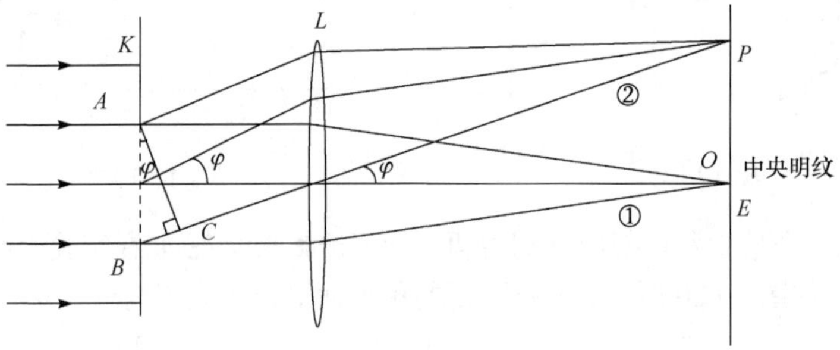

图 10.22

其他方向($\varphi\neq 0$)情况变复杂些. 下面考虑与入射方向成 φ 角的子波线(经 L 后为光线②). φ 称为衍射角. 光线②会聚在 P 点，φ 角不同，P 的位置就不同，在 E 上可出现衍射图样. 为了研究明暗条纹位置，下面考虑相位差问题. 做平面 AC 垂直于 BC，从图知，由 AC 上各点达到 P 点的光线光程都相等，这样从 AB 发出的光线在 P 点的相位差就等于它们在 AC 面上的相位差.

由图 10.22 可见，从 K 的 AB 两端点来看，B 点发出的子波比 A 点发出的子波多走 $\overline{BC}$ 的光程(空气中). 这显然是沿 φ 方向上光线的最大光程差. 下面用菲涅耳半波带法确定 P 处是明条纹还是暗条纹. 分几种情况讨论(令 $\overline{AB}=a$).

1. $\overline{BC}=a\sin\varphi=2\cdot\dfrac{\lambda}{2}$

即 BC 的长度恰等于两个半波长，如图 10.23 所示，将 BC 分为二等份，过等分点做平行于 AC 的平面，将单缝上波阵面分为面积相等的两部分 AA_1 、A_1B ，每一部分叫做一个半波带，每一个半波带上各点发出的子波在 P 点产生的振动可认为近似相等. 两半波带上的对应点(如 AA_1 的中点与 A_1B 的中点)所发出的子波光线达到 AC 面上时光程差为 $\dfrac{\lambda}{2}$ ，即相位差为 π ，可知在 P 点它们的相位差为 π . 所以干涉相消，结果由 AA_1 及 A_1B 两个半波带上发出的光在 P 点完全抵消，因此出现暗纹.

2. $\overline{BC}=a\sin\varphi=3\cdot\dfrac{\lambda}{2}$

即 BC 的长度恰为三个半波长. 如图 10.24 所示，将 BC 分成三等份，过等分点做平行于 AC 面的平面，这两个平面将单缝 AB 上的波阵面分成三个半波带 AA_1 、A_1A_2 、A_2B . 依照以上解释，相邻两半波带发出的光在 P 点互相干涉抵消，剩下一个半波带发出的光未被抵消，所以 P 处出现明纹.

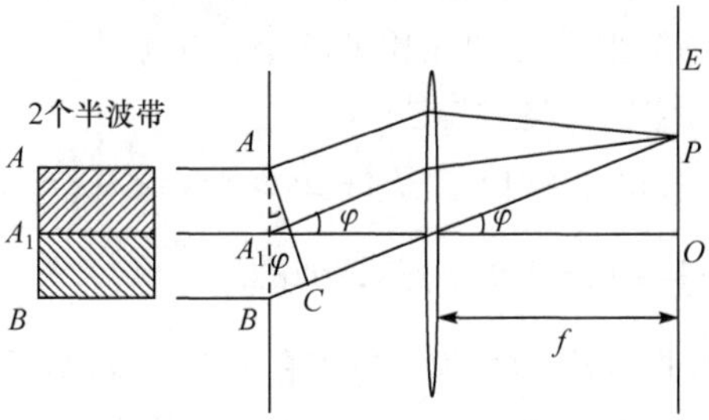

图 10.23

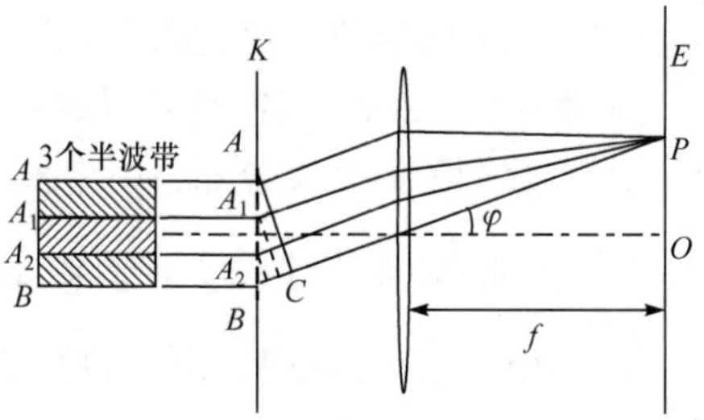

图 10.24

3. $\overline{BC}=a\sin\varphi=n\cdot\dfrac{\lambda}{2}\ (n=2,3,\cdots)$

在此情形下，将 AB 分成 n 个半波带，如果 n 为偶数，则所有半波带发出的光在 P 点成对地(相邻的波带)互相抵消，因而 P 点为暗纹. 如果 n 为奇数，则 n 个半波带中有($n-1$)个(偶数)个半波带发出的光在 P 点成对地干涉相消，剩下的一个半波带发出的光未被抵消，所以 P 点出现明纹. 综上可知

$$\text{明纹条件：}\begin{cases}\varphi=0\\ a\sin\varphi=\pm(2k+1)\dfrac{\lambda}{2}\quad(k=1,2,\cdots)\end{cases}\tag{10-9}$$

$$\text{暗纹条件：}a\sin\varphi=\pm k\lambda\quad(k=1,2,\cdots)\tag{10-10}$$

$\varphi=0$ 时称为中央明纹， $k=1,2,\cdots$ 分别称为第一、二……级明纹(或暗纹).

讨论　(1) 单缝衍射条纹是关于中央明纹对称分布的.

(2) 半角宽度为

$$\varphi_1=\arcsin\frac{\lambda}{a}\approx\frac{\lambda}{a}\ (\varphi_1\text{很小})$$

如图 10.25 所示，中央明纹宽度(两个第一级暗纹间距离)为

$$l_0=2x_1=2f\cdot\tan\varphi_1\approx2f\varphi_1=\frac{2\lambda f}{a}$$

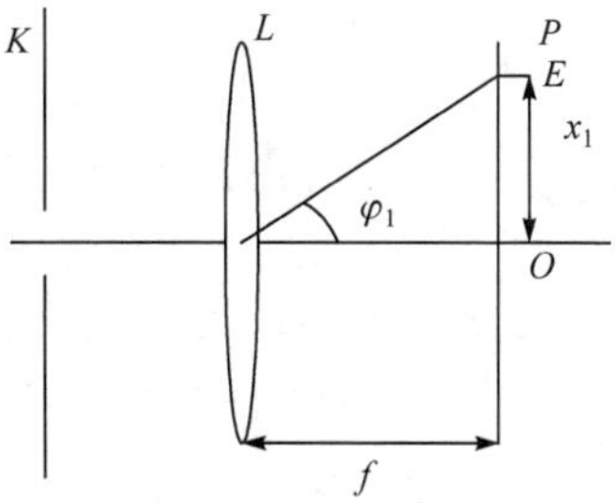

图 10.25

中央明纹区域为

$$-\lambda < a\sin\varphi < \lambda$$

(3) 衍射角较小时相邻明纹宽度(相邻暗纹宽度)为

$$e = x_{k+1} - x_k = f\tan\varphi_{k+1} - f\tan\varphi_k \approx f\sin\varphi_{k+1} - f\sin\varphi_k = \frac{\lambda f}{a}$$

即中央明纹为衍射角较小时明纹宽度的 2 倍.

(4) k 级明纹对应$(2k+1)$个半波带；k 级暗纹对应 $2k$ 个半波带. k 越大，AB 上波阵面分成的半波带数就越多，所以，每个半波带的面积就越小，在 P 点引起的光强就越弱. 因此，各级明纹随着级次的增加而亮度减弱.

(5) 单缝衍射明纹分布. 用半波带法求得暗纹位置条件 $a\sin\varphi = \pm k\lambda(k=1,2,\cdots)$ 是准确的，而明纹条件 $a\sin\varphi = \pm(2k+1)\dfrac{\lambda}{2}\ (k=1,2,\cdots)$ 是近似的.

(6) 用白光做光源时，由于 O 处各种波长的光均加强，它们的位置在 O 处重合，所以 O 处为白色条纹. 在其他明纹中，同一级次条纹紫光距 O 近，红光距 O 远.

(7) 由 $a\sin\varphi = \pm(2k+1)\dfrac{\lambda}{2}\ (k=1,2,\cdots)$ 可知，λ 给定时，a 越小，则 φ 越大，即衍射就显著；a 越大，则各级次衍射角 φ 就越小，这样，条纹都向 O 处靠近，逐渐分辨不清，衍射就不明显. 如果 a 比 λ 大得多，各级衍射条纹全部并入 O 处附近，形成一明纹，这可认为光沿直线传播情况，看不到光的衍射现象.

(8) 单缝 K 向上平移时，E 上图样不变. 因为单缝位置平移时，不影响 L 的会聚光的作用，此时会聚位置不变.

例 10.6.1　如图 10.26 所示，用波长为 λ 的单色光垂直入射到单缝 K 上，(1)若 $AP - BP = 2\lambda$，问对 P 点而言，狭缝可分几个半波带？P 点是明是暗？(2)若 $AP - BP = 1.5\lambda$，则 P 点又是怎样？对另一点 Q 来说，$AQ - BQ = 2.5\lambda$，则 Q 点是明是暗？P、Q 两点相比，哪点较亮？

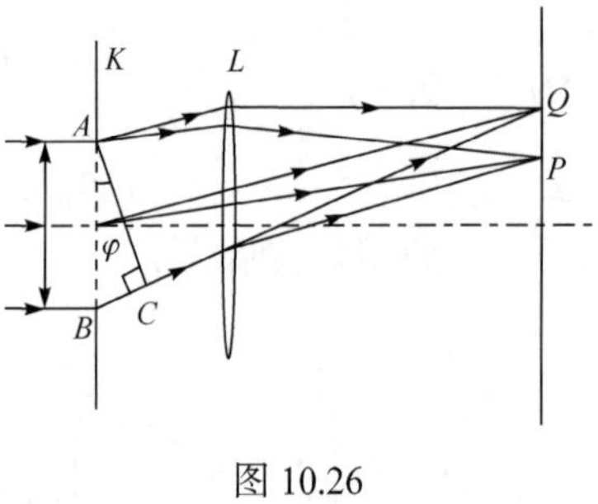

图 10.26

解　(1) AB 可分成 4 个半波带，P 为暗点($2k$ 个).

(2) P 点对应 AB 上的半波带数为 3，P 为亮点. Q 点对应 AB 上半波带个数为 5，Q 为亮点.

因为 $2k_Q+1=5$, $2k_P+1=3$，所以 $k_Q=2$, $k_P=1$. 因此 P 点较亮.

例 10.6.2　一单缝用波长 λ_1、λ_2 的光照射，若 λ_1 的第一级极小与 λ_2 的第二级极小重合，问：(1)波长关系如何？(2)所形成的衍射图样中，是否具有其他的极小重合?

解 (1) 产生极小条件如下:

$$a\sin\varphi = \pm k\lambda$$

依题意有

$$\begin{cases} a\sin\varphi = \lambda_1 \\ a\sin\varphi = 2\lambda_2 \end{cases} \Rightarrow \lambda_1 = 2\lambda_2$$

(2) 设衍射角为 φ' 时, λ_1 的第 k_1 级极小与 λ_2 的第 k_2 级极小重合, 则有

$$\begin{cases} a\sin\varphi' = k_1\lambda_1 \\ a\sin\varphi' = k_2\lambda_2 \end{cases} \Rightarrow 2k_1 = k_2 \ (\lambda_1 = 2\lambda_2)$$

即当 $2k_1 = k_2$ 时, 它们的衍射极小重合.

10.7 光 栅 衍 射

10.7.1 光栅衍射

1. 光栅

由大量等宽等间距平行排列的狭缝组成的光学元件称为光栅.

2. 光栅常数

如图 10.27 所示, 设透光缝宽为 a, 不透光的刻痕宽为 b, 则 $(a+b)$ 称为光栅常数. 对于好的光栅, 1cm 内有 15000 条缝, 即

$$(a+b) = \frac{1}{15000}\,\text{cm} = 6.7\times10^{-7}\,\text{m} = 670\,\text{nm}$$

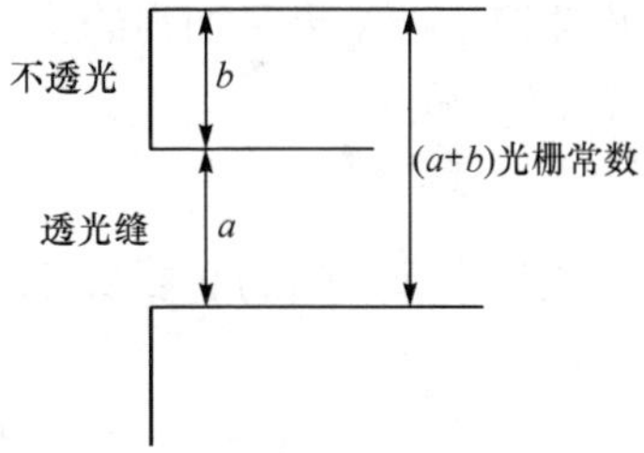

图 10.27

10.7.2 光栅衍射条纹的形成图

如图 10.28 所示, S 为单色线光源, 在透镜 L_1 的焦点上, G 为光栅, 缝垂直于屏 E, E 处于透镜 L_2 焦点上.

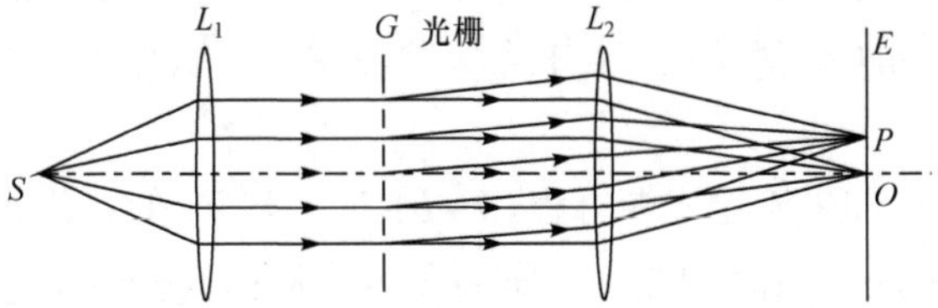

图 10.28

光栅衍射是单缝衍射与多缝间干涉的总结果.

10.7.3　光栅方程

如图 10.29 所示，平行光(单色光)垂直入射到光栅上，使光栅成一波阵面，考虑到所有缝发出的光沿与光轴成 φ 角方向的光线经 L_2 后会聚于一 P 处，下面看一下 P 处为明纹的必要条件为何？ φ 称为衍射角.

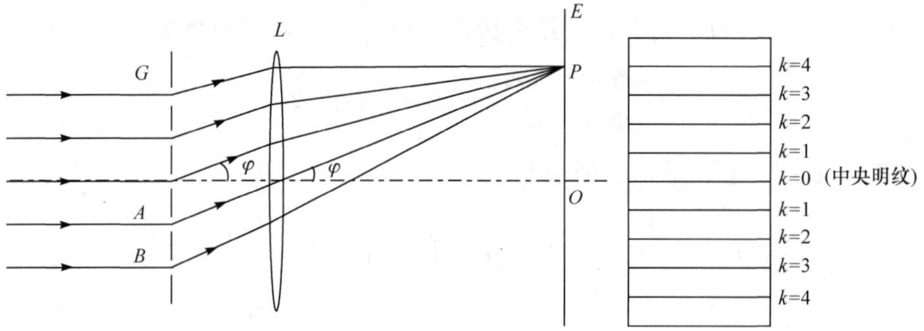

图 10.29

A、B 缝相应部分光程差为 $\delta=(a+b)\sin\varphi$. 当相邻两缝相应点发出的光线在 E 上相遇时光程差为 λ 的整数倍时，即 $\delta=(a+b)\sin\varphi=\pm k\lambda\quad(k=0,1,2,\cdots)$ 时，两相邻缝干涉结果是加强的，进而可知，所有缝间光在该处都是加强的，故 P 点出现明纹. 可见

$$(a+b)\sin\varphi=\pm k\lambda\quad(k=0,1,2,\cdots)$$

此式为干涉加强的必要条件(是出现明纹的必要条件)，称为光栅方程. 细而亮的明纹称为主极大.

讨论　(1) $k=0$ 时称为零级明纹，$k=1,2,\cdots$ 时称为第一、二……级明纹，如图 10.29 所示.

(2) 衍射图样是关于中央明纹上下对称的.

(3) 用白光照射时，中央明纹为白色，其他各级明纹为彩色，同一级明纹中，紫光在内，红光在外.

(4) 由光栅方程知，$(a+b)$ 越小，则对给定波长的各级条纹的衍射角的绝对值 $|\varphi|$ 就越大，条纹间距分得越开. 由于光栅缝数很多，故条纹亮度大. 缝越多则明纹越细.

(5) 缺级问题：如果满足光栅方程 $(a+b)\sin\varphi=\pm k\lambda$ 的 φ 角同时又满足单缝时暗纹公式 $a\sin\varphi=\pm k'\lambda\quad(k'=1,2,\cdots)$，即 φ 角方向即是光栅的某个主极大出现的方向又是单缝衍射的光强为零的方向，亦即屏上光栅衍射的某一级主极大刚好落在单缝的光强为零处，则光栅衍射图样上便缺少这一级明纹，这一现象称为缺级. 缺级现象产生的原因是光栅上所有缝的衍射图样是彼此重合的(例如，考虑过 L 光轴的缝，它有一衍射图样，它上边的缝可看作是由它平移而得到的，由于平移缝时不改变条纹位置，故各缝都有相同的衍射图样，它们是重合的)，即在某一处一个缝衍射极小时，其他各缝在此也都是衍射极小，这样就造成缺级现象. 缺级时有

$$\begin{cases}(a+b)\sin\varphi = \pm k\lambda \\ a\sin\varphi = \pm k'\lambda\end{cases}$$

$$\Rightarrow \frac{a+b}{a} = \frac{k}{k'} \tag{10-11}$$

发生缺级的主极大级次为

$$k = \frac{a+b}{a}k' \ (k' = 1,2,\cdots)$$

如：$a+b = 2a$ 时，$k = 2,4,\cdots$ 缺级. $a+b = na$ 时，$k = n,2n,4n,\cdots$ 缺级.

(6) 光栅垂直透镜光轴移动，图样不动.

10.7.4 衍射光谱

从光栅方程 $(a+b)\sin\varphi = \pm k\lambda \quad (k = 0,1,2,\cdots)$ 知，当白光入射时，中央明纹为白色，其他同一级的条纹不重合，波长较长的在外，波长较短的在内. 对应 $k=1$ 的各种波长条纹的整体称为第 1 级光谱，这些条纹每一个称为一条谱线. 光谱关于中央明纹两侧对称分布，如图 10.30 所示.

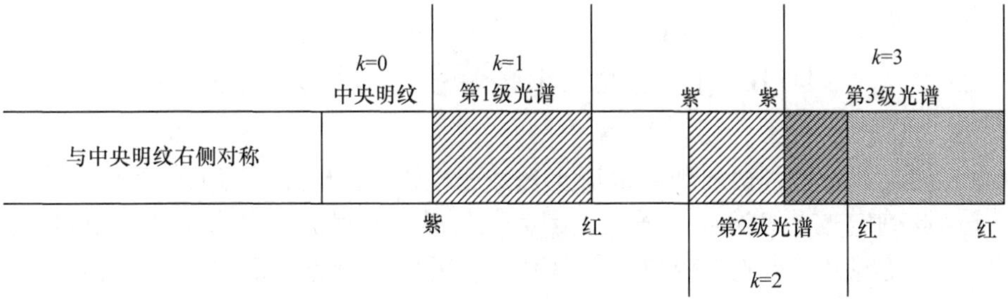

图 10.30

例 10.7.1 复色光 E 入射到光栅上，若其中一单色光波的第 3 级主极大和红光($\lambda_R = 600\,\text{nm}$)的第 2 级主极大相重合，求该光波长.

解 光栅方程为 $(a+b)\sin\varphi = \pm k\lambda$ ，由题意知

$$\begin{cases}(a+b)\sin\varphi = \pm 3\lambda_x \\ (a+b)\sin\varphi = \pm 2\lambda_R\end{cases}$$

$$\Rightarrow 3\lambda_x = 2\lambda_R$$

即

$$\lambda_x = \frac{2}{3}\lambda_R = \frac{2}{3}\times 600\text{nm} = 400\text{nm}$$

例 10.7.2　一束光线 E 入射到光栅上，当分光计转过 φ 角时，在视场中可看到第 3 级光谱为 $\lambda = 4.4\times10^{-7}$ m 的主极大. 问在同一 φ 角上可看见波长在可见光范围内的其他条纹吗？(可见光波长范围是 4.0×10^{-7}～7.6×10^{-7} m)

解　光栅方程为 $(a+b)\sin\varphi = \pm k\lambda$，依题意有

$$(a+b)\sin\varphi = 3\lambda = 13.2\times10^{-7}\text{ m}$$

$k=1$ (第 1 级光谱)时

$$(a+b)\sin\varphi = \lambda_1 = 13.2\times10^{-7}\text{ m}$$

由于 $\lambda_1 > 7.6\times10^{-7}$ m，故看不见.

$k=2$ (第 2 级光谱)时

$$(a+b)\sin\varphi = 2\lambda_2 = 13.2\times10^{-7}\text{ m} \quad\Rightarrow\quad \lambda_2 = 6.6\times10^{-7}\text{ m}$$

由于在可见光内，故看得见.

$k=4$ (第 4 级光谱)时

$$(a+b)\sin\varphi = 4\lambda_4 = 13.2\times10^{-7}\text{ m}$$

由于 $\lambda_4 = 3.3\times10^{-7}\text{ m} < 4.0\times10^{-7}$ m，故看不见.

综上可知，可看到第 2 级光谱中波长为 6.6×10^{-7} m 的光谱线.

10.8　自然光和偏振光　马吕斯定律

光的干涉现象和衍射现象都证实光是一种波动，即光具有波的特性. 但是，不能由此确定光是纵波还是横波，因为无论纵波和横波都具有干涉和衍射现象. 实践中还发现另一类光学现象，不但说明了光的波动性，而且进一步说明了光是横波，这就是“光的偏振”现象，因为只有横波才具有偏振现象.

10.8.1　自然光

我们知道，光波是一种电磁波. 电磁波是变化的电场和变化的磁场的传播过程，并且它是横波. 在光波中每一点都有一振动的电场强度矢量 $\boldsymbol{E}$ 和磁场强度矢量 $\boldsymbol{H}$，$\boldsymbol{E}$、$\boldsymbol{H}$ 与光波传播方向 $\boldsymbol{K}$ 的方向是互相垂直的. $\boldsymbol{E}$、$\boldsymbol{H}$ 中能够引起感光作用和生理作用的是电场强度矢量 $\boldsymbol{E}$，所以将 $\boldsymbol{E}$ 称为光矢量.

在除激光外的一般光源中，光是由构成光源的大量分子或原子发出的光波的合成. 由于发光的原子或分子很多，不可能把一个原子或分子所发射的光波分离出来，因为每个分子或原子发射的光波是独立的. 所以，从振动方向上看，所有光矢量不可能保持一定的方向，而是以不规则的次序取所有可能的方向. 每个分子或原子发光是间歇的，不是连续的. 平均地讲，在一切可能的方向上，都有光振动，并且没有一个方向比另外一个方向占优势，即在一切可能方向上光矢量振动都相等.

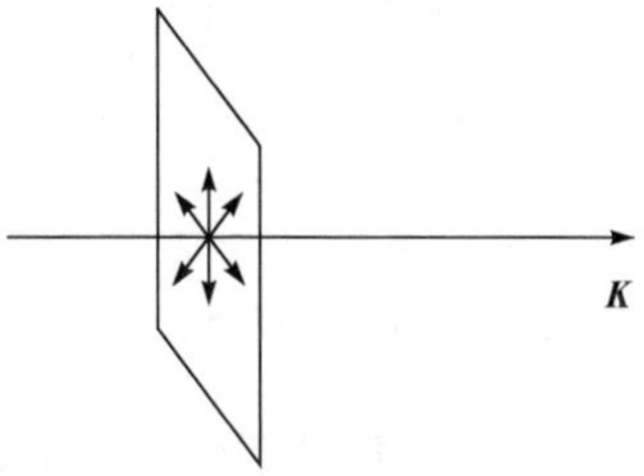

图 10.31

在一切可能的方向上都具有光振动，而各个方向的光矢量振动又相等，这样的光称为自然光. 如图 10.31 所示，自然光中 $\boldsymbol{E}$ 的振动是轴对称分布的.

在任意时刻，我们可以把各个光矢量分解成两个互相垂直的光矢量，如图 10.32 所示. 为了简明表示光的传播，常用和传播方向垂直的短线表示图面内的光振动，而用点表示和图面垂直的光振动. 如图 10.33 所示，对自然光，短线和点均等分布，以表示两者对应的振动相等和能量相等.

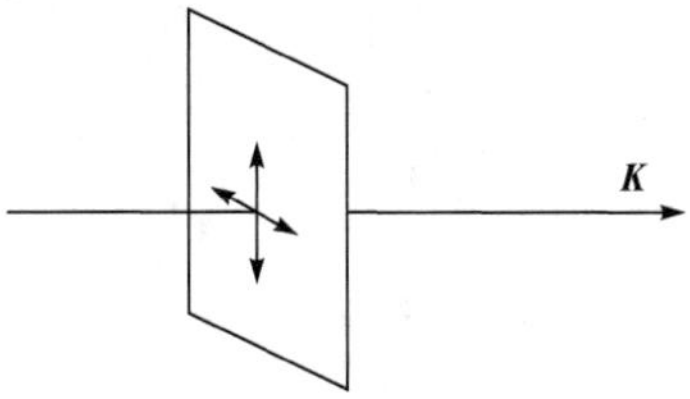

图 10.32

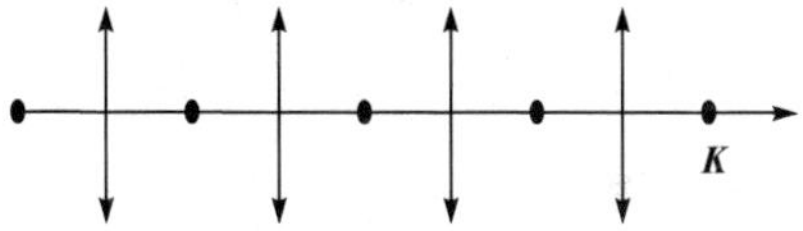

图 10.33

注意　由于自然光中光矢量的振动的无规则性，所以这个互相垂直的光矢量之间没有固定的相位差.

10.8.2　线偏振光

由上可知，自然光可表示成两互相垂直的独立的光振动，实验指出，自然光经过某些物质反射、折射或吸收后，只保留沿某一方向的光振动. 如果只有单一方向的光振动，则此光束称为线偏振光(或完全偏振光或平面偏振光).

偏振光的振动方向与传播方向组成的平面称为振动面. 如图 10.34 所示为线偏振光的表示方法.

说明　(1) 线偏振光不只是包含一个分子或原子发出的波列，而会有众多分子或原子的波列中光振动方向都互相平行的成分.

(2) 线偏振光不一定为单色光.

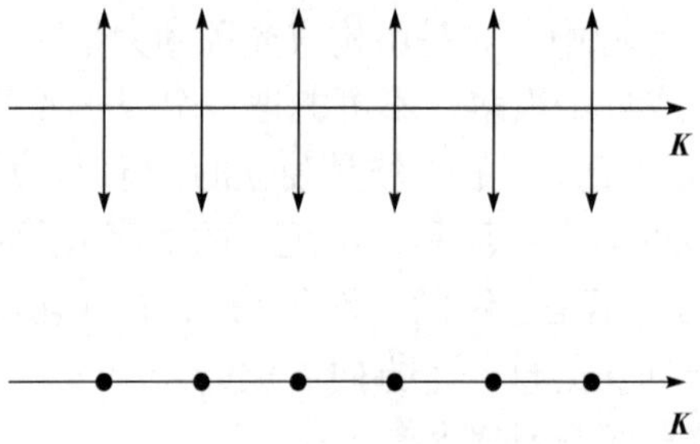

图 10.34

10.8.3 部分偏振光

某一方向的光振动比与之互相垂直的方向的光振动占优势，这种光称为部分偏振光. 部分偏振光的表示方法如图 10.35 所示.

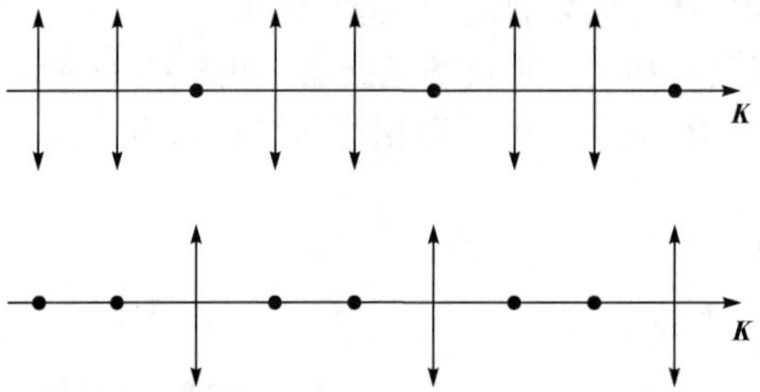

图 10.35

10.8.4 偏振片的起偏和检偏

光是横波，在自然光中，由于一切可能的方向都有光振动，因此产生了以传播方向为轴的对称性，为了考虑光振动的本性，我们设法从自然光中分离出沿某一特定方向的光振动，也就是把自然光改变为线偏振光.

现今在工业生产中广泛使用的是人造偏振片，它利用某种只有二向色性的物质的透明薄体做成，它能吸收某一方向的光振动，而只让与这个方向互相垂直的光振动通过(实际上也有吸收，但吸收不多). 为了便于使用，我们在所用的偏振片上标出记号“↕”，表明该偏振片允许通过的光振动方向，这个方向称做“偏振化方向”，也叫透光轴方向. 如图 10.36 所示，自然光经偏振片 P 变成了线偏振光.

通常把能够使自然光成为线偏振光的装置称为起偏器. 如：上述的偏振片 P 就属于起偏器.

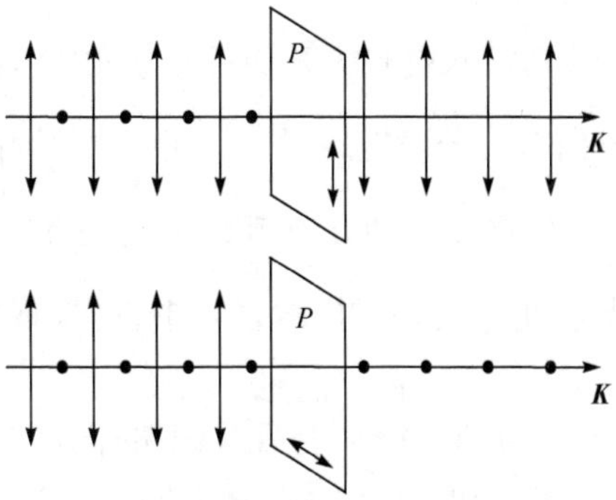

图 10.36

用来检验一束光是否为线偏振光的装置通常称为检偏器. 如：偏振片 P 也可做检偏器. 如图 10.37 所示，让一束线偏振光入射到偏振片 P 上，当 P 的偏振化方向与入射线偏振光的光振动方向相同时，则该线偏振光仍可继续经过 P 而射出，

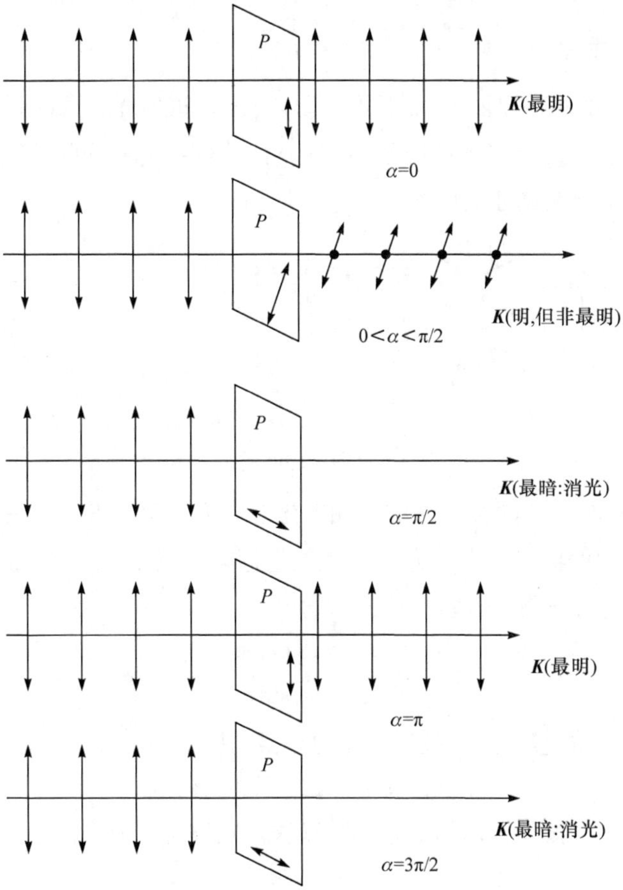

图 10.37

此时观察到最明情况；把 P 沿入射光线为轴转动 α 角($0<\alpha<\frac{\pi}{2}$)时，线偏振光的光矢量在 P 的偏振化方向有一分量能通过 P，可观测到明的情况(非最明)；当 P 转动 $\frac{\pi}{2}$ 时，则入射 P 上线偏振光振动方向与 P 偏振化方向垂直，故无光通过 P，此时可观测到最暗(消光). 在 P 转动一周的过程中，可发现：最明 $\rightarrow$ 最暗(消光) $\rightarrow$ 最明 $\rightarrow$ 最暗(消光).

结论　(1) 线偏振光入射到偏振片上后，偏振片旋转一周(以入射光线为轴)过程中，发现透射光两次最明和两次消光. α 为偏振化方向转过角度.

(2) 若自然光入射到偏振片上，则以入射光线为轴转动一周，则透射光光强不变.

(3) 若部分偏振光入射到偏振片上，则以入射光线为轴转动一周，则透射光有两次最明和两次最暗(但不消光).

10.8.5　马吕斯定律

如图 10.38 所示，自然光入射到偏振片 P_1 上，透射光又入射到偏振片 P_2 上，这里 P_1 为起偏器，P_2 相当于检偏器. 透过 P_2 的线偏振光其光强的变化规律如何？这就是马吕斯定律要阐述的内容.

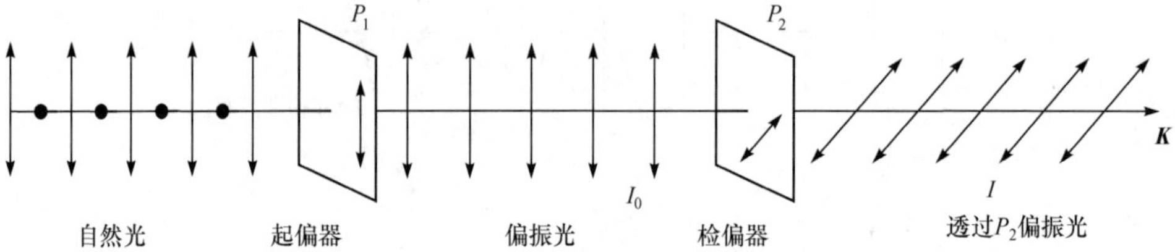

图 10.38

如图 10.39 所示，设 P_1 、P_2 的两偏振化方向为 P_1P_1' 、P_2P_2' ，夹角为 α ，自然光经 P_1 后变成线偏振光，光强为 I_0 ，光矢量振幅为 A_0 . 光振动 $\boldsymbol{A}_0$ 分解成与 P_2 平行及垂直的两个分矢量，标量形式分量为

$$\begin{cases} A_{/\!/} = A_0 \cos\alpha \\ A_{\perp} = A_0 \sin\alpha \end{cases}$$

由于只有 $A_{/\!/}$ 能透过 P_2 ，故透过光的光振动振幅为

$$A = A_{/\!/} = A_0 \cos\alpha \text{ (不考虑吸收)}$$

因为光强 $\propto$ 光振动振幅的平方，所以透射光强与入射光强之比为

$$\frac{I}{I_0} = \frac{A^2}{A_0^2} = \frac{(A_0 \cos\alpha)^2}{A_0^2} = \cos^2\alpha$$

$$I = I_0 \cos^2 \alpha \qquad (10\text{-}12)$$

此式是马吕斯 1809 年由实验发现的，称作马吕斯定律. 它表明：透过一偏振片的透射光光强等于入射线偏振光光强乘以入射偏振光的光振动方向与偏振片偏振化方向夹角余弦的平方.

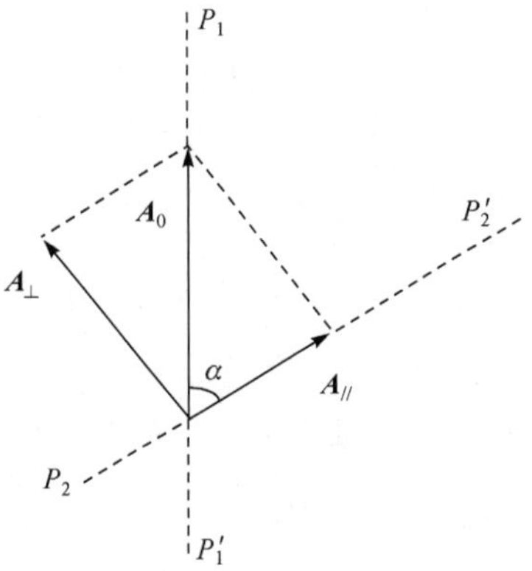

图 10.39

讨论　(1) $\alpha = 0, I = I_{\max} = I_0$ (最明).

(2) $\alpha = \dfrac{\pi}{2}$ 或 $\dfrac{3\pi}{2}, I = 0$ (消光).

(3) $\alpha \neq 0, \alpha \neq \dfrac{\pi}{2}, \alpha \neq \dfrac{3}{2}\pi, 0 < I < I_0$.

例 10.8.1　如图 10.40 所示，偏振片 P_1、P_2 放在一起，一束自然光垂直入射到 P_1 上，试求下面情况 P_1、P_2 偏振化方向夹角：

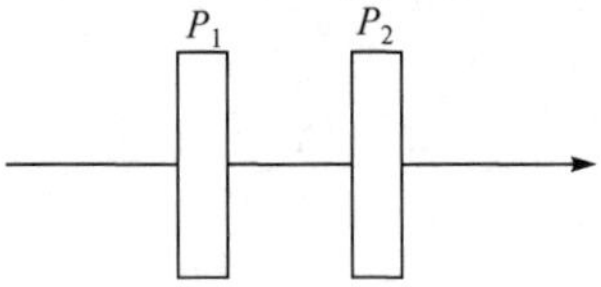

图 10.40

(1) 透过 P_2 的光强为最大透射光强的 $\dfrac{1}{3}$；

(2) 透过 P_2 的光强为入射到 P_1 上的光强的 $\dfrac{1}{3}$.

解　(1) 设自然光光强为 I_0，透过 P_1 的光强为 $I_1 = \dfrac{1}{2} I_0$，透过 P_2 的光强为 $I_2 = I_1 \cos^2 \alpha$. 可知 $I_{2\max} = I_1$，当 $I_2 = \dfrac{1}{3} I_{2\max} = \dfrac{1}{3} I_1$ 时

$$\frac{1}{3} = \cos^2 \alpha \quad \Rightarrow \quad \alpha = \arccos\left(\pm \frac{\sqrt{3}}{3}\right)$$

(2) $I_2 = I_1 \cos^2 \alpha = \dfrac{1}{2} I_0 \cos^2 \alpha$，当 $I_2 = \dfrac{1}{3} I_0$ 时

$$\frac{1}{3} = \frac{1}{2}\cos^2 \alpha \quad \Rightarrow \quad \alpha = \arccos\left(\pm \frac{\sqrt{6}}{3}\right)$$

例 10.8.2　如图 10.41 所示，三个偏振片平行放置，P_1、P_3 偏振化方向垂直，自然光垂直入射到偏振片 P_1、P_2、P_3 上. 问：

(1) 当透过 P_3 的光强为入射自然光光强的 $\dfrac{1}{8}$ 时，P_2 与 P_1 的偏振化方向夹角为多少?

(2) 透过 P_3 的光强为零时，P_2 如何放置?

(3) 能否找到 P_2 的合适方位，使最后透射光强为入射自然光强的 $\dfrac{1}{2}$？

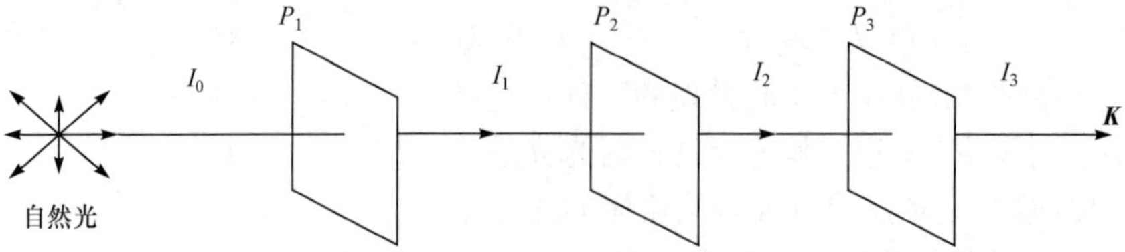

图 10.41

解　(1) 设 P_1、P_2 偏振化夹角为 θ，自然光强为 I_0，经 P_1 的光强为 $I=\dfrac{I_0}{2}$，经 P_2 光强 I_2 为

$$I_2 = I_1\cos^2\theta = \frac{1}{2}I_0\cos^2\theta$$

经 P_3 光强 I_3 为

$$I_3 = I_2\cos^2\left(\frac{\pi}{2}-\theta\right) = I_2\sin^2\theta = \left(\frac{1}{2}I_0\cos^2\theta\right)\sin^2\theta = \frac{1}{8}I_0\sin^2 2\theta$$

当 $I_3=\dfrac{1}{8}I_0$ 时

$$\sin^2 2\theta = 1 \quad\Rightarrow\quad \theta = 45°$$

(2) $I_3=\dfrac{1}{8}I_0\sin^2 2\theta$，　若 $I_3=0$，则

$$\sin^2 2\theta = 0 \quad\Rightarrow\quad \theta = 0° \text{ 或 } 90°$$

(3) $I_3=\dfrac{1}{8}I_0\sin^2 2\theta$，若 $I_3=\dfrac{1}{2}I_0$，则

$$\sin^2 2\theta = 4\text{，无意义}$$

故找不到 P_2 的合适方位，使 $I_3=\dfrac{1}{2}I_0$.

讨论　$I_{3\max}$ 为多少？由(1)中 I_3 公式知，$I_{3\max}=\dfrac{1}{8}I_0$.

10.9　反射和折射时光的偏振

自然光在两种各向同性介质的分界面上反射和折射时也会发生偏振现象，即反射光和折射光都是部分偏振光，在一定条件下，反射光为线偏振光，这一现象是马吕斯于 1808 年发现的，这一内容介绍如下.

10.9.1　布儒斯特定律

如图 10.42 所示，MM' 是两种介质分界面(如：空气与玻璃)，SI 是一束自然光入射线，IR、IR' 分别是反射线和折射线，i、γ 分别为入射角和折射角. 前面已讲过，自然光可分解为两个振幅相等的垂直分振动. 在此，设两分振动在图面内及垂直图面，前者称为平行振动，后者称为垂直振动. 在入射线中，短线与点均等分布.

实验表明：反射光波垂直成分较多，被折射部分含平行成份较多. 可见，反射光和折射光均为部分偏振光.

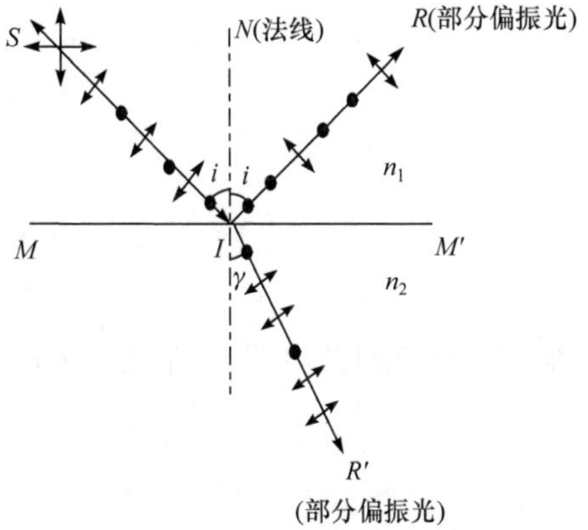

图 10.42

反射光和折射光的偏振化程度与入射角 i 有关，设 n_1、n_2 是入射光和折射光所在介质空间的折射率，用 $n_{21}=\dfrac{n_2}{n_1}$ 表示折射介质相对入射介质的折射率，实验表明当 i 等于某一特殊值 i_0 时，反射光与折射光垂直，反射光为垂直于入射面振动的线偏振光，折射光仍为部分偏振光，此时，入射角 i_0 满足

$$\frac{\sin i_0}{\sin\gamma_0}=\frac{n_2}{n_1}\quad(\text{折射定律})$$

因为 $i_0+\gamma_0=\dfrac{\pi}{2}$，所以

$$\sin\gamma_0=\sin\left(\frac{\pi}{2}-i_0\right)=\cos i_0$$

因此

$$\tan i_0=\frac{n_2}{n_1}=n_{21}\tag{10-13}$$

即入射角 i_0 满足 $\tan i_0=\dfrac{n_2}{n_1}=n_{21}$ 时，反射光为垂直于入射面振动的线偏振光，这一规律称为布儒斯特定律，上式为布儒斯特定律数学表达式. 该定律是布儒斯特 1812 年从实验中研究得出的. i_0 称为布儒斯特角或起偏角.

结论 (1) 当入射角为布儒斯特角时，反射光为垂直于入射面的线偏振光，并且该线偏振光与折射光线垂直.

(2) 折射光为部分偏振光，平行入射面振动占优势，此时偏振化程度最高.

例 10.9.1 某一物质对空气的临界角为 45°，光从该物质向空气入射. 求 i_0 为多少?

解 设 n_1 为该物质折射率，n_2 为空气折射率，可有

$$\frac{\sin 45°}{\sin 90°} = \frac{n_2}{n_1}$$

又

$$\tan i_0 = \frac{n_2}{n_1}$$

故

$$\tan i_0 = \frac{\sin 45°}{\sin 90°} = \frac{\sqrt{2}}{2} \Rightarrow i_0 = 35.3°$$

10.9.2 玻璃堆法(获得偏振光方法)

前面讲过，当 $i = i_0$ 时，折射光的偏振化程度最大(相对 $i \neq i_0$ 而言). 实际上，$i = i_0$ 时，折射光与线偏振光还相差很远. 如：当自然光从空气射向普通玻璃上时，入射光中垂直振动的能量仅有 15%被反射，其余 85%和全部平行振动的能量都折射到玻璃中，可见通过单个玻璃的折射光，其偏振化程度不高. 为了获得偏振化程度很高的折射光，可令自然光通过多块平行玻璃(称为玻璃堆)，使 $i = i_0$ 入射，因射到各玻璃表面的入射线均为起偏角，入射光中垂直振动的能量有 15%被反射，而平行振动能量全部通过. 所以，每通过一个面，折射光的偏振化程度就增加一次，如果玻璃体数目足够多，则最后折射光就接近于线偏振光.

附录 10 偏振光干涉演示实验

【实验装置】

如图 10.43 所示，仪器内的图案分以下两种：

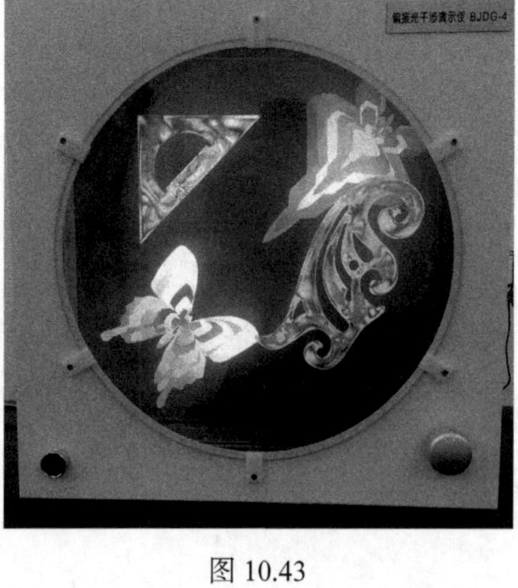

图 10.43

(1) 用不同层数的薄膜叠制而成的蝴蝶、飞机图案(中心厚，四周薄)，薄膜内部的残余应力分布均匀.

(2) 光弹材料制成的三角板和曲线板，厚度相等，但内部存在着非均匀分布的残余应力.

白光光源发出的光透过第一个偏振片后变成线偏振光.

【实验原理】

线偏振光通过这些模型后产生应力双折射，分成有一定相位差且振动方向互相垂直的两束光. 这两束光通过最外层的偏振片后成为相干光，发生偏振光干涉.

对于蝴蝶、飞机模型，由于应力均匀，双折射产生的光程差由厚度决定，各种波长的光干涉后的强度均随厚度而变，故干涉后呈现与层数分布对应的色彩图案.

对于三角板和曲线板，由于厚度均匀，双折射产生的光程差主要与残余应力分布有关，各波长的光干涉后的强度随应力分布而变，则干涉后呈现与应力分布对应的不规则彩色条纹. 条纹密集的地方是残余应力比较集中的地方，

U形尺的干涉条纹类似于三角板和曲线板，区别在于这里的应力不是残余应力，而是实时动态应力，所以条纹的色彩和疏密是随外力的大小而变化的. 利用偏振光的干涉，可以考察透明元件是否受到应力以及应力的分布情况.

转动外层偏振片，即改变两偏振片的偏振化方向夹角，也会影响各种波长的光干涉后的强度，使图案颜色发生变化.

【实验内容】

(1) 轻轻地从仪器侧面窗口抽出仪器内的两种图案，看到它们都是由无色透明的材料制成的，原样放回；

(2) 打开光源，这时立即观察到视场中各种图案偏振光干涉的彩色条纹；

(3) 旋转面板上的旋钮，观察干涉条纹的色彩也随之变化；

(4) 把透明U形尺从侧面窗口放进，观察不到异常，用力握U形尺的开口处，立即看到在尺上出现彩色条纹，且疏密不等；改变握力，条纹的色彩和疏密分布也发生变化.

习 题 10

10.1 在双缝干涉实验中，两缝的间距为0.6 mm，照亮狭缝的光源是汞弧灯

加上绿色滤光片. 在 2.5 m 远处的屏幕上出现干涉条纹，测得相邻两条明纹中心的距离为 2.27 mm . 计算入射光的波长. [参考答案：545 nm]

10.2　在杨氏双缝干涉实验中，双缝之间距离为 0.5mm，缝到屏的距离为 25cm，先后用波长为 400nm 和 600nm 的两种单色光入射，试求：(1)两种单色光产生的干涉条纹间距各是多少？(2)两种单色光的干涉明条纹第一次重叠处到屏幕中央的距离是多少？各是第几级明纹？[参考答案：(1)0.2mm，0.3mm；(2)0.6mm，$k_1=3$，$k_2=2$]

10.3　折射率为 1.3 的油膜覆盖在折射率为 1.5 的玻璃板上，以白光垂直入射此膜. (1)若要使反射光中的绿色光(λ=500nm)加强，油膜的最小厚度应为多少？(2)若要使透射光中绿色光最强，则油膜的最小厚度又是多少？[参考答案：(1)192nm；(2)96nm]

10.4　用波长为 500nm 的单色光垂直照射在由两块光学平板玻璃构成的劈尖上，在观察反射光的干涉现象中，距劈尖棱边 1.56cm 的 A 处是从棱边算起的第四条暗纹中心，求：(1)A 处空气膜的厚度；(2)劈尖角 θ；(3)若劈尖角 θ 变小，其他条件不变，则相邻明纹间距如何变化？[参考答案：(1)0.75μm；(2) 4.8×10^{-5} rad ；(3)间距变大]

10.5　在牛顿环干涉实验中，如用波长为 589.3nm 的钠光照射，测得第 k 级暗环的半径 r_k =4.0mm，第 $(k+5)$ 级暗环的半径 r_{k+5} =6.0mm，求所用平凸透镜的曲率半径. [参考答案：6.79m]

10.6　迈克尔孙干涉仪中的 M_2 反射镜移动 0.233mm，条纹移动数为 792 条，求所用光波的波长. [参考答案：588.4nm]

10.7　平行单色光垂直照射在缝宽为 0.10mm 的单缝上，缝后放置一焦距为 50cm 的会聚透镜. 若入射光波长为 546.0nm，求位于透镜焦平面的屏幕上中央明纹及第二级明纹的宽度. [参考答案：5.46mm，2.73mm]

10.8　用波长 λ_1 =400nm 和 λ_2 =700nm 的混合光垂直照射单缝. 在衍射图样中，λ_1 的第 k_1 级明纹中心位置恰与 λ_2 的第 k_2 级暗纹中心位置重合. 求 k_1 和 k_2. [参考答案：k_1=3，k_2=2]

10.9　用单色平行光垂直照射缝宽为 0.6mm 的单缝，缝后透镜的焦距为 40cm，如果屏幕上离中央明纹中心为 1.4mm 的 P 点处为第三级明纹，试求：(1)入射光的波长；(2)从 P 点看，单缝处波阵面被分成半波带的个数；(3)中央明纹宽度；(4)第一级明纹所对应的衍射角. [参考答案：(1)600nm；(2)7 个；(3)0.8mm；(4)1.5×10^{-3} rad]

10.10　已知光栅的每条透光缝的宽度为1.5×10^{-4} cm，当用波长为 632.8nm 的平行光垂直入射时，发现首次缺级的是第四级明纹，所用透镜焦距为 1m. 求：(1)光栅常数；(2)第一级明纹中心与中央明纹中心的距离；(3)屏幕上最多能呈现多少明纹？[参考答案：(1) 6.0×10^{-4} cm；(2)0.11m；(3)15 条]

10.11　用波长为 546.1nm 的单色光垂直照射到每厘米有 3000 条刻线的光栅上，该光栅刻痕和透光缝宽度相等. 试求：(1)光栅常数；(2)第三级主极大的衍射角；(3)能否观察到第二级主极大？为什么？[参考答案：(1) 3.33×10^{-4} cm；(2) $\pm0.5138\text{rad}\approx\pm30°$；(3)不能，缺级]

10.12　一束自然光从空气入射到平面玻璃上，入射角为 58°，此时反射光是线偏振光，求此玻璃的折射率及折射光的折射角. [参考答案：1.60；32°]

第 11 章　近代物理概论

本章将讨论狭义相对论的时空观和相对论力学的一些重要结论，可以看到相对论揭示了时间和空间以及时空与运动物质之间的深刻联系，带来了时空观念的一次深刻变革，使物理学的根本观念以及物理理论发生了深刻的变化. 相对论已被大量的科学实验所证实，是当代科学技术的基础，随着科学技术的发展，其深远影响将会更加明显.

自 1897 年发现电子并确定是原子的组成粒子以后，物理学的中心问题之一就是探索原子内部的奥秘. 人们逐步弄清了原子的结构及其运动变化的规律，认识了微观粒子的波粒二象性，建立了描述分子、原子等微观系统运动规律的理论体系量子力学. 量子力学是近代物理学中一大支柱，有力地推动了一些学科(如化学、生物等)和技术(如半导体、核动力、激光等)的发展. 本章也将介绍量子理论的一些基本概念.

11.1　伽利略变换　经典力学时空观　力学相对性原理

11.1.1　伽利略变换

事件是指在空间某一点和某一时刻发生的某一现象(例如：两粒子相撞). 对事件的描述主要用发生地点和发生时刻来描述，即一个事件用四个坐标 (x, y, z, t) 来表示.

如图 11.1 所示，有两个惯性系 S 、S' ，相应坐标轴平行，S' 相对 S 以 $\boldsymbol{v}$ 沿 x' 正向匀速运动，$t = t' = 0$ 时，O 与 O' 重合.

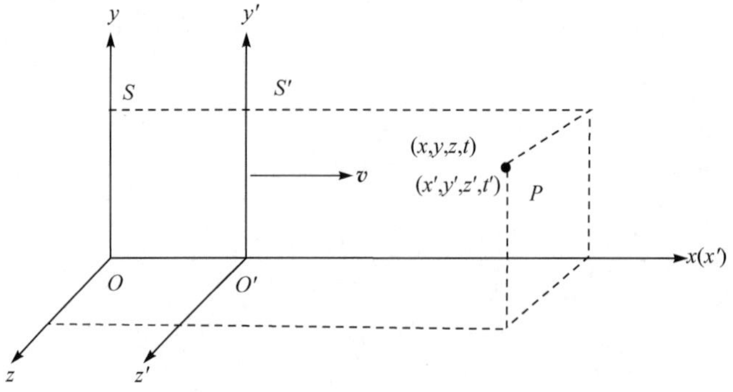

图 11.1

现在考虑 P 点发生的一个事件：S 系观察者测出这一事件时空坐标为 (x,y,z,t)，S' 系观察者测出这一事件时空坐标为 (x',y',z',t').

按经典力学观点，可得到两组坐标关系为

$$\begin{cases} x' = x - vt \\ y' = y \\ z' = z \\ t' = t \end{cases} \quad \text{或} \quad \begin{cases} x = x' + vt \\ y = y' \\ z = z' \\ t = t' \end{cases} \tag{11-1}$$

式(11-1)是伽利略变换及逆变换公式.

11.1.2　经典力学时空观

1. 时间间隔的绝对性

设有两事件 P_1、P_2，在 S 系中测得发生时刻分别为 t_1、t_2；在 S' 系中测得发生时刻分别为 t_1'、t_2'. 在 S 系中测得两事件发生时间间隔为 $\Delta t = t_2 - t_1$，在 S' 系测得两事件发生的时间间隔为 $\Delta t' = t_2' - t_1'$. 由于 $t_1' = t_1$，$t_2' = t_2$，故 $\Delta t' = \Delta t$.

此结果表示在经典力学中无论从哪个惯性系来测量两个事件的时间间隔，所得结果是相同的，即时间间隔是绝对的，与参考系无关.

2. 空间间隔的绝对性

设一棒，静止在 S' 系上，沿 x' 轴放置. 在 S' 系中测得棒两端得坐标为 x_1'、x_2'（$x_2' > x_1'$），棒长为 $l' = x_2' - x_1'$，在 S 系中同时测得棒两端坐标分别为 x_1、x_2（$x_2 > x_1$），则棒长为 $l = x_2 - x_1 = (x_2' - vt) - (x_1' - vt) = x_2' - x_1'$，即 $l' = l$.

此结果表示在不同惯性系中测量同一物体长度，所得长度相同，即空间间隔是绝对的，与参考系无关. 上述结论是经典时空观(绝对时空观)的必然结果，它认为时间和空间是彼此独立的、互不相关的，并且独立于物质和运动之外的(不受物质或运动影响的)某种东西.

11.1.3　力学相对性原理

力学中讲过，牛顿定律适用的参考系称为惯性系，凡是相对惯性系作匀速直线运动的参考系都是惯性系. 也就是说，牛顿定律对所有这些惯性系都适用，或者说牛顿定律在一切惯性系中都具有相同的形式，这可以表述如下：

力学现象对一切惯性系来说，都遵从同样的规律，或者说，在研究力学规律时一切惯性系都是等价的. 这就是力学相对性原理. 这一原理是在实验基础上总结出来的.

下面我们可以看到物体的加速度对伽利略变换是不变的. 由伽利略变换，对

等式两边求关于对时间的导数，可得

$$\begin{cases} v'_x = v_x - v \\ v'_y = v_y \\ v'_z = v_z \end{cases} \quad \text{及} \quad \begin{cases} v_x = v'_x + v \\ v_y = v'_y \\ v_z = v'_z \end{cases} \tag{11-2}$$

(注意 $t' = t$， $\mathrm{d}t' = \mathrm{d}t$)

式(11-2)是伽利略变换下的速度变换公式.

式(11-2)两边再对时间求导数，有

$$\begin{cases} a'_x = a_x \\ a'_y = a_y \\ a'_z = a_z \end{cases} \tag{11-3}$$

式(11-3)表明：从不同的惯性系所观察到的同一质点的加速度是相同的，或说成：物体的加速度对伽利略变换是不变的. 进一步可知，牛顿第二定律对伽利略变换是不变的.

11.2　迈克耳孙-莫雷实验

由于经典力学认为时间和空间都是与观测者的相对运动无关，是绝对不变的. 所以可以设想，在所有惯性系中，一定存在一个与绝对空间相对静止的参考系，即绝对参考系. 但是，力学的相对性原理指明，所有的惯性系对力学现象都是等价的，因此不可能用力学方法来判断不同惯性系中哪一个是绝对静止的. 那么能不能用其他方法(如：电磁方法)来判断呢?

1856 年麦克斯韦提出电磁场理论时，曾预言了电磁波的存在，并认为电磁波将以 $3\times10^8\,\mathrm{m\cdot s^{-1}}$ 的速度在真空中传播，由于这个速度与光的传播速度相同，所以人们认为光是电磁波. 当 1888 年赫兹在实验室中产生电磁波以后，光作为电磁波的一部分，在理论上和实验上就完全确定了. 传播机械波要介质，因此，在光的电磁理论发展初期，人们认为光和电磁波也需要一种弹性介质. 十九世纪的物理学家们称这种介质为以太，他们认为以太充满整个空间，即使真空也不例外，他们还认为在远离天体范围内，这种以太是绝对静止的，因而可用它来作绝对参考系. 根据这种看法，如果能借助某种方法测出地球相对于以太的速度，作为绝对参考系的以太也就被确定了. 在历史上，确曾有许多物理学家做了很多实验来寻求绝对参考系，但都没得出预期的结果. 其中最著名的实验是 1881 年迈克耳孙探测地球在以太中运动速度的实验，以及后来迈克耳孙和莫雷在 1887 年所做的更为精确的实验.

在迈克耳孙-莫雷实验中，实验装置如图 11.2 所示，如果存在以太，通过理论推导，实验中观察屏上会有 0.4 个条纹移动. 并且迈克耳孙干涉仪非常精细，它可以观察到 0.01 个条纹移动，因此迈克耳孙和莫雷应当毫无困难地观察到有 0.4 个条纹移动. 但是，他们没有观察到这个现象. 迈克耳孙的实验结果，对于企图寻求作为绝对参考系的以太是十分令人失望的.

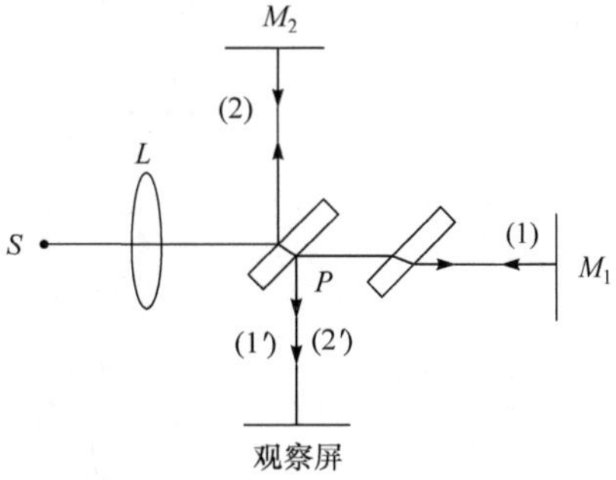

图 11.2

结论　(1) 迈克耳孙-莫雷实验否定了以太的存在.

(2) 迈克耳孙-莫雷实验说明了地球上光速沿各个方向都是相同的.

(3) 迈克耳孙-莫雷实验就其初衷来说是一次失败的实验.

11.3　爱因斯坦狭义相对论基本假设　洛伦兹变换

11.3.1　爱因斯坦假设

1905 年爱因斯坦发表一篇关于狭义相对论假设的论文，提出了两个基本假设.

1. 相对性原理

物理学规律在所有惯性系中都是相同的，或物理学定律与惯性系的选择无关，所有的惯性系都是等价的.

此假设肯定了一切物理规律(包括力、电、光等)都应遵从同样的相对性原理，可以看出，它是力学相对性原理的推广. 它也间接地指明了，无论用什么物理实验方法都找不到绝对参考系.

2. 光速不变原理

在所有惯性系中，测得真空中光速均有相同的量值 c . 它与经典结果恰恰相反，用它能解释迈克耳孙-莫雷实验.

11.3.2　洛伦兹变换

根据狭义相对论的两条基本原理，导出新的时空关系(爱因斯坦的假设否定了伽利略变换，所以要导出新的时空关系).

如图 11.3 所示，设有一静止惯性参考系 S ，另一惯性系 S' 沿 x' 轴正向相对 S 以 v 匀速运动， $t = t' = 0$ 时，相应坐标轴重合. 一事件 P 在 S 、 S' 上的时空坐标

(x,y,z,t) 与 (x',y',z',t') 变换关系如下：

$$\begin{cases} x' = \dfrac{x - vt}{\sqrt{1-\beta^2}} \\ y' = y \\ z' = z \\ t' = \dfrac{t - \dfrac{v}{c^2}x}{\sqrt{1-\beta^2}} \end{cases} \quad \text{或} \quad \begin{cases} x = \dfrac{x' + vt'}{\sqrt{1-\beta^2}} \\ y = y' \\ z = z' \\ t = \dfrac{t' + \dfrac{v}{c^2}x'}{\sqrt{1-\beta^2}} \end{cases} \tag{11-4}$$

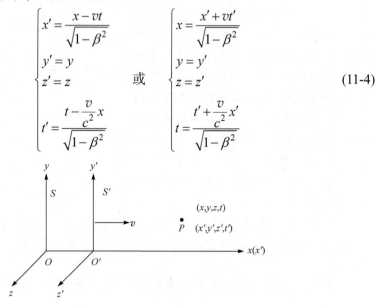

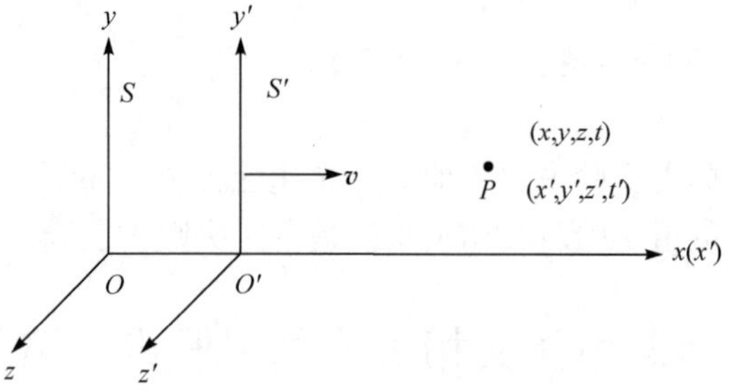

图 11.3

讨论　(1) 时间与空间是相联系的，这与经典情况截然不同.

(2) 因为时空坐标都是实数，所以 $\sqrt{1-\beta^2}=\sqrt{1-\dfrac{v^2}{c^2}}$ 为实数，要求 $v \leqslant c$. v 代表选为参考系的任意两个物理系统的相对速度. 可知，物体的速度上限为 c , $v > c$ 时洛伦兹变换无意义.

(3) $\dfrac{v}{c} \ll 1$ 时

$$\begin{cases} x' = x - vt \\ y' = y \\ z' = z \\ t' = t \end{cases} \quad \text{或} \quad \begin{cases} x = x' + vt' \\ y = y' \\ z = z' \\ t = t' \end{cases}$$

即洛伦兹变换变为伽利略变换， $v \ll c$ 叫作经典极限条件.

11.4　相对论中的长度、时间和同时性

在本节中，我们将从洛伦兹变换出发，讨论长度、时间和同时性等基本概念. 从所得结果，可以更清楚地认识到，狭义相对论对经典的时空观进行了一次十分深刻的变革.

11.4.1　长度收缩

如图 11.4 所示，取惯性系 S 、S' ，有一杆静止在 S' 系中的 x' 轴上，在 S' 上测得杆长：$l_0 = x_2' - x_1'$ ；在 S 上测得杆长：$l = x_2 - x_1$（x_2 、x_1 在同一 t 时刻测得）.

$$\begin{cases} x_2' = \gamma(x_2 - vt) \\ x_1' = \gamma(x_1 - vt) \end{cases}$$

$$x_2' - x_1' = \gamma(x_2 - x_1)$$

即

$$l_0 = \gamma l \quad \Rightarrow \quad l = \frac{l_0}{\gamma} = l_0\sqrt{1 - \frac{v^2}{c^2}} \tag{11-5}$$

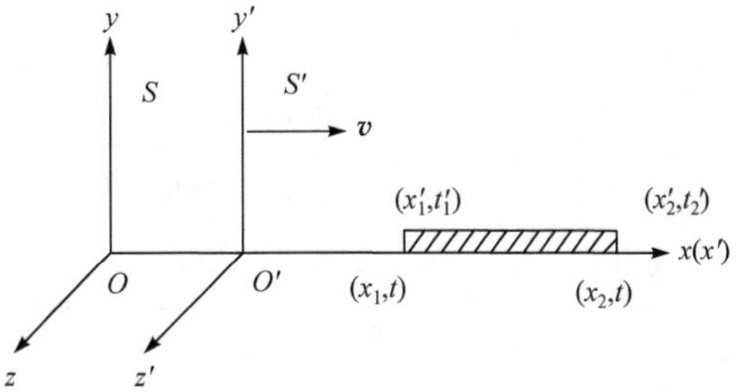

图 11.4

相对观察者静止时物体的长度称为静止长度或固有长度(这里 l_0 为固有长度). 相对于观察者运动的物体，在运动方向的长度比相对观察者静止时物体的长度短了.

说明　(1) 长度缩短是纯粹的相对论效应，并非物体发生了形变或者发生了结构性质的变化.

(2) 在狭义相对论中，所有惯性系都是等价的，所以，在 S 系中 x 轴上静止的杆，在 S' 上测得的长度也短了.

(3) 相对论长度收缩只发生在物体运动方向上(因为 $y' = y$ ，$z' = z$).

(4) $v \ll c$ 时，$l = l_0$ ，即为经典情况.

例 11.4.1　如图 11.5 所示，有两把静止长度相同的米尺，A_1A_2 和 B_1B_2 ，尺长方向均与惯性系 S 的 x 轴平行，两尺相对 S 系沿尺长方向以相同的速率 v 匀速地相向而行. 试指出下列各种情况下两尺各端相重合的时间次序：

(1) 在与 A_1A_2 尺固连的参考系上测量；

(2) 在与 B_1B_2 尺固连的参考系上测量；

(3) 在 S 系上测量.

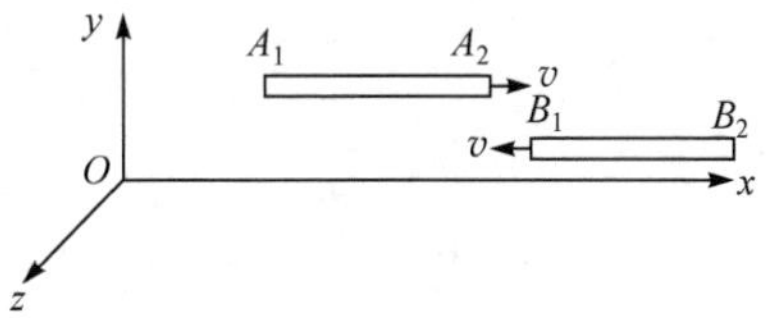

图 11.5

解　(1) 此时，测得 B_1B_2 尺长度缩短了，所以结果如下：

$$A_2B_1 ，\ A_2B_2 ，\ A_1B_1 ，\ A_1B_2$$

(2) 此时，测得 A_1A_2 尺长度缩短了，所以结果如下：

$$A_2B_1\,,\quad A_1B_1\,,\quad A_2B_2\,,\quad A_1B_2$$

(3) 此时，测得 A_1A_2 尺、B_1B_2 尺长度均缩短了，缩短的长度一样，所以结果如下：

$$A_2B_1\,,\quad \begin{matrix} A_2B_2 \\ A_1B_1 \end{matrix}\text{(同时)},\quad A_1B_2$$

例 11.4.2　有一惯性系 S 和 S'，S' 相对于 S 以速率 v 沿 x 轴正向运动，如图 11.6 所示. $t=t'=0$ 时，S 与 S' 的相应坐标轴重合，有一固有长度为 1m 的棒静止在 S' 系的 x'-y' 平面上，在 S' 系上测得与 x' 轴正向夹角为 θ'. 在 S 系上测量时，(1)棒与 x 轴正向夹角为多少？(2)棒的长度为多少？

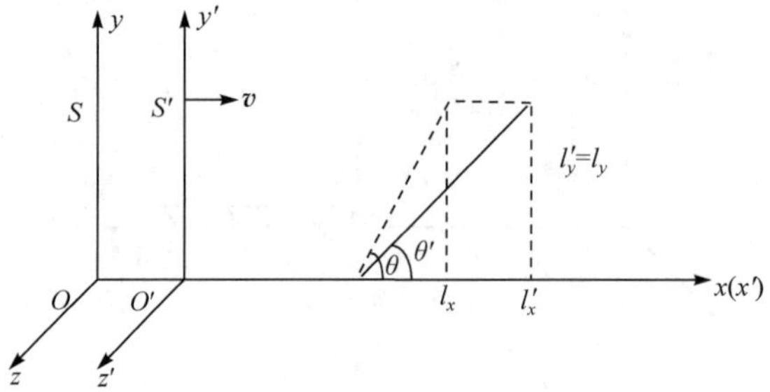

图 11.6

解　(1) 设 l_x、l_y 为 S 系上测得杆长在 x、y 方向分量，l'_x、l'_y 为 S' 上测得杆长在 x'、y' 方向分量.

$$\tan\theta=\frac{l_y}{l_x}=\frac{l'_y}{l'_x\sqrt{1-\frac{v^2}{c^2}}}=\tan\theta'\frac{1}{\sqrt{1-\frac{v^2}{c^2}}}$$

$$\Rightarrow \theta=\arctan\left[\frac{1}{\sqrt{1-\frac{v^2}{c^2}}}\tan\theta'\right]$$

(2)

$$l=\sqrt{l_x^2+l_y^2}=\sqrt{l_x'^2\left(1-\frac{v^2}{c^2}\right)+l_y'^2}$$

$$=\sqrt{1\cdot\cos^2\theta'\left(1-\frac{v^2}{c^2}\right)+1\cdot\sin^2\theta'}$$

$$=\sqrt{1-\frac{v^2}{c^2}\cos^2\theta'}$$

注意　长度缩短只发生在运动方向上.

11.4.2　时间延缓

在与前面相同的 S 和 S' 系中，讨论时间延缓问题. 设在 S' 系中同一地点不同时刻发生两事件(如：自 S' 系中某一坐标 x'_0 处沿 y' 竖直上抛物体，之后又落回抛射处，那么抛出的时刻和落回抛出点的时刻分别对应两个事件)，时空坐标为 (x'_0,t'_1)、(x'_0,t'_2)，时间间隔为 $\Delta t'=t'_2-t'_1$. 在 S 系上测得两事件的时空坐标为 (x_1,t_1)、(x_2,t_2)，因为 S' 系在运动，$x_2\neq x_1$. 在 S 系上测得此两事件发生的时间间隔为

$$\Delta t=t_2-t_1=\gamma\left(t'_2+\frac{v}{c^2}x'_0\right)-\gamma\left(t'_1+\frac{v}{c^2}x'_0\right)=\gamma(t'_2-t'_1)=\gamma\Delta t'=\frac{\Delta t'}{\sqrt{1-\dfrac{v^2}{c^2}}}$$

即

$$\Delta t=\frac{\Delta t'}{\sqrt{1-\dfrac{v^2}{c^2}}}\tag{11-6}$$

相对观察者静止时测得的时间间隔为静时间间隔或固有时间. 由上可知，相对于事件发生地点做相对运动的惯性系 S 中测得的时间比相对于事件发生地点为静止的惯性系 S' 中测得的时间要长. 换句话说，一时钟由一个与它做相对运动的观察者来观察时，就比由与它相对静止的观察者观察时走得慢.

说明　(1) 时间延缓纯粹是一种相对论效应，时间本身的固有规律(例如钟的结构)并没有改变.

(2) 在 S 上测得 S' 上的钟慢了，同样在 S' 上测得 S 上的钟也慢了. 它是相对论的结果.

(3) $v\ll c$ 时，$\Delta t=\Delta t'$，为经典结果.

11.4.3　同时的相对性

按牛顿力学，时间是绝对的，因而同时性也是绝对的. 这就是说，在同一个惯性系 S 中观察的两个事件是同时发生的，在惯性系 S' 看来也是同时发生的. 但按相对论，正如长度和时间不是绝对的一样，同时性也不是绝对的. 下面讨论此问题.

如前面所取的坐标系 S、S'，在 S' 系中发生两事件，时空坐标为 (x'_1,t'_1)、(x'_2,t'_2)，此两事件在 S 系中时空坐标为 (x_1,t_1)、(x_2,t_2)，当 $t'_1=t'_2=t'_0$，则在 S' 中是同时发生的，在 S' 系看来此两事件发生的时间间隔为

$$\Delta t=t_2-t_1=\gamma\left(t'_2+\frac{v}{c^2}x'_2\right)-\gamma\left(t'_1+\frac{v}{c^2}x'_1\right)=\gamma\left[\left(t'_2-t'_1\right)+\frac{v}{c^2}\left(x'_2-x'_1\right)\right]$$

若 $t_2' = t_1'$， $x_1' \neq x_2'$，则 $\Delta t = \gamma \dfrac{v}{c^2}(x_2' - x_1') \neq 0$，即 S 上测得此两事件一定不是同时发生的.

若 $t_2' = t_1'$， $x_1' = x_2'$，则 $\Delta t = 0$，即 S 上测得此两事件一定是同时发生的.

若 $t_2' \neq t_1'$， $x_1' \neq x_2'$，则 Δt 是否为零不一定，即 S 上测得此两事件是否同时发生不一定.

从以上讨论中看到了“同时”是相对的，这与经典力学截然不同.

11.5 相对论动力学基础

11.5.1 质量与速度的关系

理论上可以证明，以速率 v 运动的物体，其质量为

$$m = \frac{m_0}{\sqrt{1 - \dfrac{v^2}{c^2}}} \tag{11-7}$$

式中 m_0 为相对观察者静止时测得的质量，称为静止质量，m 为物体以速率 v 运动时的质量.

说明 (1) 物体质量随它的速率增加而增加，这与经典力学不同(质量随速率增加的关系，早在相对论出现之前，就已经从 β 射线的实验中观察到了，近年在高能电子实验中，可以把电子加速到只比光速小三百亿分之一，这时电子质量达到静止质量的四万倍).

(2) 当物体运动速率 $v \to c$ 时，$m \to \infty$ ($m_0 \neq 0$)，这就是说，实物物体不能以光速运动，它与洛伦兹变换是一致的.

(3) 对于 $v << c$ 时，$m = m_0$ 与经典情况一致.

11.5.2 相对论动力学的基本方程

相对论动量公式

$$\boldsymbol{p} = m\boldsymbol{v} = \frac{m_0}{\sqrt{1 - v^2/c^2}}\boldsymbol{v} \tag{11-8}$$

相对论下动力学基本方程

$$\boldsymbol{F} = \frac{\mathrm{d}\boldsymbol{p}}{\mathrm{d}t} = \frac{\mathrm{d}}{\mathrm{d}t}(m\boldsymbol{v}) = \frac{\mathrm{d}m}{\mathrm{d}t}\boldsymbol{v} + m\frac{\mathrm{d}\boldsymbol{v}}{\mathrm{d}t}$$

当 $\boldsymbol{F}=0$ 时，$\boldsymbol{p}=$ 常矢量.

讨论　系统 $\sum_i \boldsymbol{p}_i=\sum_i m_i\boldsymbol{v}_i=\sum_i \frac{m_0}{\sqrt{1-\frac{v_i^2}{c^2}}}\boldsymbol{v}_i=$ 常矢量，动量守恒表达式.

说明　(1) 相对论下动力学基本方程是在洛伦兹变换下得出的.

(2) $v \ll c$ 时，$\boldsymbol{p}=m_0\boldsymbol{v}$，$\boldsymbol{F}=m_0\frac{\mathrm{d}\boldsymbol{v}}{\mathrm{d}t}$(经典情况).

(3) 相对论中的 m、$\boldsymbol{p}$、$\boldsymbol{F}=\frac{\mathrm{d}\boldsymbol{p}}{\mathrm{d}t}$ 普遍成立，而牛顿定律只是在低速情况下成立.

11.5.3　质量与能量关系

1. 相对论动能

爱因斯坦引入经典力学中从未有过的独特见解，把 m_0c^2 称为物体的静止能量 E_0，把 mc^2 称为物体总能量 E，即

$$\begin{cases}E_0=m_0c^2\\E=mc^2\end{cases}\tag{11-9}$$

$$E_\mathrm{k}=E-E_0=mc^2-m_0c^2\tag{11-10}$$

即，物体动能=总能量−静止能量.

2. 质能关系式

$$E=mc^2\tag{11-11}$$

上式称为质能关系式.

说明　(1) 质量和能量都是物质的重要性质，质能关系式给出了它们之间的联系，说明任何能量改变的同时有相应的质量的改变($\Delta E=\Delta mc^2$)，而任何质量改变的同时有相应的能量的改变，两种改变总是同时发生的. 我们决不能把质能关系式错误地理解为“质量转化为能量”或“能量转化为质量”.

(2) $E_\mathrm{k}=(m-m_0)c^2=\left(\frac{1}{\sqrt{1-\frac{v^2}{c^2}}}-1\right)m_0c^2=\left[\left(1+\frac{1}{2}\left(\frac{v}{c}\right)^2+\frac{3}{8}\left(\frac{v}{c}\right)^4+\cdots\right)-1\right]m_0c^2=$

$$[(1+\frac{1}{2}\frac{v^2}{c^2})-1]m_0c^2=\frac{1}{2}m_0v^2 \qquad (v<<c) \quad (\text{经典情况})$$

11.5.4 动量与能量之间的关系

已知

$$\begin{cases} E=mc^2=\dfrac{m_0c^2}{\sqrt{1-\dfrac{v^2}{c^2}}} \\ p=mv=\dfrac{m_0v}{\sqrt{1-\dfrac{v^2}{c^2}}} \end{cases}$$

即

$$\begin{cases} \left(\dfrac{E}{m_0c^2}\right)^2=\dfrac{1}{1-\dfrac{v^2}{c^2}} \\ \left(\dfrac{p}{m_0c}\right)^2=\left(\dfrac{v}{c}\right)^2\dfrac{1}{1-\dfrac{v^2}{c^2}} \end{cases}$$

有

$$\left(\frac{E}{m_0c^2}\right)^2-\left(\frac{p}{m_0c}\right)^2=\frac{1}{1-\dfrac{v^2}{c^2}}-\left(\frac{v}{c}\right)^2\frac{1}{1-\dfrac{v^2}{c^2}}=\frac{1-\dfrac{v^2}{c^2}}{1-\dfrac{v^2}{c^2}}=1$$

$$\Rightarrow E^2-p^2c^2=m_0^2c^4$$

即

$$E^2=p^2c^2+m_0^2c^4 \tag{11-12}$$

此式为能量与动量关系式.

11.5.5 光子情况

光子静止质量为零(由 $m=\dfrac{m_0}{\sqrt{1-\dfrac{v^2}{c^2}}}$ 可得出)，$E=h\nu$，其中 $h=6.63\times10^{-34}\ \text{J}\cdot\text{s}$ 为普朗克常量.

$$\begin{cases} m = \dfrac{E}{c^2} = \dfrac{h\nu}{c^2} \\ p = \dfrac{E}{c} = \dfrac{h\nu}{c} = \dfrac{h}{\lambda} \end{cases}$$

11.6 光电效应

在 1887 年，赫兹发现了光电效应. 18 年后，爱因斯坦发展了普朗克关于能量量子化的假设，提出了光量子的概念，从理论上成功地说明了光电效应实验.为此，爱因斯坦获得了 1921 年的诺贝尔物理学奖. 1917 年发表的《关于辐射的量子理论》一文中，爱因斯坦又提出了受激辐射理论，后来完成了激光科学技术的理论基础. 在光照射下，电子从金属逸出，这种现象称为光电效应.

11.6.1 实验装置

如图 11.7 所示，S 为抽成真空的玻璃容器，容器内装有阴极 K 和阳极 A，阴极 K 为一金属板，W 为石英窗(石英对紫外光吸收最少)，单色光通过 W 照射到 K 上时，K 便释放电子. 这种电子称为光电子，如果在 A、K 之间加上电势差 V，光电子在电场作用下将由 $K \to A$，形成 $AKBA$ 方向的电流，称为光电流，A、K 间的电势差 V 及电流 I 由伏特计及电流计读出.

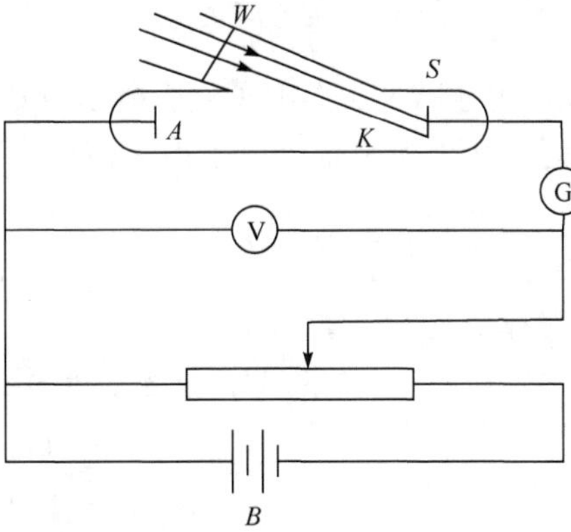

图 11.7

11.6.2 光电效应的实验规律

1. 光电流和入射光光强关系

实验指出，以一定强度的单色光照射 K 上时，V 越大，测得光电流 I 就越大，当 V 增加到一定值时，I 达到饱和值 I_s(如图 11.8 所示). 这说明 V 增加到一定程度时，从阴极释放出电子已经全部都由 $K \to A$，V 再增加也不能使 I 增加了.

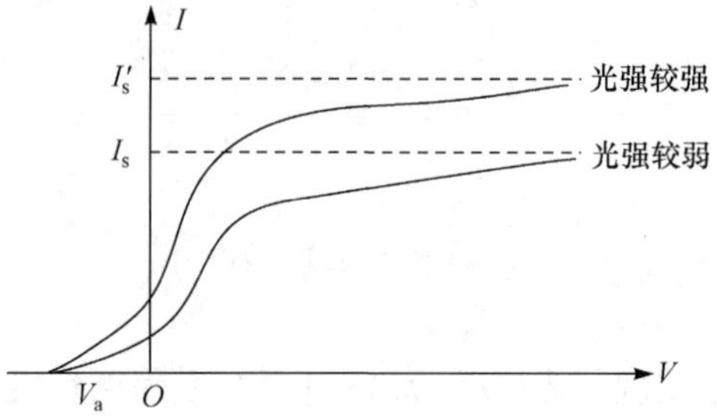

图 11.8

实验结果表明：饱和光电流 I_s 与入射光强度成正比. 设 n 为阴极 K 单位时间内释放电子数，则 $I_s = ne$.

$$\begin{cases} I_s \propto n \\ I_s \propto \text{入射光强} \end{cases} \Rightarrow \quad n \propto \text{入射光强}$$

结论　单位时间内，K 释放电子数正比于入射光强.

从图 11.8 可知，V 减小时，I 也减小，但当 V 减小到 0，甚至负的时($V > V_a$)，I 也不为零，这说明从 K 出来的电子有初动能，在负电场存在时，它克服电场力做功，而到达 A，产生 I. 当 V=V_a 时，I=0，V_a 称为遏止电压.

2. 光电子最大初动能与入射光频率之间关系

$V < 0$ 时，外电场使光电子减速，即电子克服电场力做功，当 V=V_a 时是产生光电流的临界状态，此时，从 K 释放的光电子最大初动能为

$$\frac{1}{2}mv_m^2 = eV_a \tag{11-13}$$

实验表明，V_a 与入射光频率 ν 成线性增加的关系，

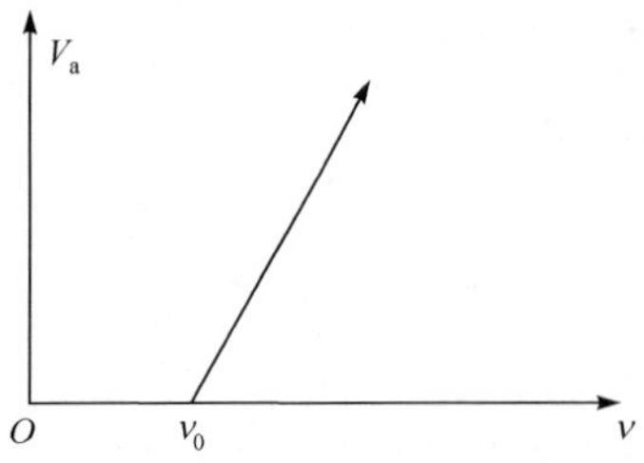

图 11.9

如图 11.9 所示，V_a 可表示为

$$V_a = k(\nu - \nu_0)$$

ν_0 为 ν 轴上截距，k 为斜率.

由上两式有

$$\frac{1}{2}mv_m{}^2 = ek(\nu - \nu_0) \tag{11-14}$$

结论　光电子最大初动能随入射光的频率增加而线性增加，而与光的强度无关.

3. 光电效应发生与入射光频率关系

$$\frac{1}{2}mv_{\mathrm{m}}^2 > 0 \quad \Rightarrow \quad \nu > \nu_0$$

ν_0 称为光电效应的红限(或截止频率)，不同材料 ν_0 不同.

结论　只要 $\nu > \nu_0$ 就能发生光电效应，而 $\nu < \nu_0$ 时不能. 能否发生光电效应只与频率 ν 有关，而与入射光光强无关.

4. 光电效应发生与时间关系

实验表明：从光线开始照射 K 直到 K 释放电子，无论光强如何，几乎是瞬时的，并不需要经过一段显著的时间，响应时间不超过 10^{-9} s.

结论　发生光电效应是瞬时的.

11.6.3　经典理论解释光电效应遇到的困难

光电效应的实验结果和光的波动理论之间存在着尖锐的矛盾. 上述 4 条实验规律，除第 1 条用波动理论可以勉强解释外，对其他 3 条的解释，波动理论都碰到了无法克服的困难.

按光的波动说，金属在光的照射下，金属中的电子受到入射光 $\boldsymbol{E}$ 振动的作用而做受迫振动，这样将从入射光中吸收能量，从而逸出表面. 逸出时初动能应取决于光振动振幅，即取决于光强，光强越大，光电子初动能就越大，所以光电子初动能应与光强成正比. 但是，实验结果表明，光电子初动能只与光的频率有关，而与光强无关. 显然这与第 2 条实验规律相矛盾.

按经典波动光学理论，无论何种频率的光照射在金属上，只要入射光足够强，使电子获得足够的能量，电子就能从金属表面逸出来. 这就是说，光电效应发生与光的频率无关，只要光强足够大，就能发生光电效应. 但是，实验表明，只有在 $\nu > \nu_0$ 时，才能发生光电效应. 显然这与第 3 条规律相矛盾.

按照经典理论，光电子逸出金属表面所需要的能量是直接吸收照射到金属表面上光的能量. 当入射光的强度很弱时，电子需要有一定时间来积累能量，因此，光射到金属表面后，应隔一段时间才有光电子从金属表面逸出来. 但是，实验结果表明，发生光电效应是瞬时的，显然，这与第 4 条规律相矛盾.

11.6.4　爱因斯坦光子假设

根据普朗克量子假说，普朗克在理论上圆满地导出了热辐射的实验规律，为了解释光电效应的实验事实，1905 年，爱因斯坦在普朗克量子假设的基础上，进一步提出了关于光的本性的光子假说.

1. 爱因斯坦假说

(1) 光束是一粒一粒以光速 c 运动的粒子流，这些粒子称为光量子，也称为光子，每一光子能量为 $\varepsilon = h\nu$.

(2) 光的强度(能流密度：单位时间内通过单位面积的光能)取决于单位时间内通过单位面积的光子数 N ，频率为 ν 的单色光的能流密度为 $S = Nh\nu$.

说明　爱因斯坦光子概念与普朗克量子概念有着联系和区别. 爱因斯坦推广了普朗克能量量子化的概念，这就是联系. 区别是：两人所研究对象不同，普朗克把黑体内谐振子的能量看作是量子化的，它们与电磁波相互作用时吸收和发射的能量也是量子化的；爱因斯坦认为，空间存在的电磁波的能量本质就是量子化的.

2. 爱因斯坦光电效应方程

按照光子假设，光电效应可解释如下：金属中的自由电子从入射光中吸收一个光子的能量 $h\nu$ 时，一部分消耗在电子逸出金属表面需要的逸出功 W 上，另一部分转换成光电子的动能 $\frac{1}{2}mv_{\mathrm{m}}^2$ ，按能量守恒有

$$h\nu = \frac{1}{2}mv_{\mathrm{m}}^2 + W \tag{11-15}$$

此式称为爱因斯坦光电效应方程. 由此出发，我们可以解释光电效应的实验结果. 由

$$\begin{cases} h\nu = \dfrac{1}{2}mv_{\mathrm{m}}^2 + W \\ \dfrac{1}{2}mv_{\mathrm{m}}^2 = ek(\nu - \nu_0) \end{cases}$$

可知

$$\begin{cases} h = ek \\ W = ek\nu_0 \\ \nu_0 = \dfrac{W}{h} \end{cases}$$

3. 用光子假说解释光电效应实验规律

(1) 光强增加而频率不变时，由于 $h\nu$ 的份数多，所以被释放电子数目多，说明单位时间内从阴极逸出的电子数与光强成正比，这解释了第 1 条实验规律.

(2) 由光电效应方程知，光电子的初动能与入射光频率呈线性增加关系，这解释了第 2 条实验规律.

(3) 由光电效应方程知，在一个红限 ν_0，只有 $\nu > \nu_0$ 时，才有 $\frac{1}{2}mv_{\mathrm{m}}^2 > 0$，才能发生光电效应，否则不能. 这解释了第 3 条实验规律.

(4) 按光子假说，当光投射到物体表面时，光子的能量 $h\nu$ 一次性地被一个电子所吸收，不需要任何积累能量的时间，这就很自然地解释了光电效应瞬时产生的规律.

至此，我们可以说，原先由经典理论出发解释光电效应实验所遇到的困难，在爱因斯坦光子假设提出后，都已被解决了. 不仅如此，通过爱因斯坦对光电效应的研究，使我们对光的本性的认识有了一个飞跃，光电效应显示了光的粒子性.

11.6.5 光子的能量　动量

1. 能量

$$\varepsilon = h\nu$$

2. 光子动量

因为 $\varepsilon = mc^2, \varepsilon = h\nu$，所以

$$m = \frac{h\nu}{c^2}$$

因此

$$p = mc = \frac{h\nu}{c^2}c = \frac{h\nu}{c} = \frac{h}{\lambda}$$

即

$$p = \frac{h}{\lambda}$$

光子静止质量为零. 根据 $m = \dfrac{m_0}{\sqrt{1-\dfrac{v^2}{c^2}}}$，对光子 $v = c$，而 $m(=\dfrac{h\nu}{c^2})$ 有限，所以 m_0 必为 0.

例 11.6.1　钠红限波长为 500nm，当用 400nm 的光照射时，遏止电压等于多少?

解　由 $\begin{cases} \dfrac{1}{2}mv_{\mathrm{m}}^2 = h\nu - W \\ \dfrac{1}{2}mv_{\mathrm{m}}^2 = eV_{\mathrm{a}} \end{cases}$　得

$$V_a=\frac{1}{e}(h\nu-W)=\frac{1}{e}\left(h\frac{c}{\lambda}-h\frac{c}{\lambda_0}\right)=\frac{hc}{e}\left(\frac{1}{\lambda}-\frac{1}{\lambda_0}\right)$$

$$=\frac{6.63\times10^{-34}\times3\times10^{8}}{1.60\times10^{-19}}\times\left(\frac{1}{400\times10^{-9}}-\frac{1}{500\times10^{-9}}\right)\text{V}$$

$$=0.62\text{V}$$

11.7　康普顿效应

1922—1923 年，美国物理学家康普顿研究了 X 射线经过金属、石墨等物质散射后的光谱成分，结果介绍如下.

11.7.1　实验装置

由单色 X 射线源 R 发出的波长为 λ 的 X 射线，通过光阑 D 成为一束狭窄的 X 射线束，这束 X 射线投射到散射物 C 上，用摄谱仪 S 可探测到不同方向的散射 X 射线的波长，如图 11.10 所示.

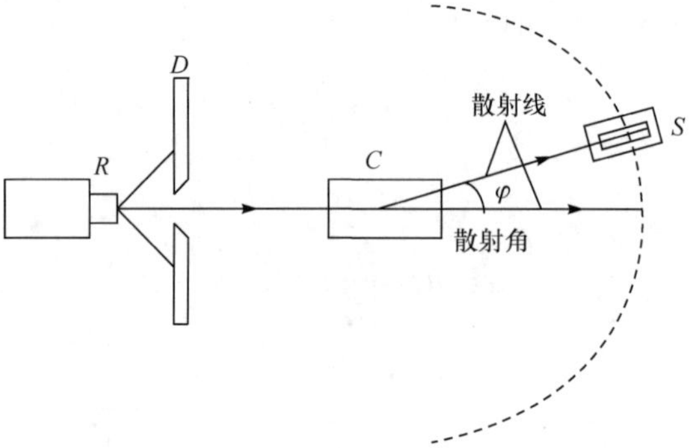

图 11.10

11.7.2　实验结果

在散射线中，除有与入射光波长 λ_0 相同的外，还有比 λ_0 大的散射线(出现 $\lambda>\lambda_0$ 的散射称做康普顿散射)，波长改变量为$(\lambda-\lambda_0)$，随散射角 φ 的增大而增大，在同一入射波长和同一散射角下，$(\lambda-\lambda_0)$对各种材料都相同. 在原子量小的物质中，康普顿散射较强；在原子量大的物质中，康普顿散射较弱.

11.7.3　经典理论解释的困难

按照经典电磁理论来解释，当电磁波通过物体时，将引起物体内带电粒子的受迫振动，每个振动着的带电粒子将向四周辐射，这就成为散射光. 从波动观点来看，带电粒子受迫振动的频率等于入射光的频率，所发射光的频率(或波长)应与入射光的频率(或波长)相等. 可见，光的波动理论能够解释波长不变的散射而不能解释康普顿效应.

11.7.4　用光子理论解释

如果应用光子的概念，并假设光子和实物粒子一样，能与电子等发生弹性碰撞，那么，康普顿效应能够在理论上得到与实验相符的解释. 解释如下：

一个光子与散射物质中的一个自由电子或束缚较弱的电子发生碰撞后，光子将沿某一方向散射，这一方向就是康普顿散射方向. 当碰撞时，光子有一部分能量传给电子，散射的光子能量就比入射光子的能量减少；因为光子能量与频率之间有 $\varepsilon = h\nu$ 关系，所以散射光频率减小了，即散射光波长增加了. 轻原子中的电子一般束缚较弱，重原子中的电子只有外层电子束缚较弱，内部电子是束缚非常紧的，所以，原子量小的物质，康普顿散射较强，而原子量大的物质，康普顿散射较弱.

11.7.5　康普顿效应公式的推导

如图 11.11 所示，一个光子和一个自由电子作完全弹性碰撞，由于自由电子速率远小于光速，所以可认为碰前电子静止. 设光子频率为 ν_0，沿 $+x$ 方向入射，碰后，光子沿 φ 角方向散射出去，电子则获得了速率 v，并沿与 $+x$ 方向夹角为 θ 角方向运动. 因为光速很大，所以电子获得速度也很大，可以与光速比较，此电子称为反冲电子.

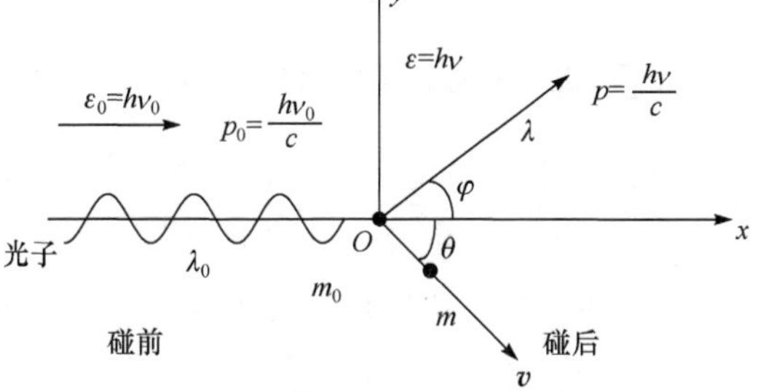

图 11.11

在此，由光子和电子组成的系统的动量及能量守恒，设 m_0 和 m 分别为电子的静止质量和相对论质量，则

能量守恒

$$h\nu_0 + m_0c^2 = h\nu + mc^2$$

动量守恒

$$\begin{cases} \dfrac{h\nu_0}{c} = \dfrac{h\nu}{c}\cos\varphi + mv\cos\theta \\ 0 = \dfrac{h\nu}{c}\sin\varphi - mv\sin\theta \end{cases}$$

$$\Rightarrow \quad \Delta\lambda = \lambda - \lambda_0 = \frac{h}{m_0c}(1-\cos\varphi) = \frac{2h}{m_0c}\sin^2\frac{\varphi}{2}$$

即

$$\Delta\lambda = \lambda - \lambda_0 = \frac{2h}{m_0c}\sin^2\frac{\varphi}{2} \tag{11-16}$$

由此可见，$\varphi\uparrow \to \Delta\lambda\uparrow$ ；φ 相同，$\Delta\lambda$ 相同，则 λ 就相同，与散射物质无关.

康普顿效应的发现，以及理论分析和实验结果的一致，不仅有利证明了光子假设是正确的，并且证实了在微观粒子的相互作用过程中，也严格遵守着能量守恒和动量守恒. 光电效应和康普顿效应等实验现象，证实了光子的假设是正确的，光具有粒子性. 但在光的干涉、衍射、偏振等现象中，又明显地表现出来光的波动性. 这说明光既具有波动性又具有粒子性. 一般说来，光在传输过程中，波动性表现较明显；光和物质作用时，粒子性表现比较明显. 光所表现的这两种性质，反映了光的本性，称为光的波粒二象性.

例 11.7.1　已知 X 射线的能量为 0.060MeV，受康普顿散射后，试求：

(1) 在散射角为 $\dfrac{\pi}{2}$ 方向上，X 射线的波长；

(2) 反冲电子的动能.

解　(1) 由 $\varepsilon = hv = \dfrac{hc}{\lambda}$ 知，入射 X 射线的波长为

$$\lambda_0 = \frac{hc}{\varepsilon_0} = \frac{6.63\times10^{-34}\times3\times10^8}{0.06\times10^6\times1.6\times10^{-19}}\,\text{m}$$

$$= 2.07\times10^{-11}\,\text{m} = 0.0207\,\text{nm}$$

$$\Delta\lambda = \lambda - \lambda_0 = \frac{2h}{m_0c}\sin^2\frac{\varphi}{2}$$

$$= \frac{2\times6.63\times10^{-34}}{9.1\times10^{-31}\times3\times10^8}\times\sin^2\frac{\pi}{4}$$

$$= 0.24\times10^{-11}\,\text{m} = 0.0024\,\text{nm}$$

$$\Rightarrow \lambda = \lambda_0 + \Delta\lambda = 0.0207\text{nm} + 0.0024\text{nm} = 0.0231\,\text{nm}$$

(2) $E_k = E_0 - E = h\nu_0 - h\nu$

$$= 6.63\times10^{-34}\times3\times10^{8}\times\left(\frac{1}{0.0207\times10^{-9}}-\frac{1}{0.0231\times10^{-9}}\right)\text{J}$$

$$= 9.97\times10^{-16}\ \text{J} = 6.23\times10^{3}\ \text{eV}$$

11.8　玻尔的氢原子理论

11.8.1　原子光谱的实验规律

光谱分为下面三类.

线状光谱：谱线是分明、清楚的，表示波长的数值有一定间隔. 所有物质的气态原子(而不是分子)都辐射线状光谱，因此这种原子之间基本无相互作用.

带状光谱：谱线是分段密集的，每段中相邻波长差别很小，如果摄谱仪分辨本领不高，密集的谱线看起来并在一起，整个光谱好像是许多段连续的带组成的. 实际它是由没有相互作用的或相互作用极弱的分子辐射的.

连续光谱：谱线的波长具有各种值，而且相邻波长相差很小，或者说是连续变化的，例如，太阳光是连续光谱. 实验表明，连续光谱是由固态或液态的物体发射的，而气体不能发射连续光谱. 液体、固体与气体的主要区别在于它们的原子间相互作用非常强烈.

1. 氢原子光谱

19 世纪后半期，许多科学家测量了多种元素线状光谱的波长，大家都企图通过对线状光谱的分析来了解原子的特性，以及探索原子结构. 人们对氢原子光谱做了大量研究，它的可见光谱如图 11.12 所示. 其中从长波向短波方向数的前 4 个谱线分别叫做 H_α 、H_β 、H_γ 、H_δ ，实验测得它们对应的波长分别为

$$\lambda_\alpha = 656.3\text{nm}，\quad \lambda_\beta = 486.1\text{nm}，\quad \lambda_\gamma = 434.0\text{nm}，\quad \lambda_\delta = 410.2\text{nm}$$

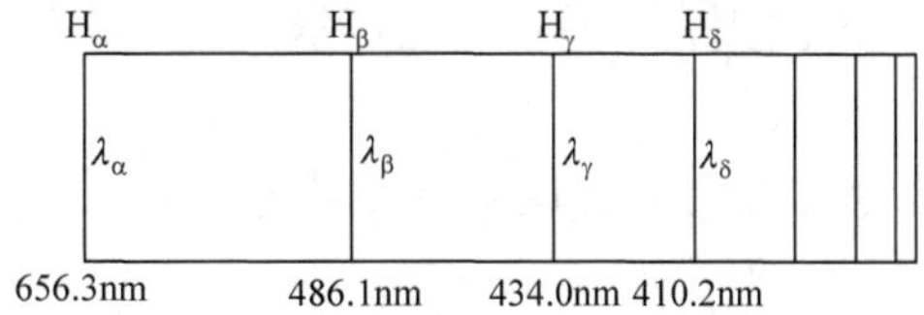

图 11.12

在 1885 年从某些星体的光谱中观察到的氢光谱谱线已达 14 条. 这年，瑞士数学家巴耳末(J.J.Balmer)，发现氢原子光谱在可见光部分的谱线，可归结于下式：

$$\frac{1}{\lambda} = R\left[\frac{1}{2^2}-\frac{1}{n^2}\right] \qquad (n=3,4,5,\cdots)$$

式中 λ 为波长，$R=1.097\times10^{7}m^{-1}$ 称为里德伯常量. 我们把可见光区所有谱线的总体称为巴耳末系. 巴耳末是第一个发现氢原子光谱可组成线系的.

1896 年，里德伯用波数来代替巴耳末公式中的波长，从而得到光谱学中常见的形式

波数=单位长度内含有完整波的数目

$$\tilde{\nu}=\frac{1}{\lambda}=R\left[\frac{1}{2^2}-\frac{1}{n^2}\right]\quad(n=3,4,5,\cdots)\tag{11-17}$$

在氢原子光谱中，除了可见光的巴耳末系之外，后来又发现在紫外光部分和红外光部分也有光谱线，氢原子谱线系如下.

1906年　莱曼(T.Lyman)系：$\tilde{\nu}=\frac{1}{\lambda}=R\left[\frac{1}{1^2}-\frac{1}{n^2}\right]$　$(n=2,3,4,\cdots)$, 紫外光部分

1885年　巴耳末(J.J.Balmer)系：$\tilde{\nu}=\frac{1}{\lambda}=R\left[\frac{1}{2^2}-\frac{1}{n^2}\right]$　$(n=3,4,5,\cdots)$, 可见光部分

1908年　帕邢(F.Paschen)系：$\tilde{\nu}=\frac{1}{\lambda}=R\left[\frac{1}{3^2}-\frac{1}{n^2}\right]$　$(n=4,5,6,\cdots)$, 红外光部分

1922年　布拉开(F.Brackett)系：$\tilde{\nu}=\frac{1}{\lambda}=R\left[\frac{1}{4^2}-\frac{1}{n^2}\right]$　$(n=5,6,7,\cdots)$, 红外光部分

1924年　普丰德(H.A.Pfund)系：$\tilde{\nu}=\frac{1}{\lambda}=R\left[\frac{1}{5^2}-\frac{1}{n^2}\right]$　$(n=6,7,8,\cdots)$, 红外光部分

1953年　哈弗莱(C.J.Humphreys)系：$\tilde{\nu}=\frac{1}{\lambda}=R\left[\frac{1}{6^2}-\frac{1}{n^2}\right]$　$(n=7,8,9,\cdots)$, 红外光部分

以上各谱线系可概括为

$$\tilde{\nu}=\frac{1}{\lambda}=R\left[\frac{1}{n_f^2}-\frac{1}{n_i^2}\right]\quad\left(n_f=1,2,3,4,5,6\,;n_i=n_f+1\,,n_f+2,\cdots\right)\tag{11-18}$$

式中，$n_f=1,2,3,4,5,6$ 依次代表莱曼系、巴耳尔末系、帕邢系、布拉开系、普丰德系、哈弗莱系.

讨论　(1) 式(11-18)的意义：氢原子中电子从第 n_i 个状态向第 n_f 状态跃迁时发光波长的倒数.

(2) n_f 值不同，对应不同线系；同一 n_f 不同 n_i 值，则对应同一线系不同谱线.

2. 里茨并合原理

对氢原子、波数 $\tilde{\upsilon}$ 可表示为

$$\tilde{\upsilon}=T(n_f)-T(n_i)\tag{11-19}$$

式中，$T(n_f)=\dfrac{R}{n_f^2}, T(n_i)=\dfrac{R}{n_i^2}$，它们均称为谱项. 可见，波数可用两个谱项差表示，式(11-19)称为里茨并合原理.

对于氢原子光谱情况可以总结得出：

(1) 光谱是线状的，谱线有一定间隔；

(2) 谱线间有一定的关系，如可构成谱线系. 同一谱线系可用一个公式表示；

(3) 每一条谱线的波数可以表示为两光谱项差.

11.8.2　玻尔的氢原子理论

1808 年，道尔顿为了阐述化学上的定比定律和倍比定律创立原子论，认为原子是组成一切元素的最小单位，是不可分的. 1897 年，汤姆孙通过阴极射线实验发现了电子，这个实验以及其他实验证实了电子是一切原子的组成部分，原子是可分的. 但是电子是带负电的，而正常原子是中性的，所以在正常原子中一定还有带正电的物质，这种带正电的物质在原子中是怎样分布的呢？这个问题成了 19 世纪末、20 世纪初物理学的重要研究课题之一，它也困扰了许多物理学家.

1903 年，英国物理学家汤姆孙首先提出原子的模型来回答了这个问题. 此模型称为汤姆孙模型. 内容简述如下：原子是球形的，带正电的物质的电荷和质量均匀分布在球内，而带负电的电子浸泡在球内，并可在球内运动，球内电子数目恰与正电部分的电荷电量值相等，从而构成中性原子. 但是，此模型存在许多问题，如：电子为什么不与正电荷“融合”在一起并把电荷中和掉呢？而且这个模型不能解释氢原子光谱存在的谱线系. 不仅如此，汤姆孙模型与许多实验结果不符，特别是 α 粒子的散射实验(如图 11.13 所示). 1909 年，卢瑟福进行了 α 粒子散射实验，实验发现，绝大多数粒子穿透金属箔后沿原来方向(即散射角 $\varphi=0°$)或沿散射角很小的方向(一般 φ 为 2°～3°)运动. 但是，也有 1/8000 的 α 粒子，其散射角大小为 90°，甚至接近 180°，即被弹回原入射方向，如图 11.14 所示. 如果按汤姆孙模型来分析，不可能有 α 粒子的大角散射，因此此模型与实验不符.

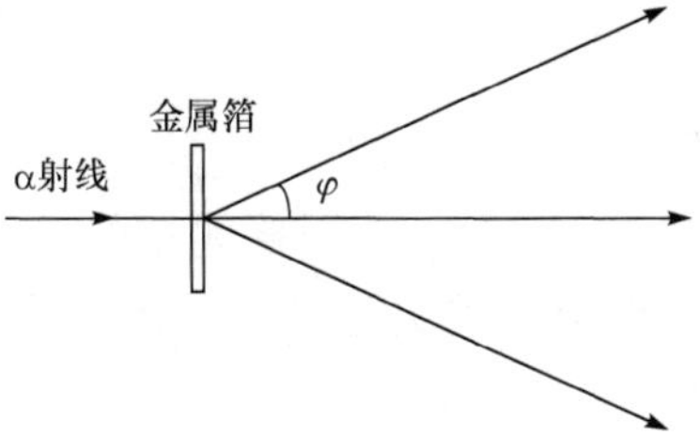

图 11.13

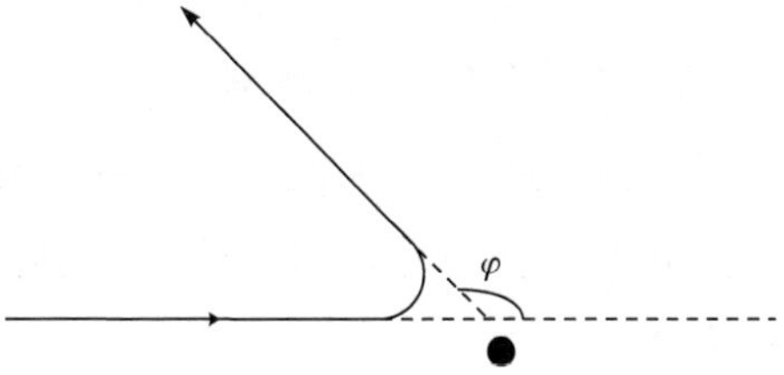

图 11.14

1911 年，卢瑟福在 α 粒子散射实验的基础上提出了原子的核式结构模型，被人们所公认.

1. 原子核型结构

原子中心有一带正电的原子核，它几乎集中了原子的全部质量，电子围绕这个核转动，核的大小与整个原子相比很小.

对氢原子，电子质量是原子质量的 1/1873. 原子的线度约为 10^{-10}m，原子核的线度为 10^{-14}m～10^{-15}m. 原子核式模型的实验基础是α粒子散射实验.

按此模型，原子核是很小的，在α粒子散射实验中，绝大多数α粒子穿过原子时，因受核作用很小，故它们的散射角很小. 只有少数α粒子能进入到距原子核很近的地方. 这些α粒子受核作用(排斥)较大，故它们的散射作用也很大，极少数α粒子正对原子核运动，故它们的散射角接近180°.

但是，如果核式模型正确的话，则经典电磁理论不能解释下列问题.

1) 原子的稳定性问题

按照经典电磁理论，凡是做加速运动的电荷都发射电磁波，电子绕原子核运动时是有加速度的，原子就应不断发射电磁波(即不断发光)，它的能量要不断减少，因此电子就要做螺旋线运动来逐渐趋于原子核，最后落入原子核上(以氢原子为例，电子轨迹半径为 10^{-10}m，大约只要经过 10^{-10}s 的时间，电子就会落到原子核上). 这样，原子就是不稳定的，但实际上原子是稳定的，这是一个矛盾.

2) 原子光谱的分立性问题

按经典电磁理论，加速电子发射的电磁波的频率等于电子绕原子核转动的频率，由于电子做螺旋线运动，它转动的频率连续地变化，故发射电磁波的频率也应该是连续光谱，但实验指出，原子光谱是线状的，这又是一个矛盾.

原子核模型与经典电磁理论的矛盾不是说明原子核模型不正确，因为原子核模型是以α粒子散射实验为基础的，而是说明经典电磁理论不适用于原子内部的运动，这是可以理解的. 因为，经典电磁理论是从宏观现象的研究中给出来的规律，这种规律一般不适用于原子内部的微观过程，因此，我们必须建立适用于原子内部微观现象的理论.

2. 玻尔理论的基本假设

玻尔根据卢瑟福原子核模型和原子的稳定性出发，应用普朗克的量子概念，于 1913 年提出了关于氢原子内部运动的理论，成功的解释了氢原子光谱的规律性.

1) 定态假设

电子在原子中可在一些特定的圆周轨迹上运动，不辐射光，因为具有恒定的能量，这些状态称为稳定状态或定态.

2) 量子化假设

电子绕核运动时，只有在电子角动量 $L=\frac{h}{2\pi}$ 的整数倍的那些轨道上才是稳定的，即

$$L=\frac{nh}{2\pi}\quad (n=1,2,3,\cdots) \tag{11-20}$$

或

$$L=mvr=n\frac{h}{2\pi} \tag{11-21}$$

式中，h 为普朗克常量，r 为轨道半径，n 称为量子数.

3) 频率条件

当电子从高能态 E_i 向低能态 E_f 轨道跃迁时，发射单色光的频率为

$$\nu=\frac{E_i-E_f}{h} \tag{11-22}$$

3. 用玻尔理论计算氢原子轨道半径及能量

1) 氢原子轨道半径

设电子速率为 v，轨迹半径为 r，质量为 m，可知

$$F_{向}=F_{库}$$

即

$$m\frac{v^2}{r}=\frac{e^2}{4\pi\varepsilon_0 r^2} \tag{11-23}$$

由量子化条件 $mvr=n\frac{h}{2\pi}$，得 $v=\frac{nh}{2\pi mr}$，代入式(11-23)中有

$$m\left[\frac{nh}{2\pi mr}\right]^2=\frac{e^2}{4\pi\varepsilon_0 r}$$

如此得电子轨迹半径为

$$r_n=\frac{n^2h^2\varepsilon_0}{\pi me^2}\quad (n=1,\ 2,\ 3,\cdots) \tag{11-24}$$

$n=1$ 时，$r_1=\frac{h^2\varepsilon_0}{\pi me^2}=0.53\times10^{-10}\ \text{m}$，$r_1$ 称为玻尔半径. 电子轨迹半径可表示为

$$r_n=\frac{n^2h^2\varepsilon_0}{\pi me^2}=n^2r_1 \tag{11-25}$$

可见，电子轨迹只能取分立值 r_1，$4r_1$，$9r_1$，$16r_1$，…，如图 11.15 所示.

结论　电子运动轨迹半径是量子化的，即电子运动轨道量子化.

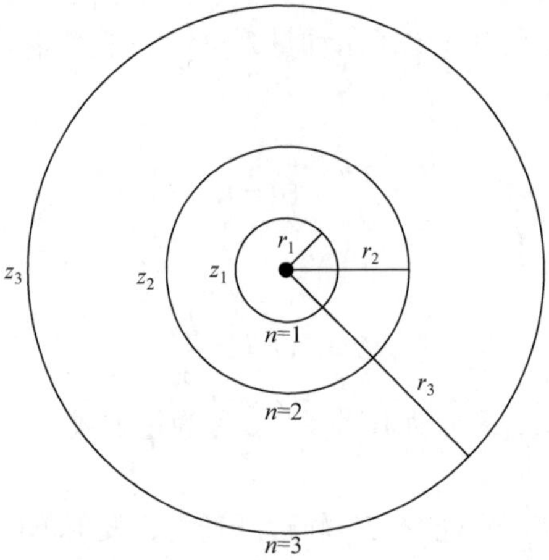

图 11.15

2) 氢原子能量

氢原子能量等于电子动能与势能之和，当电子处于第 n 个轨迹上时，有

$$E_{\mathrm{k}}=\frac{1}{2}mv_n^2$$

$$E_{\mathrm{p}}=-\frac{e^2}{4\pi\varepsilon_0 r_n}$$

$$\Rightarrow\quad E_n=E_{\mathrm{k}}+E_{\mathrm{p}}=\frac{1}{2}mv_n^2-\frac{e^2}{4\pi\varepsilon_0 r_n}\tag{11-26}$$

已知 $\frac{1}{2}mv_n^2=\frac{e^2}{8\pi\varepsilon_0 r_n}$，代入上式中有

$$E_n=-\frac{e^2}{8\pi\varepsilon_0 r_n}=-\frac{e^2}{8\pi\varepsilon_0\left[\dfrac{n^2h^2\varepsilon_0}{\pi me^2}\right]}=-\frac{1}{n^2}\frac{me^4}{8\varepsilon_0^2h^2}\quad(n=1,\ 2,\ 3,\cdots)\tag{11-27}$$

$n=1$ 时，$E_1=-\frac{me^4}{n^2 8\varepsilon_0^2h^2}=-13.6\mathrm{eV}$，$E_1$ 是氢原子最低能量，称为基态能量. $n>1$ 时称为激发态. 电子在第 n 个轨道上时，氢原子能量为

$$E_n=-\frac{me^4}{n^2 8\varepsilon_0^2h^2}=\frac{1}{n^2}E_1\tag{11-28}$$

可知，氢原子的能量只能取下列分立值：E_1，$\frac{1}{4}E_1$，$\frac{1}{9}E_1$，$\frac{1}{16}E_1$，…，这些不连续能量称为能级.

结论　原子的能量是量子化的($n \to \infty$ 时，能量 $\to$ 连续).

4. 玻尔理论解释氢原子光谱的规律性

如图 11.16 所示，能级与谱线对应关系可以解释谱线系问题. 并且里德伯常量理论值与实验值相符. 按玻尔理论，$E_n = -\dfrac{me^4}{n^2 8\varepsilon_0^2 h^2}$，电子从 n_i 态向 n_f 态跃迁时，根据频率公式有

$$\nu = \frac{1}{h}\left(E_i - E_f\right)$$

波长倒数为

$$\begin{aligned}\frac{1}{\lambda} &= \frac{1}{hc}\left(E_i - E_f\right) = \frac{1}{hc}\left[-\frac{me^4}{n_i^2 8\varepsilon_0^2 h^2} + \frac{me^4}{n_f^2 8\varepsilon_0^2 h^2}\right] \\ &= \frac{me^4}{8\varepsilon_0^2 h^3 c}\left[\frac{1}{n_f^2} - \frac{1}{n_i^2}\right] = R\left[\frac{1}{n_f^2} - \frac{1}{n_i^2}\right]\end{aligned} \tag{11-29}$$

式中，$R = R_{理} = \dfrac{me^4}{8\varepsilon_0^2 h^3 c} = 1.097373 \times 10^7\ \text{m}^{-1}$. 又知 $R_{实} = 1.096776 \times 10^7\ \text{m}^{-1}$ (见里德伯公式中 R 值)，可见，$R_{理}$ 与 $R_{实}$ 符合. 这样，玻尔理论很好地解释了氢原子光谱的规律性.

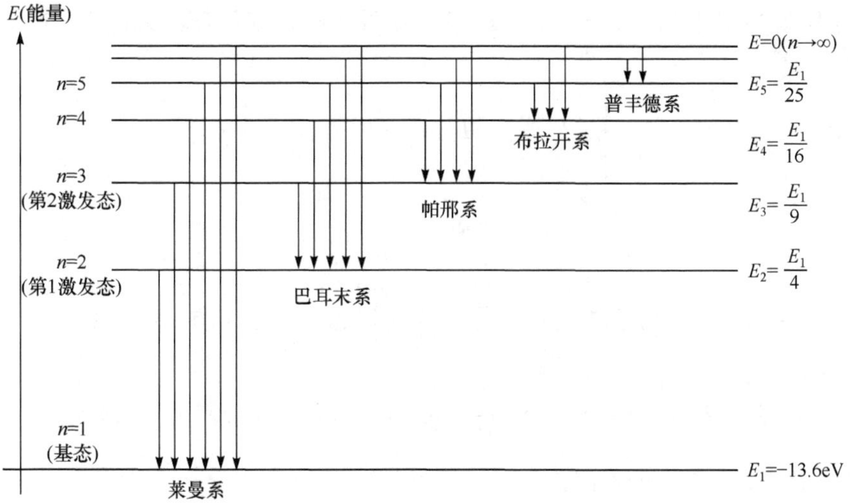

图 11.16

5. 对玻尔理论的评价

玻尔理论是以光谱的实验资料和经验规律为基础，利用原子的核式结构模型，

通过从黑体辐射发展出来的量子论发展而来. 玻尔理论在原子物理学中跨出了一大步. 它的成功在于圆满地解释了氢原子及类氢系的谱线规律. 玻尔理论不仅讨论了氢原子的具体问题，它还包含着关于原子的基本规律，玻尔的定态假设和频率条件不仅对一切原子是正确的，而且对其他微观客体也是适用的，因而是重要的客观规律.

玻尔理论不能解释结构稍微复杂一些的谱线结构(如碱金属结构的情况)，也不能说明氢原子光谱的精细结构和谱线在匀强磁场中的分裂现象. 1915—1916年，索末菲和威尔逊各自独立地把玻尔理论推广到更一般的椭圆轨迹. 考虑相对论校正，以及在磁场中轨迹平面的空间取向，推出一般的量子化条件. 对这些理论，虽然能够得出初步的解释，但对复杂一点的问题，如氦和碱土元素等光谱，以及谱线强度、偏振、宽度等问题，仍无法处理. 这一系列突出地暴露了玻尔-索末菲理论的严重局限性.

在玻尔-索末菲理论中，一方面把微观粒子(电子、原子等)看作经典力学的质点，用坐标和轨迹等概念来描述其运动，并用牛顿定律计算电子的规律；另一方面，又人为地加上一些与经典理论不相容的量子化条件来限定稳定状态的轨迹，但对这些条件并未提出适当的理论解释. 所以，玻尔-索末菲理论是经典理论和量子化条件的混合体，理论系统不自洽. 这些成了玻尔-索末菲理论的缺陷.

尽管如此，玻尔-索末菲理论对单电子系统和碱金属问题，在一定程度上还是可以得到很好的结果. 这是人们在原子结构的探索中重要的里程碑.

例 11.8.1　氢原子从 $n=10$ 、$n=2$ 的激发态跃迁到基态时发射光子的波长是多少?

解　$\dfrac{1}{\lambda}=R\left[\dfrac{1}{n_f^2}-\dfrac{1}{n_i^2}\right]$，依题意知，$n_f=1$，所以

$$\lambda=\left[R\left(\frac{1}{1^2}-\frac{1}{n^2}\right)\right]^{-1}$$

$$n=10：\ \lambda_1=\left[1.097\times10^7\times\left(\frac{1}{1^2}-\frac{1}{10^2}\right)\right]^{-1}\text{m}=0.921\times10^{-7}\text{ m}=92.1\text{nm}$$

$$n=2：\ \lambda_2=\left[1.097\times10^7\times\left(\frac{1}{1^2}-\frac{1}{2^2}\right)\right]^{-1}\text{m}=1.215\times10^{-7}\text{ m}=121.5\text{nm}$$

例 11.8.2　求出氢原子巴耳末系的最长和最短波长.

解　巴耳末系波长倒数为

$$\frac{1}{\lambda}=R\left[\frac{1}{2^2}-\frac{1}{n^2}\right]\qquad(n=3,4,5,\cdots)$$

(1) $n=3$ 时，$\lambda=\lambda_{\max}$，则

$$\lambda_{\max}=\left[1.097\times10^{7}\times\left(\frac{1}{2^{2}}-\frac{1}{3^{2}}\right)\right]^{-1}\mathrm{m}=6.563\times10^{-7}\,\mathrm{m}=656.3\,\mathrm{nm}$$

(2) $n=\infty$ 时，$\lambda=\lambda_{\min}$，则

$$\lambda_{\min}=\left[1.097\times10^{7}\times\left(\frac{1}{2^{2}}-\frac{1}{\infty^{2}}\right)\right]^{-1}\mathrm{m}=3.646\times10^{-7}\,\mathrm{m}=364.6\,\mathrm{nm}$$

例 11.8.3　求氢原子中基态和第一激发态电离能.

解　氢原子能级为 $E_n=\frac{1}{n^2}E_1\quad(n=1,2,3,\cdots)$

(1) 基态电离能等于电子从 $n=1$ 激发到 $n=\infty$ 时所需能量

$$W_1=E_\infty-E_1=\frac{E_1}{\infty}-\frac{E_1}{1^2}=-E_1=13.6\,\mathrm{eV}$$

(2) 第一激发态电离能等于电子从 $n=2$ 激发到 $n=\infty$ 时所需能量

$$W_2=E_\infty-E_2=\frac{E_1}{\infty}-\frac{E_1}{2^2}=-E_2=-\frac{1}{2^2}E_1=3.4\,\mathrm{eV}$$

11.9　实物粒子的波粒二象性

11.9.1　德布罗意假设

根据所学过的内容，我们可以说光的干涉和衍射等现象为光的波动性提出了有力的证据. 而新的实验事实——黑体辐射、光电效应和康普顿效应则为光的粒子性(即量子性)提供了有力的论据. 在 1923—1924 年，光的波粒二象性作为一个普遍的概念，已为人们所理解和接受. 法国物理学家路易 · 德布罗意认为，如同过去对光的认识比较片面一样，对实物粒子的认识或许也是片面的，二象性并不只是光才具有的，实物粒子也具有二象性. 德布罗意说道：“整个世纪以来，在光学上，比起波动的研究方面来，是过于忽视了粒子的研究方面；在物质粒子理论上，是否发生了相反的错误呢？是不是我们把关于粒子的图像想得太多，而过分地忽视了波的图像？”德布罗意把光中对波和粒子的描述，应用到实物粒子上，做了如下假设：

每一运动着的实物粒子都有一波与之相联系，粒子的动量与此波波长关系如同光子情况一样，即

$$P=\frac{h}{\lambda}\tag{11-30}$$

$$\lambda=\frac{h}{p}=\frac{h}{mv}\tag{11-31}$$

式(11-30)或式(11-31)称为德布罗意公式，与实物粒子相联系的波称为德布罗意波.

11.9.2 德布罗意波的实验证实 电子衍射实验

实物粒子的波动性，当时是作为一个假设提出来的，直到 1927 年戴维孙和革末用电子衍射实验所证实. 该实验情况如下.

1. 实验装置

如图 11.17 所示，K 是发射电子的灯丝，D 是一组光栏缝，M 是单晶体，B 是集电器，G 是电流计. 灯丝与栏缝之间有电势差 U，从 K 发射的电子经电场加速，经光栏变成平行光束，以掠射角 φ 射到单晶 M 上，并在 M 上向各方向散射，其中沿 φ 方向反射的电子进入集电器 B 中，反射电子流的强度由电流计 G 量出，集电器只接受满足反射定律的电子，目的是改变这一情况下反射电子强度和 U 之间的关系. 实验中 φ 角保持不变(2 个 φ 角)，改变 U 而测 I.

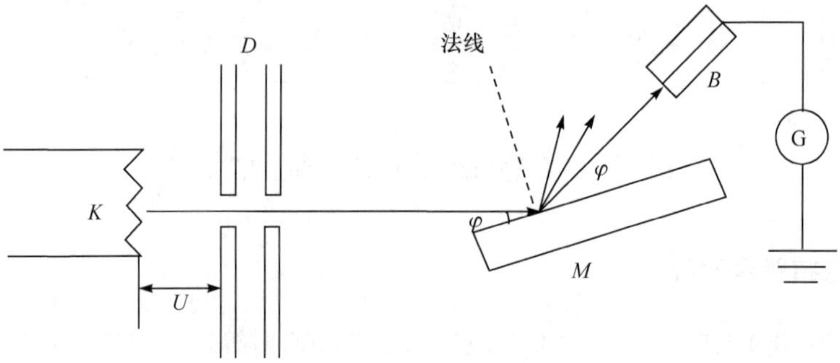

图 11.17

2. 实验结果

I 与 U 的关系如图 11.18 所示，可知，$\sqrt{U}$ 单调增加时，I 不是单调变化，而是有一系列极大值，这说明电子从晶体上沿 φ 角方向反射时，对电压 U 的值有

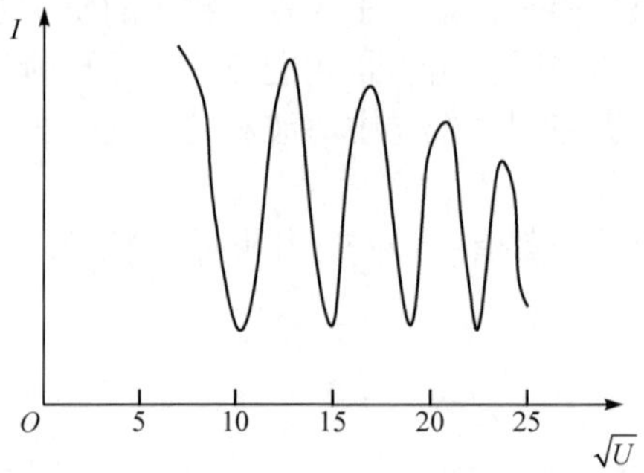

图 11.18

选择性，即遵守反射定律的电子对电压有选择性.

3. 实验结果说明了电子具有波动性

如果只认为电子具有粒子性，则上述结果难以理解，那么，如何去认识电子的这种行为呢？我们知道，X 射线在晶体上反射加强时，有下列规律，即布拉格公式：

$$2d\sin\varphi = k\lambda \quad (k=1,2,\cdots)$$

式中，λ 为入射光波长，d 为晶格常数. 将这一事实与上述结果对照一下，电子的反射和 X 射线的反射极为相似，因此，要解释上述实验结果，要考虑电子的波动性. 假设电子具有波动性，反射时也服从布拉格公式，其波长代以德布罗意波长，用上面公式可得结果，看看是否能解释上面的实验结果.

德布罗意波长为

$$\lambda = \frac{h}{p} = \frac{h}{m\sqrt{\dfrac{2eU}{m}}} = \frac{h}{\sqrt{2me}}\cdot\frac{1}{\sqrt{U}}$$

$$= 2d\sin\varphi = \frac{k}{\sqrt{U}}\cdot\frac{h}{\sqrt{2me}} \quad (k=1,2,\cdots)$$

即加速电压满足此式时，电子流强度 I 有极大值，由此计算所得加速电势差 U 的各个量值和实验相符，因而证实了德布罗意假设的正确性.

电子既然有波动性，自然会联系到原子、分子和中子等其他粒子，是否也具有波动性. 用各种气体分子作类似的实验，完全证实了分子也具有波动性，德布罗意公式也仍然是成立的. 后来，中子的衍射现象也被观察到. 现在德布罗意公式已改为表示中子、电子、质子、原子和分子等粒子的波动性和粒子性之间关系的基本公式.

11.9.3　德布罗意波的统计解释

既然电子、中子、原子等微观粒子具有波粒二象性，那么如何解释这种波动性呢？为了理解实物粒子的波粒二象性，我们不妨重新分析一下光的衍射情况. 根据波动观点，光是一种电磁波，在衍射图样中，亮处表示波的强度大，暗处表示波的强度小. 而波的强度与振幅平方成正比. 所以，图样亮处波的振幅平方大，图样暗处波的振幅平方小. 根据光子的观点，光强大处表示单位时间内到达该处光子数多，光强小处表示单位时间到达该处光子数少. 从统计观点看，这相当说：光子到达亮处的概率大于到达暗处的概率. 因此可以说，粒子在某处出现的概率与该处波的强度成正比，所以也可以说，粒子在某处附近出现的概率与该处波的振幅平方成正比.

现在应用上述观点来分析一下电子的衍射图样. 从粒子观点看，衍射图样的出现是由于电子不均匀地射向照相底片各处所形成的，有些地方很密集，有些地方很稀疏. 这表示电子射到各处的概率是不同的，电子密集处概率大，电子稀疏处概率小. 从波动观点看，电子密集处波强大，电子稀疏处波强小. 所以，电子出现的概率反映了波的强度，因为波强正比于波幅平方.

普遍地说，某处出现粒子的概率正比于该处德布罗意波振幅的平方. 这就是德布罗波的统计解释.

说明　(1) 一切实物粒子都具有波粒二象性. 宏观物体的波长一般是很短的，它们的波动性不能通过观察而得到；相反，微观粒子，特别是匀速运动的粒子，它们物质波波长十分显著，不能把它们再看作经典粒子.

(2) 微观粒子的波动性已经在现代科学技术上得到应用. 电子显微镜分辨率之所以较普通显微镜高，就是应用了电子的波动性. 光学显微镜由于受到可见光的限制，分辨率不能很高，放大倍数只有 2000 倍左右. 而电子的德布罗意波长比可见光短得多，U 为几百伏特时，电子波长和 X 射线相比拟. 如果 U 增大到几万伏特，则 λ 更短. 所以，电子显微镜放大倍数很大，可达到几十万倍以上.

(3) 应该指出，德布罗意波与经典物理当中研究的波是截然不同的，如：机械波是机械振动在空间中的传播，而德布罗意波是对微观粒子运动的统计描述，它的振幅平方表述了粒子出现的概率. 我们绝对不能把微观粒子的波动性，机械地理解成经典物理当中的波，不能认为实物粒子变成了弯弯曲曲的波了.

例 11.9.1　一电子束中，电子的速率为 $8.4\times10^6\ \mathrm{m/s}$，求德布罗意波长.

解　因为 $8.4\times10^6\ \mathrm{m/s}$ 比 $c=3\times10^8\ \mathrm{m/s}$ 小得多，所以可用经典理论，则

$$\lambda=\frac{h}{p}=\frac{h}{m_0 v}=\frac{6.63\times10^{-34}}{9.1\times10^{-31}\times8.4\times10^6}\mathrm{m}=0.0867\times10^{-9}\ \mathrm{m}=0.0867\,\mathrm{nm}$$

例 11.9.2　已知第一玻尔轨道半径为 r_1，试计算当氢原子中的电子沿第 n 个玻尔轨道运动时，其相应的德布罗意波长是多少?

解　已知 $\lambda=\dfrac{h}{p}$，根据玻尔的量子化条件

$$mvr_n=n\frac{h}{2\pi}$$

有

$$pr_n=n\frac{h}{2\pi}$$

$$r_n=n^2 r_1$$

$$p=\frac{nh}{2\pi}\frac{1}{n^2 r_1}=\frac{h}{2\pi n r_1}$$

代入 $\lambda = \dfrac{h}{p}$ 中，有

$$\lambda = \frac{h}{\dfrac{h}{2\pi n r_1}} = 2\pi r_1 n$$

11.10　测不准关系

在经典力学中，任一时刻粒子的坐标和动量都有准确值，因此可用坐标和动量描述粒子的状态. 那么，对于微观粒子是否也可以这样做呢？下面来讨论这个问题. 以电子运动为例，设平行电子束，沿 y 轴方向入射到单缝 K 上，缝宽为 a，电子经缝后产生衍射，衍射图样分布关于 y 轴对称，如图 11.18 所示.

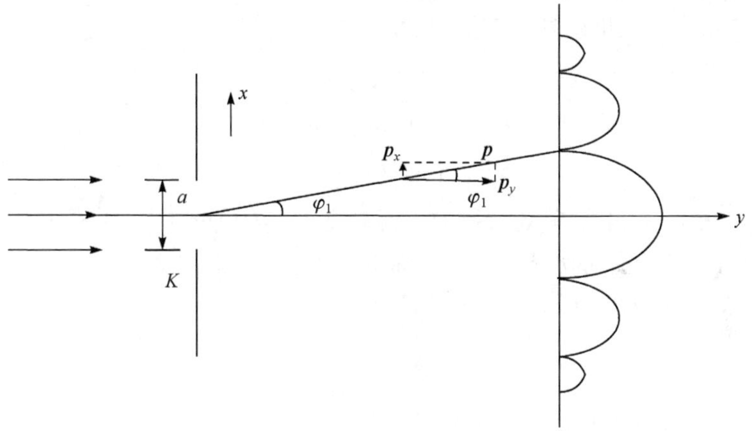

图 11.18

在中央处形成明纹，在其两旁还有其他明纹. 现考虑中央明纹宽度. 根据单缝衍射公式有

$$a\sin\varphi_1 = \lambda\,(\text{第 1 级极小})$$

通过缝后，电子由于发生衍射，所以电子运动方向发生了变化，即动量发生了变化. 设经缝后电子动量为 p，在 φ_1 角内，动量分量 p_x 满足下式：

$$0 \leqslant p_x \leqslant p\sin\varphi_1$$

故 p_x 的不确定量为

$$\Delta p_x = p\sin\varphi_1$$

由上式有

$$a\Delta p_x = p \cdot \lambda$$

当电子通过缝时，它通过单缝上的哪一点是不确定的. 因此电子坐标 x 的不确定度 Δx 等于缝宽度 a，即

$$\Delta x \cdot \Delta p_x \geqslant h \tag{11-32}$$

上式称为海森伯测不准关系，Δx、Δp_x 分别称为粒子的坐标 x 和动量 p_x 的不确定量.

说明　(1) 由测不准关系知，Δx、Δp_x 不可能同时为零，即粒子坐标和相应方向的动量不能同时准确测定. x 测得越准时，即 Δx 越小时，p_x 测得越不准，即 Δp_x 越大. 当精确确定粒子坐标 x (如 $\Delta x \to 0$)时，则 p_x 必然无法精确测量($\Delta x \to 0$ 时，$\Delta p_x \to \infty$)，反之亦然.

(2) 测不准关系是微观粒子具有波粒二象性的必然反映.

(3) 对微观粒子不能用坐标和动量描述其运动状态.

(4) 测不准关系推广到三维情况

$$\begin{cases} \Delta x \cdot \Delta p_x \geqslant h \\ \Delta y \cdot \Delta p_y \geqslant h \\ \Delta z \cdot \Delta p_z \geqslant h \end{cases}$$

例 11.10.1　在电子单缝衍射中，若缝宽为 $a = 0.1\text{nm}$，电子束垂直入射在单缝上，则衍射电子横向动量的最小不确定度 Δp_x 为多少？

解　$\Delta x \cdot \Delta p_x \geqslant h$，即

$$\Delta p_x \geqslant \frac{h}{\Delta x}$$

依题意有动量最小不确定量为

$$\Delta p_x \geqslant \frac{h}{\Delta x} = \frac{h}{a} = \frac{6.63 \times 10^{-34}}{0.1 \times 10^{-9}} = 6.63 \times 10^{-24} (\text{N} \cdot \text{s}) \qquad (\Delta x = a)$$

例 11.10.2　一电子具有 $200\,\text{m} \cdot \text{s}^{-1}$ 的速率，动量不确定度为 0.01%，确定电子位置时，不确定量为多少？

解

$$\Delta x \cdot \Delta p_x \geqslant h$$

$$\Delta x \geqslant \frac{h}{\Delta p_x} = \frac{h}{p_x \times 0.01\%} = \frac{h}{0.0001 m v_x}$$

$$= \frac{6.63 \times 10^{-34}}{10^{-4} \times 9.1 \times 10^{-31} \times 200} = 3.64 \times 10^{-2} (\text{m})$$

已确定原子大小的数量级为 $10^{-10}\,\text{m}$，电子则更小，在这种情况下，电子位置不确定量远远大于电子本身线度，所以，此时必须考虑电子的波粒二象性.

11.11　粒子的波函数　薛定谔方程

对宏观物体可用坐标和动量来描述物体的运动状态，而对微观粒子不能用坐标和动量来描述状态，因为微观粒子具有波粒二象性，坐标和动量不能同时测定. 那么，微观粒子的运动状态用什么描述呢？遵守的运动方程又是什么呢？为解决此问题，必须建立新的理论. 在一系列实验的基础上，经过德布罗意、薛定谔、海森伯、玻恩、狄拉克等人的工作，建立了反映微观粒子属性和规律的量子力学.

量子力学是研究微观客体运动的一门科学. 反映微观粒子运动的基本方程是薛定谔方程，微观粒子运动状态用波函数来表述.

11.11.1　波函数

1. 自由粒子(无外界作用)波函数

$$\Psi(x,t)=A\mathrm{e}^{-\mathrm{i}\frac{2\pi}{h}(Et-px)} \tag{11-33}$$

式(11-33)是与能量为 E 、动量为 p、沿+x 方向运动的自由粒子相联系的波函数. 此波称为自由粒子的德布罗意波，Ψ 称为自由粒子的波函数.

推广　三维情况：$x\to\boldsymbol{r}$ ， $p\to\boldsymbol{p}$ ，则

$$\Psi(\boldsymbol{r},t)=A\mathrm{e}^{-\mathrm{i}\frac{2\pi}{h}(Et-\boldsymbol{p}\cdot\boldsymbol{r})}$$

或

$$\Psi(x,y,z,t)=\mathrm{e}^{-\frac{\mathrm{i}2\pi}{h}\left[Et-\left(p_x x+p_y y+p_z z\right)\right]}$$

2. 波函数的统计解释

机械波的波函数表示介质中各点离开平衡位置的位移，电磁波的波函数表示空间各点电场或磁场强度，等等. 那么，物质波的波函数表示什么呢？这个问题在一段时间内困扰了很多的物理学家，他们先后提出过不少解释，但现在人们普遍接受的是玻恩提出的统计解释，说明如下.

对光的衍射

$$\begin{cases}\text{波动观点：光强}\propto\text{光波振幅平方}\\ \text{粒子观点：光强}\propto\text{光子数}\end{cases}$$

$$\Rightarrow \text{光子数}\propto\text{光波振幅平方}$$

即某处出现光子的概率与该处光波振幅平方成正比.

对电子的衍射

$$\begin{cases}\text{波动观点：波强}\propto\text{波函数振幅平方}\\ \text{粒子观点：波强}\propto\text{电子数}\end{cases}$$

$$\Rightarrow \text{电子数}\propto\text{波函数振幅平方}$$

即某处出现电子的概率与该处波函数振幅平方成正比，对其他粒子此结论也成立.

波函数统计解释：某时刻，在某点找到粒子的概率与该点处波函数振幅绝对值平方成正比(一般情况下，波函数是复数).

3. *波函数统计解释对波函数的要求*

1) 波函数的归一化

由波函数统计意义知，t 时刻，在 (x,y,z) 处 $\mathrm{d}V=\mathrm{d}x\mathrm{d}y\mathrm{d}z$ 内发现粒子数概率正比于 $|\Psi(x,y,z)|^2\,\mathrm{d}x\mathrm{d}y\mathrm{d}z$，如果把波函数乘上适当因子，使 t 时刻在 (x,y,z) 处出现粒子概率为 $|\Psi(x,y,z,t)|^2\,\mathrm{d}x\mathrm{d}y\mathrm{d}z$，在整个空间内粒子出现概率为

$$\iiint_V |\Psi(x,y,z,t)|^2\,\mathrm{d}x\mathrm{d}y\mathrm{d}z=1$$

即

$$\int_V \Psi\Psi^*\mathrm{d}V=1 \tag{11-34}$$

式(11-34)称为波函数的归一化条件. 它表明：粒子在全空间找到的概率为 1. 满足归一化条件的波函数称为归一化波函数.

(1) $|\Psi(x,y,z,t)|^2$ (或 $\Psi\Psi^*$)的意义：粒子在 t 时刻出现在 (x,y,z) 处单位体积内的概率(概率连续).

(2) $|\Psi(x,y,z,t)|^2\,\mathrm{d}x\mathrm{d}y\mathrm{d}z$ 的意义：粒子在 t 时刻出现在 (x,y,z) 附近体积元 $\mathrm{d}x\mathrm{d}y\mathrm{d}z$ 内的概率.

2) 波函数的标准条件

$$\Psi(x,y,z,t)\begin{cases}\text{单值性(概率单值的要求)}\\ \text{有限性(平方可积的要求)}\\ \text{连续性(概率连续分布连续的要求)}\end{cases}$$

说明 (1) 物质波不是机械波，也不是电磁波，而是一种概率波. 由波函数的统计解释可以看出，对单个粒子讨论是无意义的，而决定状态的只能是波函数，从概率的角度去描述.

(2) 波函数本身无明显的物理意义，而只有 $|\Psi|^2$ ($=\Psi\Psi^*$)才有物理意义，反映

了粒子出现的概率.

(3) 描写微观粒子状态的波函数要满足归一化条件和波函数标准条件(有时也可不归一化).

(4) 波函数是态函数，用概率角度去描述，反映了微观粒子的波粒二象性.

11.11.2　薛定谔方程

1926 年，薛定谔在德布罗意物质波假说的基础上，建立了势场中微观粒子的微分方程，可以正确处理低速情况下各种微观粒子运动的问题，他所提出的这套理论体系，当时称为波动力学. 后来证明，波动力学与由海森伯、玻恩等人差不多同时从不同角度提出的矩阵力学完全等价，现在一般统称为量子力学.

1. 一维自由粒子的薛定谔方程

粒子波函数$\varPsi(x,t)=A\mathrm{e}^{-\mathrm{i}\frac{2\pi}{h}(Et-px)}$，令$\psi(x)=A\mathrm{e}^{\mathrm{i}\frac{2\pi}{h}px}$，则

$$\varPsi(x,t)=\mathrm{e}^{-\mathrm{i}\frac{2\pi}{h}Et}\psi(x)$$

$\psi(x)=A\mathrm{e}^{\mathrm{i}\frac{2\pi}{h}px}$只与 x 有关，与 t 无关，$\psi(x)$也称为波函数(定态波函数). 可知

$$\begin{cases}\dfrac{\partial^2\psi}{\partial x^2}=\left(\mathrm{i}\dfrac{2\pi}{h}p\right)^2A\mathrm{e}^{\mathrm{i}\frac{2\pi}{h}px}=-\dfrac{4\pi^2}{h^2}p^2\psi\\ p^2=2m\cdot\dfrac{1}{2}mv^2=2mE_\mathrm{k}\end{cases}$$

$$\Rightarrow\frac{\partial^2\psi}{\partial x^2}=-\frac{4\pi^2}{h^2}\cdot 2mE_\mathrm{k}\psi$$

即

$$\frac{\partial^2\psi}{\partial x^2}+\frac{8\pi^2m}{h^2}E_\mathrm{k}\psi=0 \tag{11-35}$$

此式为自由粒子一维运动的薛定谔方程(定态薛定谔方程)

2. 一维势场中粒子的薛定谔方程

$$\frac{\partial^2\psi}{\partial x^2}+\frac{8\pi^2m}{h^2}(E-u)\psi=0 \tag{11-36}$$

式(11-36)为一维势场中粒子的薛定谔方程.

3. 三维情况下粒子的薛定谔方程

$$\frac{\partial^2\psi}{\partial x^2}+\frac{\partial^2\psi}{\partial y^2}+\frac{\partial^2\psi}{\partial z^2}+\frac{8\pi^2 m}{h^2}(E-u)\psi=0$$

此式为三维势场中粒子的薛定谔方程.

薛定谔方程不能从经典力学导出，也不能用任何逻辑推理的方法加以证明. 它是否正确，只能通过实验来检验. 几十年来，关于微观系统的大量实验事实无不表明用薛定谔方程进行计算(包括近似计算)所得的结果都与实验结果符合得很好. 因此薛定谔方程作为基本方程的量子力学被认为是能够正确反映微观系统客观实际的近代物理理论.

附录 11　超导磁悬浮演示实验

【实验装置】

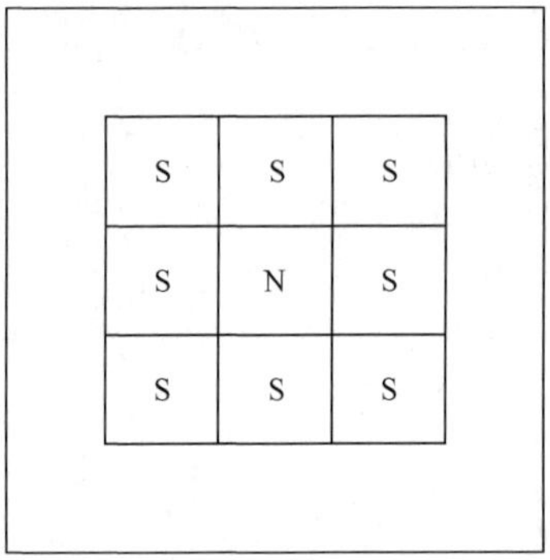

图 11.19

装置由三部分组成：永磁铁、磁轭和超导体. 永磁铁是用 25mm×25mm×12mm 的 NdFeB(钕铁硼)永磁材料组成的，共计九块，磁极排列如装置如图 11.19 所示. 磁轭是由 100mm×100mm×5mm 软铁制成的. 超导样品是用熔融结构生长工艺制备的，含 Ag 的高温超导体. 因为它在液氮温区 77K(−196℃)下呈现出超导性，以区别于以往在液氦温区 42K 以下呈现超导特性的低温材料. 样品形状为圆盘状，直径 D 为 30mm 左右，厚度为 13mm，其临界转变温度为 90K 左右(−183℃).

【实验原理】

当将一个永磁体移近超导体表面时，因为磁感线不能从表面进入超导体内，所以在超导体内形成很大的磁通密度梯度，感应出高临界电流，从而对永磁体产生排斥. 排斥力随相对距离的减小而逐渐增大，它可以克服超导体的重力，使其悬浮在永磁体上方的一定高度上. 当超导体远离永磁体移动时，在超导体中产生一负的磁通密度，感应出反向的临界电流，对永磁体产生吸力，可以克服超导体的重力，使其倒挂在永磁体下方的某一位置上.

【实验内容】

(1) 演示磁悬浮：将超导样品放入液氮中浸泡约 3～5 分钟，然后用竹夹子将其夹出放在磁体的中央，使其悬浮在高度为 10mm 处. 将夹子松开，则样品即悬浮在空中，持续一段时间后，温度高于临界温度，样品失超，自动落到磁铁表面.

(2) 演示磁倒挂：将样品放入液氮中，浸泡 3～5 分钟，把磁铁翻转180°，使其永磁铁表面朝下，用竹夹子将样品夹出，在下方逐渐靠近永磁铁表面，直到超导块悬挂起来，将夹子松开.

习　题　11

11.1　设 S' 系相对于 S 系以速度 v=0.8c 沿 x 轴正向运动，在 S' 系中测得两个事件的空间间隔 $x_2'-x_1'=300\text{m}$，时间间隔为 $t_2'-t_1'=10^{-6}\text{s}$，试求 S 系中测得两个事件的空间间隔和时间间隔. [参考答案：900m；$3\times10^{-6}\text{s}$]

11.2　在惯性系 S 中的同一地点发生 A、B 两个事件，B 晚于 A　4s，在另一惯性系 S' 中测得 B 晚于 A　5s，求两惯性系的相对速度. [参考答案：$0.6c$]

11.3　一个立方体静止时的体积为V_0，当它沿一棱边的方向以接近光速的速率 v 匀速运动时，测得立方体的体积为多少？[参考答案：$V=V_0\sqrt{1-\dfrac{v^2}{c^2}}$]

11.4　π^+ 介子是不稳定的粒子，在它自身的参考系中测得平均寿命为$2.6\times10^{-8}\text{s}$，如果它相对实验室以 v=0.8c 的速率运动，试求在实验室中测得π^+介子的寿命为多少？[参考答案：$4.33\times10^{-8}\text{s}$]

11.5　设某粒子的总能量是它的静止能量的 k 倍，试用 k 和真空中的光速 c 表示该粒子运动速度的大小. [参考答案：$\dfrac{c}{k}\sqrt{k^2-1}$]

11.6　一个粒子的动量是按非相对论动量算得的两倍，问该粒子的速率是多少？[参考答案：$\dfrac{\sqrt{3}}{2}c$]

11.7　用频率为ν的单色光照射某种金属时，逸出光电子的最大动能为E_k，若改用3ν的单色光照射此种金属，则逸出光电子的最大动能又是多少？[参考答案：$2h\nu+E_\text{k}$]

11.8　在康普顿效应中，入射光子的波长为0.005nm，求当光子的散射角为30°、90°、180°时，散射光子的波长. [参考答案：$5.33\times10^{-3}\text{nm}$；$7.43\times10^{-3}\text{nm}$；$9.86\times10^{-3}\text{nm}$]

11.9　根据玻尔理论，(1)氢原子中的电子在 $n=5$ 的轨道上运动的动能与在第一激发态的轨道上运动的动能之比为多少？(2)第二激发态的能量是多少？[参考答案：(1) $\frac{4}{25}$；(2) -1.51eV]

11.10　有两种粒子，其质量为 $m_1=2m_2$，动能为 $E_{k1}=2E_{k2}$，试求它们的德布罗意波长之比 $\frac{\lambda_1}{\lambda_2}$. [参考答案：$\frac{1}{2}$]

11.11　试求氢原子处在第三激发态时，其电子的德布罗意波长. [参考答案：1.33nm]